国家示范（骨干）高职院校重点建设专业优质核心课程系列教材

局域网组网技术

主　编　王登科

副主编　刘加森　李卫星

主　审　左晓英

内 容 提 要

本书按照项目教学法模式编写，以工作任务为导向，层次分明、图文并茂地介绍了在局域网组网过程中需要用到的知识和技能。内容安排适当，重点突出，充分考虑教学与行业实际需求。所有模块都安排有相应任务，可以通过具体任务帮助读者理解知识、掌握技能。

按照局域网组网的工作过程，通过一个完整的项目，将本书7个单元的知识有机地结合起来，以提高读者应用理论知识解决实际问题的能力。

本书适合作为各高职高专院校计算机相关专业的教材，也可作为各类网络培训班的培训资料或广大网络爱好者自学网络管理技术的参考书。

本书配有电子教案，读者可以从中国水利水电出版社网站和万水书苑免费下载，网址为：http://www.waterpub.com.cn/softdown/和 http://www.wsbookshow.com。

图书在版编目（CIP）数据

局域网组网技术 / 王登科主编. -- 北京 : 中国水利水电出版社, 2013.2
国家示范（骨干）高职院校重点建设专业优质核心课程系列教材
ISBN 978-7-5170-0594-0

Ⅰ. ①局… Ⅱ. ①王… Ⅲ. ①局域网－高等职业教育－教材 Ⅳ. ①TP393.1

中国版本图书馆CIP数据核字(2013)第011981号

策划编辑：石永峰　责任编辑：宋俊娥　加工编辑：宋　杨　封面设计：李　佳

书　名	国家示范（骨干）高职院校重点建设专业优质核心课程系列教材 局域网组网技术
作　者	主　编　王登科 副主编　刘加森　李卫星 主　审　左晓英
出版发行	中国水利水电出版社 （北京市海淀区玉渊潭南路1号D座　100038） 网址：www.waterpub.com.cn E-mail：mchannel@263.net（万水） sales@waterpub.com.cn 电话：（010）68367658（发行部）、82562819（万水）
经　售	北京科水图书销售中心（零售） 电话：（010）88383994、63202643、68545874 全国各地新华书店和相关出版物销售网点
排　版	北京万水电子信息有限公司
印　刷	三河市铭浩彩色印装有限公司
规　格	184mm×260mm　16开本　17印张　440千字
版　次	2013年2月第1版　2013年2月第1次印刷
印　数	0001—3000册
定　价	30.00元

序

《国家中长期教育改革和发展规划纲要》文件指出，职业教育要面向人人、面向社会，着力培养学生的职业道德、职业技能和就业创业能力。高等职业教育肩负着培养生产、建设、服务和管理领域一线高素质、高端技能型专业人才的重要使命。《关于全面提高高等职业教育教学质量的若干意见》教高[2006]16号文件指出，课程建设与改革是提高教学质量的核心，也是教学改革的重点和难点。高等职业院校要积极与行业企业合作开发课程，根据技术领域和职业岗位（群）的任职要求，参照相关的职业资格标准，改革课程体系和教学内容，建立突出职业能力培养的课程标准，规范课程教学的基本要求，提高课程教学质量。

为落实教高[2006]16号文件精神，中国水利水电出版社以课程建设为核心，以服务为宗旨，以就业为导向，积极围绕职业岗位人才需求的总目标和职业能力需求，根据不同课程在课程体系中的地位及不同作用，根据不同工作过程，将课程内容、教学方法和手段与课程教学环境相融合组织编写系列教材。本教材由高职院校的一线教师与行业企业共同努力开发完成。

《局域网组网技术》一书有如下特点：

（1）按照项目教学法进行编写，根据作者多年的一线教学经验，同时结合从事网络工程工作多年的实践经验，经过课程规划与提炼，按照再现企业工程项目的组织方式将内容进行串接，并把这些工程项目在网络实验室中搭建处理，做到从实际出发，强化实际应用，帮助读者积累项目经验，尽快适应企业岗位，真正体现基于能力培养的教学目标。

（2）在编写过程中，作者严格依据"以应用为目的，以必须、够用为度"的原则，力求从实际应用的需要出发，尽量减少枯燥、实用性不强的理论概念，加强了应用性和实际操作性强的内容。

（3）采用"项目案例"的编写方式，引入项目案例教学。

本课程的组织、实施都以工程项目的形式开展，将理论知识融合在工程项目实现所需的知识中。课程教学在网络实验室进行，以工作过程的形式开展，分项目小组组织实施，真正采用"教—学—做"一体的教学模式。

网络信息的发展给社会的发展带来了动力，高职高专教育要随时跟进社会的发展，抓住机遇，培养适合我国经济发展需求、能力符合企业要求的高端技能型人才，为国家的建设与发展添砖加瓦。希望通过本教材的出版，能为我国高等职业教育的教学质量的提高做出贡献，也为社会培养所需要的高技能人才做出更大的贡献。

左晓英

2012年7月

前　言

“局域网组网技术”是计算机相关专业一门十分重要的专业课程，是计算机网络及相关专业重要的核心课程。本书按照项目教学法模式进行编写，依据一般企事业单位组网的过程，共分7个单元，分别介绍如下。

单元一“局域网规划”分为2个模块，模块一通过完成Microsoft Office Visio软件的安装和使用，来学习如何绘制网络拓扑图；模块二通过完成小型基本星型网络、中型扩展星型网络和校园网网络结构设计，来学习如何进行局域网规划。单元二“局域网硬件”分为4个模块，模块一通过完成网卡的硬件安装和网卡驱动程序安装，掌握常用网卡的安装和驱动；模块二通过完成交换机的配置，掌握局域网交换网络的组建，进而掌握VLAN的配置；模块三通过完成路由器的配置，学习使用路由器实现网络的互联互通；模块四通过完成防火墙的配置，掌握使用防火墙实现网络安全。单元三“局域网综合布线”分为3个模块，模块一通过完成双绞线的制作和光纤熔接，掌握直通双绞线的制作规范和光纤熔接方法；模块二通过完成信息插座的制作和模块式配线架的端接，使学生掌握综合布线基本设计和实施方法；模块三通过完成使用测试仪进行铜缆、光缆的现场测试，掌握测试标准并进行正确分析、检查和验收。单元四“服务器的配置”分为7个模块，通过完成Windows Server 2008服务器各种服务的搭建和配置，掌握网络服务器的部署。单元五“接入Internet”分为2个模块，通过完成ADSL接入和光纤接入任务，掌握接入Internet的各种方法。单元六“局域网安全管理”分为3个模块，通过配置局域网操作系统、实施网络管理、进行局域网灾难备份与恢复，提高学生安全管理能力。单元七“工程技术文档的撰写”分为2个模块，通过完成综合项目书的制作和验收报告的编写，掌握局域网工程项目文档的制作方法。

课程实施建议以4～6人为一组，每组可选择一名同学作为组长，承担项目经理工作，负责本组工程组织、管理和实施工作。组长组织本组成员进行技术交流和沟通，查阅相关技术资料，撰写项目实施方案，最后组织项目测试、报告、总结等。授课老师作为整个项目的设计师，根据实际需要可调整项目内容，负责项目的技术咨询和指导工作，控制课程的组织和进度。

本书适合作为各高职高专院校计算机相关专业的教材，也可作为各类网络培训班的培训资料或广大网络爱好者自学网络管理技术的参考书。

本书由王登科担任主编，由刘加森、李卫星担任副主编；其中王登科编写单元一至单元三、单元五，李卫星编写单元四，刘加森编写单元六、单元七；全书由王登科统稿，左晓英担任本书主审。

在编写过程中参考了许多网络资料，由于大部分无法知道作者的姓名，因此未能在参考文献中一一列出，在此深表感谢。由于编者水平有限，加之时间仓促，书中难免有疏漏与不妥之处，恳请广大读者批评指正。

编　者

2012年10月

目　录

引论

计算机局域网工程要建设三个平台，即网络硬件系统平台、网络软件系统平台以及网络安全和管理平台。网络硬件系统平台包括主机、网络设备、外部设备、综合布线系统等硬件。网络软件系统平台包括网络操作系统、网络数据库管理系统、网络开发环境和网络应用系统。网络安全和管理平台包括网络安全系统和网络管理系统。

1. *局域网工程的组织*

健全、高效的组织机构是局域网工程质量、工期、效益的有力保证，组织机构可分为工程甲方、工程乙方和工程监理方。

（1）工程甲方。

甲方是网络的使用者，是工程的提出者和投资方。例如在校园网工程中大学就是甲方。甲方的职责包括以下方面：

1）组织网络专家进行局域网工程的可行性论证。可行性论证的目的是论证工程是否具备建设的客观成熟的条件。在可行性论证过程中，甲方要明确提出自己的用户需求、建设目标、局域网的功能、技术指标、现有条件、工期、资金预算等方面的内容。可行性论证结束后，要形成可行性报告，作为局域网工程的纲领性文件。可行性报告要经过甲方组织的评审。可行性报告评审通过即意味着局域网工程可以进行，也意味着可行性论证阶段工作的结束。

2）编制标书和组织招投标。标书中要说明甲方要求的工程任务、工程技术指标、参数和工程要求等内容。甲方把审定后的标书向全社会或全行业公布。有时也只向少数专业公司邀标，只请他们来投标。投标的公司按照标书的要求和指标，提出自己的实现方案，形成投标书。投标书重点阐述投标者方案的先进性、适用性、可靠性以及创新性。同时，投标者的资金预算也是中标与否的关键因素之一。甲方接到所有投标书以后，要进行评标，比较各投标书中方案的优劣，对投标方进行综合评定，最终确定中标方。

3）工程监督。甲方具有对工程进行全面监督的权利和责任。对于那些技术力量薄弱的甲方，其监督工作的重点一般放在工程的进度和资金的使用上，而对工程质量等有关技术的监督工作可以聘请专业的监理公司来负责。

（2）工程乙方。

工程乙方是局域网工程的承建者。例如校园网由 A 公司承接，则 A 公司就是工程乙方。有时，局域网工程量比较大，可以由多个公司各承建一部分，那么，此时就存在多个乙方。

目前，乙方在承接局域网工程时多采用项目经理制。所谓项目经理制是指工程作为一个项目由一名乙方任命的专业公司的经理来具体负责工程的实施。项目经理制的人员结构如图 1 所示。

乙方的职责主要包括以下几个方面：

1）编制投标书。乙方在接到甲方的招标书后，认真研究甲方的标书，然后制定自己的方案，编制投标书，参与竞标。

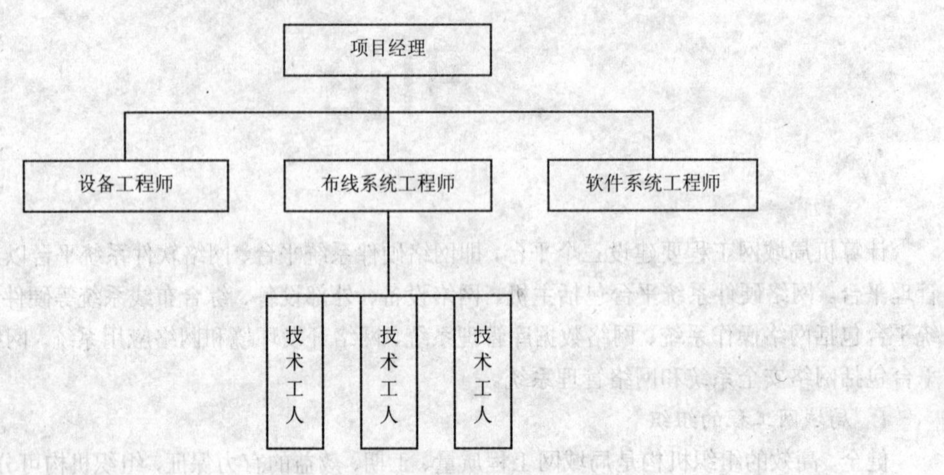

图1　项目经理制人员结构

2）签订工程合同。如果中标的话，乙方要与甲方签订工程合同。工程合同一般由甲方起草。双方协商修改后，签字生效。

3）进行用户需求调查。乙方在甲方的配合下，对计算机局域网的用户需求进行调查，以确定计算机局域网应具备的功能和应达到的指标。

4）进行规划设计。根据应用的需求，乙方对计算机局域网工程进行规划。规划是指要对计算机局域网的建设范围、建设目标、建设原则、总体技术思路等问题给出粗线条的回答。规划使乙方对所承建的计算机局域网工程的认识更进一层。同时，为进行局域网工程设计工作做必要的准备。设计是指要对计算机局域网工程的具体问题给出明确的、可行的、系统的解决方案。设计过程是工程技术人员运用局域网的原理和技术知识解决实际工程问题的过程。规划和设计工作结束后，要形成总体设计方案。该方案是局域网工程的技术依据。该方案要进行评审，评审专家由甲方聘请。

5）制定实施计划。总体方案通过评审后，局域网工程进入实施阶段。乙方要制定一个实施计划。该计划要明确工程的工期、分工、施工方式/方法、资金使用、竣工验收等内容。实施计划要以规范的形式存档，即形成项目实施方案，是工程实施的基本依据。

6）产品选型。乙方根据设计方案的技术要求，为满足网络的功能指标，需要选择合适型号的产品。产品包括硬件设备和软件系统，例如路由器、交换机、集线器、网卡、服务器、网络存储设备、网络管理系统、安全工具系统等。选型工作要以用户应用需求为目标，以设计方案为依据，在做好市场调研的基础上，兼顾产品的适用性、可靠性和先进性。

7）系统集成。做好上述工作的基础上，工程进入到具体的实施阶段，这一阶段的核心工作就是系统集成，即按照设计方案和实施方案的要求，进行设备的安装、调试、软件环境的配置以及试运行等工作。系统集成任务结束后意味着局域网工程主体工作的完成。接着要进行竣工验收工作，以检验乙方的工作是否达到了合同要求的目标，形成验收报告。

8）合同规定的其他工作。例如技术支持、人员培训等。

（3）工程监理方。

局域网工程监理是指在局域网建设过程中给用户提供的一系列服务，例如前期咨询、网络方案论证、系统集成商的确定、网络质量控制等。工程监理的作用是帮助用户建设一个性能优良、技术先进、安全可靠、成本低廉的局域网系统。提供工程监理服务的机构就是监理方，它一般是具有丰富工程经验、掌握技术发展方向、了解市场动态的专业公司或研究咨询机构。

工程监理方的具体工作包括以下几个方面：

1）帮助用户做好需求分析。深入了解用户需求的各个方面，通过与用户的各类工作人员进行交流并作相应分析提出明确、切实的系统需求。

2）帮助用户选择系统集成商。好的系统集成商应具备较强的经济实力和技术实力，有丰富的系统集成经验、完备的服务体系、良好的信誉。由于监理方与多家系统集成商有着长期的合作，因此，它了解哪个系统集成商最适合用户。

3）帮助用户控制工程进度。工程监理方的专业技术人员可以帮助用户控制工程进度，按期分段对工程进行验收，保证工程按期、高质量的完成。

4）帮助用户控制工程质量。

工程监理方控制工程质量的相关工作包括以下方面：

①论证系统集成方案是否合理，所选设备的质量是否合格，能否达到企业要求；

②确认基础建设是否完成，综合布线是否合理；

③确认信息系统硬件平台环境是否合理，可扩充性如何，软件平台是否统一合理；

④确认应用软件能否实现相关功能，是否便于使用、管理和维护；

⑤确认培训教材的内容是否合适。

5）帮助用户做好各项测试工作。工程监理人员应严格遵循相关标准，对系统进行全面的测试工作。

2. 局域网工程任务和实施要点

（1）局域网任务流程。

局域网任务流程如图 2 所示。

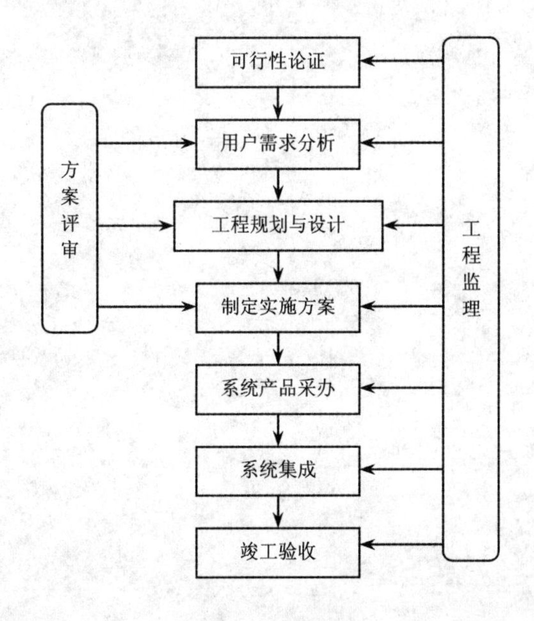

图 2　任务流程

（2）局域网工程实施要点。

局域网工程实施是在完成工程规划，制定工程设计方案之后，把纸上的方案付诸实践的过程。局域网工程实施主要包括以下过程，即工程现场调查、系统产品采办、系统集成以及工程验收与优化。

实际上，在进行网络拓扑结构设计的过程中就需要对局域网工程范围内的建筑物分布、建筑物层数及长度、网络结点的位置以及室内网络插座的方位进行调查和定位，以便分层结构的设计。

设备及系统的采办在平台选型之后进行。采办过程中的首要工作是做好充分的市场调研，多方比较。必要时签订购销合同。综合布线中用到的设备可以先行购置，设备到货后即可进行综合布线。软件系统可以在布线的同时和结束时购置，只要在系统集成之前到位即可。

局域网工程实施的核心阶段是系统集成。系统集成的任务包括综合布线系统、软件系统和硬件设备的安装、调试测试以及试运行。系统集成完成之后是工程验收和优化阶段。该阶段的任务是检验工程质量是否达到设计要求。对于验收过程中发现的问题，或是达不到设计要求的环节要进行改进和优化。

A 公司在×××大学校园网工程招标中参与竞标，最终成功中标，签订工程合同，调查用户需求，进行局域网规划，正式开展局域网工程项目。现在就让我们开始边做项目边学习相关知识。

单元一 局域网规划

本单元通过具体的任务讲解局域网规划，具体包括以下几个方面：

- 绘制网络拓扑图
- 局域网规划

模块一　绘制网络拓扑图

本模块通过完成 Microsoft Office Visio 软件的安装和使用，来学习如何绘制网络拓扑图。网络拓扑结构设计是一切网络组建的基础，如果事先不把网络结构确定下来，那么后面的网络设备连接和网络配置也就很难确定，甚至无法进行。即使网络最终连通了，如果连设计者都不清楚整个网络的结构，那么今后的维护和管理就会相当不便，甚至完全不能满足企业的实际应用和未来发展需求。

任务 1　Microsoft Office Visio Professional 2003 软件的安装

【任务描述】

A 公司投标×××大学校园网工程，现招聘员工，要求掌握网络拓扑图的绘制。

【任务目标】

掌握 Microsoft Office Visio 的安装和使用。

【实施过程】

通常使用 Microsoft Office Visio 应用软件绘制网络拓扑图。可以从网上下载 Visio 最新版本 2010 版，但为方便读者下载和注册，本书使用 Microsoft Office Visio Professional 2003 版本，安装步骤如下：

（1）首先下载 Microsoft Office Visio Professional 2003，单击其中的 setup.exe 安装文件，在如图 1-1 所示的对话框中输入产品密钥，单击“下一步”按钮。

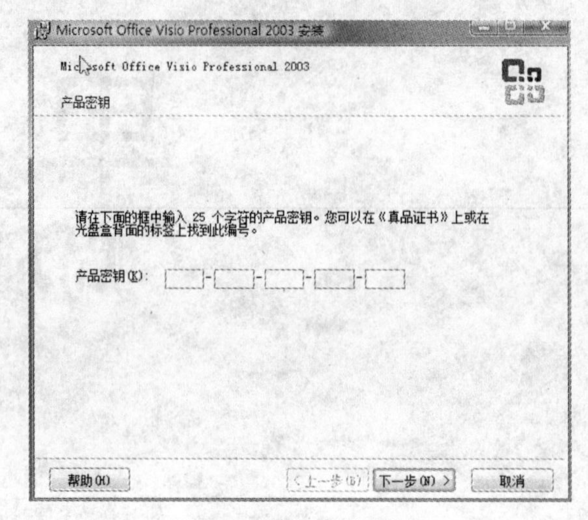

图 1-1　输入产品密钥

（2）显示“用户信息”对话框，输入用户名，如图 1-2 所示。

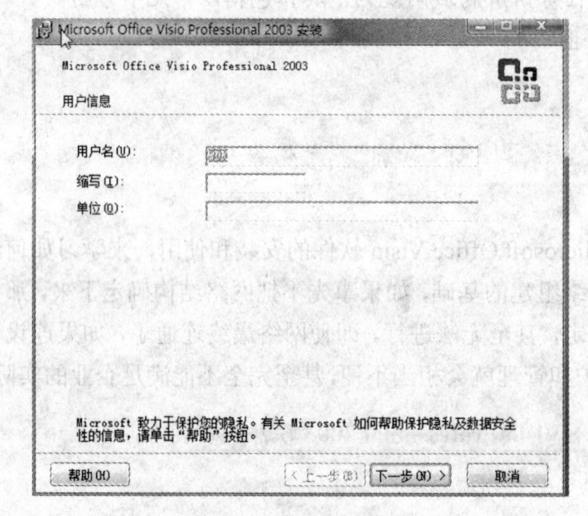

图 1-2　输入用户信息

（3）单击“下一步”按钮，选择“我接受《许可协议》中的条款”，单击“下一步”按钮。显示“安装类型”对话框，选择“典型安装”单选按钮，输入安装位置，然后单击“下一步”按钮，如图 1-3 所示。

（4）显示安装信息，单击“安装”按钮，提示安装完成后单击“完成”按钮即可。

任务 2　网络拓扑图的绘制

【任务描述】

你应聘进入 A 公司，现公司要求画出一个星型拓扑图。

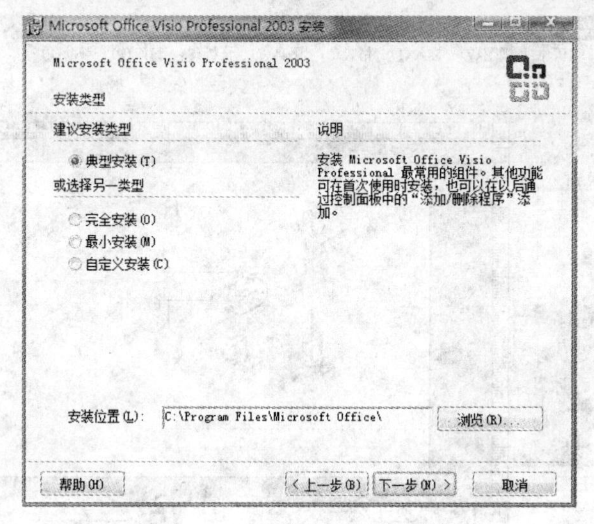

图 1-3 “安装类型”对话框

【任务目标】

掌握 Microsoft Office Visio 的使用。

【实施过程】

（1）单击“开始”→Microsoft Office→Microsoft Office Visio 2003 选项，打开 Microsoft Office Visio，其界面如图 1-4 所示。

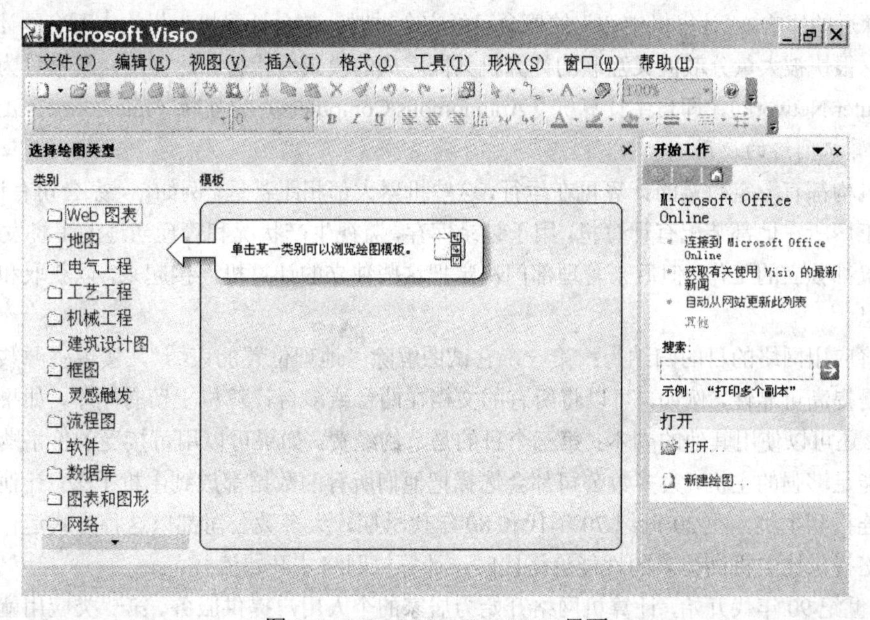

图 1-4 Microsoft Office Visio 界面

（2）在左侧栏中单击“网络”→“详细网络图”，选择需要的交换机、服务器和 PC 机，拖到工作区，在工具栏上单击“连接线工具”按钮，将它们连接起来即可，如图 1-5 所示。

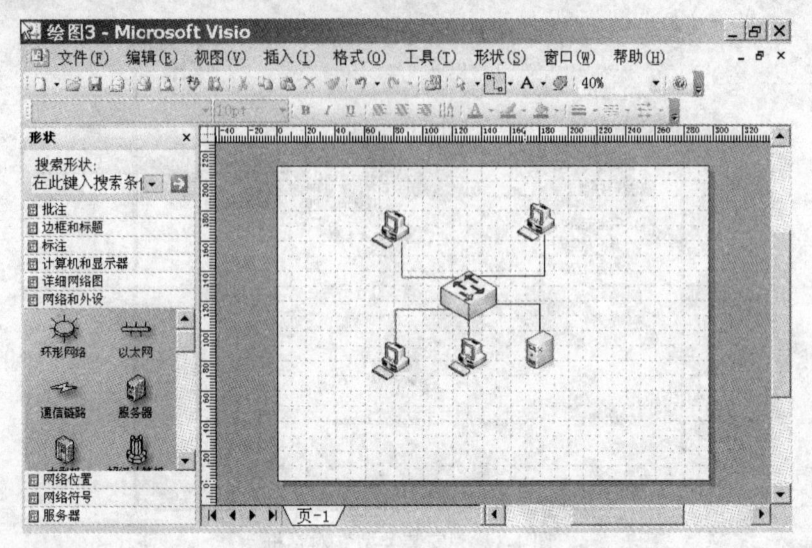

图 1-5　绘制网络拓扑图

【知识链接】

1. 计算机网络的发展历史

过去的 300 年中，每个世纪都有一种主流技术。18 世纪伴随着工业革命而来的是伟大的机械时代；19 世纪则是蒸汽机时代；而在 20 世纪，关键技术是信息收集、处理和发布。我们已经看到了世界范围通信网络的安装，计算机工业的诞生及迅速发展，通信卫星的发射，以及其他种种成就。

由于技术的飞跃发展，这些领域正在迅速地融合。计算机和通信的结合，对计算机系统的组织方式产生深远的影响。“计算机中心”的概念已经完全过时，单台计算机为机构中所有的计算机服务的这一概念很快被大量分散但又互联的计算机共同完成的模式所代替。这样的系统被称为计算机网络（Computer Network），即自主计算机（Autonomous Computers）的互联（Interconnected）集合。

2. 计算机网络的应用

许多机构都有一定数量的计算机在运行，这些机器大都相距甚远。例如，一家公司有许多工厂，可能每个工厂所在地都装配有计算机，用于记录库存，监视生产状况和管理当地的工资发放。最初，每台计算机都独立的工作，但后来管理部门决定把这些独立的计算机连接起来，以获取和核对整个公司的信息。

可以将应用网络的目的归纳为：第一，它试图解除“地理位置的束缚”，实现资源共享；第二个目的就是提高可靠性，例如，可以将所有的文档在两台或多台计算机上留有副本，如果其中一台不能使用，还可以使用其他的副本；第三个目的是节约经费。如果可以用可接受的价格购买到足够大的和功能足够强的主机，大多数公司都会选择把他们所有的数据都放到主机上去，让他们的员工通过终端连接到主机。在 20 世纪 70 年代和 80 年代早期，大多数公司都以这种方式运作。当个人计算机网络提供比主机高得多的性能价格比时，计算机网络才开始流行。

从 20 世纪 90 年代开始，计算机网络开始为居家的个人用户提供服务。第一类应用就是访问远程信息，如在网络上购物、看新闻等。第二类应用就是人际交往，人们可以在网络上聊 QQ，发 E-mail，甚至召开视频会议。第三类应用是娱乐，如在网络上玩游戏，进行视频点播等。网络的信息发布、通信和娱乐的能力将打造一个基于计算机网络的巨大产业。

3. 计算机网络的基本组成

计算机网络主要由四个部分组成，分别为计算机系统、通信线路和通信设备、网络协议和网络软件，它们常被称为计算机网络的四大要素。

（1）计算机系统。

具有两台以上独立功能的计算机系统是计算机网络的第一个要素，计算机系统是计算机网络的重要组成部分。计算机系统是网络的基本模块，是被连接的对象。它主要负责数据信息的收集、处理、存储和提供共享资源。在网络上可共享的资源包括硬件资源（如巨型机、高性能计算机外围设备、磁盘柜等）、软件资源（如各种软件系统、应用程序、数据库系统等）和信息资源。

（2）通信线路和通信设备。

计算机网络的硬件除了计算机本身以外，还包括用于连接这些计算机的通信线路和通信设备，即数据通信系统。其中，通信线路是指传输介质连接部件，包括光缆、同轴电缆、双绞线等。通信设备是指网络连接设备、网络互联设备，包括网卡、集线器、交换机、路由器以及调制解调器等。使用通信线路和通信设备将计算机互连起来，在计算机之间建立一条物理通道，以便传输数据。通信线路和通信设备负责控制数据的发出、传送、接收或转发，包括信号转换、路径选择、编码与解码、差错校验、通信控制管理等，确保完成信息交换。通信线路和通信设备是连接计算机系统的桥梁，是数据传输的通道。

（3）网络协议。

网络协议是指通信双方必须共同遵守的约定和通信规则，如 TCP/IP 协议、NetBEUI 协议、IPX/SPX 协议。它是通信双方对如何进行通信所达成的协议。比如用什么样的格式组织和传输数据，如何校验和纠正信息传输中的错误，以及规定传输信息时的时序组织与控制机制等。现代网络都是层次结构，协议规定了分层原则、层次间的关系、执行信息传递过程的方向和分解与重组等约定。在网络上通信的双方必须遵守相同的协议，才能正确地交流信息，就像人们说话要说同一种语言一样，如果谈话时使用不同的语言，就会造成听不懂对方在说什么，将导致无法进行交流。因此协议在计算机网络中是至关重要的。一般说来，协议的实现是由软件和硬件分别或配合完成的，有的部分由联网设备来承担。

（4）网络软件。

网络软件是一种在网络环境下使用、运行、控制和管理网络工作的计算机软件。根据软件的功能，计算机网络软件可分为网络系统软件和网络应用软件两大类型。

1）网络系统软件。网络系统软件是控制和管理网络运行、提供网络通信、分配和管理共享资源的网络软件。它包括网络操作系统、网络协议软件、通信控制软件和管理软件等。

网络操作系统是使网络上的计算机能方便、高效地共享网络资源，为网络用户提供资源访问途径以及其他基本服务的系统软件。

网络协议软件是实现各种网络协议的软件。它是网络软件中最重要的部分，任何网络软件都要通过协议软件才能发生作用。

2）网络应用软件。网络应用软件是指为某一目的而开发的网络软件。网络应用软件为用户提供访问网络的手段、网络服务、资源共享和信息的传输。

4. 网络分类

（1）按地理范围分类。

按照网络覆盖的地理范围，可将计算机网络分为局域网、城域网和广域网。

1）局域网。

局域网是将较小地理区域内的计算机或数据终端设备连接在一起的通信网络。局域网覆盖的地理范围比较小，一般在几十米到几千米。它常用于组建一个办公室、一栋楼、一个楼群、一个校园或一个企业的计算机网络。局域网的主要特点如下：

①覆盖的地理区域比较小，仅工作在有限的地理区域内（0.1km～20km）。

②传输速率高，能达到 1Mb/s～10Gb/s，误码率低。

③拓扑结构简单，常用的拓扑结构有总线型、星型、环形等。

④局域网通常由单一的组织管理。

2）广域网。

广域网是在一个广阔的地理区域内进行数据、语言、图像信息传输的通信网。广域网覆盖广阔的地理区域，通信大多借用公用通信网络（如 PSTN、DDN、ISDN 等）进行，传输速率比较低，这类网络的作用是实现远距离计算机之间的数据传输和信息共享。广域网可以覆盖一个城市、一个国家甚至多个国家。因特网是广域网的一种，但它不是一种具体独立性的网络，它将同类或不同类的物理网络（局域网、广域网和城域网）互联，并通过高层协议实现不同种类网络间的通信。

广域网的主要特点是：

①覆盖的地理区域大，网络可跨市、地区、省、国家甚至多个国家。

②广域网连接常借用公用网络。

③传输速率比较低，一般在 64kb/s～2Mb/s。随着广域网技术的发展，其传输速率正在不断提高，目前通过采用光纤介质，传输速率理论上可以达到 10Gb/s。

④网络拓扑结构复杂。

3）城域网。

城域网的覆盖范围介于局域网和广域网之间，一般在一个城市内。

（2）按传输技术分类。

根据使用的传输技术，可以将网络分为广播式和点到点网络。

1）广播式网络。在广播式网络中，仅使用一条通信信道，该信道由网络上的所有站点共享。在传输信息时，任何一个站点都可以发送数据分组，网络上的其他站点都可以接收。这些站点根据数据包中的目的地址进行判断，如果是发给自己的，就接收，否则丢弃。

2）点到点网络。在点到点网络中，每对站点之间都有专用的通信信道。当一个站点发送数据分组后，它会根据目的地址，经过一系列中间设备的转发，直接到达目的站点。

（3）按网络的拓扑结构分类。

按网络的拓扑结构，可以将网络分为总线型网络、环型网络、星型网络、树型网络、网状型网络和混合型网络。拓扑学是几何学的一个分支，它是从图论演变过来的，拓扑学首先把实体抽象成与其大小、形状无关的点，将连接实体的线路抽象成线，进而研究点、线、面之间的关系。计算机网络拓扑通过网络结点与通信线路之间的几何关系，表示网络结构，反映网络中各实体间的结构关系。

1）总线型结构。

总线型结构采用一条单根的通信线路（总线）作为公共的传输通道，所有的结点都通过相应的接口直接连接到总线上，并通过总线进行数据传输，如图 1-6 所示。

总线型网络使用广播式传输技术，总线上的所有结点都可以发送数据到总线上，数据沿总线传播。但是，由于所有结点共享同一条公共通道，所以在任何时候只允许一个站点发送数据。当一个结点发送数据并在总线上传播时，数据可以被总线上的其他结点接收。各结点在接收数据后，分析目的地址再决定是否接收该数据。粗、细同轴电缆以太网就是这种结构的典型代表。

2）环型结构。

环型结构的各个网络结点通过环接口连在一个首尾相接的闭合环型通信线路中，如图 1-7 所示。环型结构有两种类型，即单环结构和双环结构。令牌环（Toking Ring）是单环结构的典型代表，光纤分布式数据接口（FDDI）是双环结构的代表。

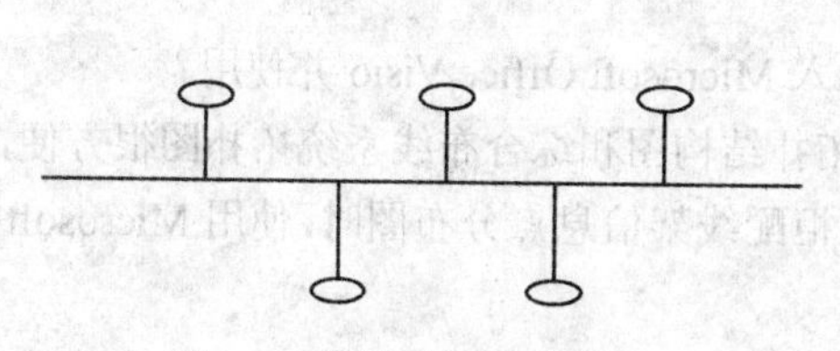

图 1-6　总线型拓扑结构

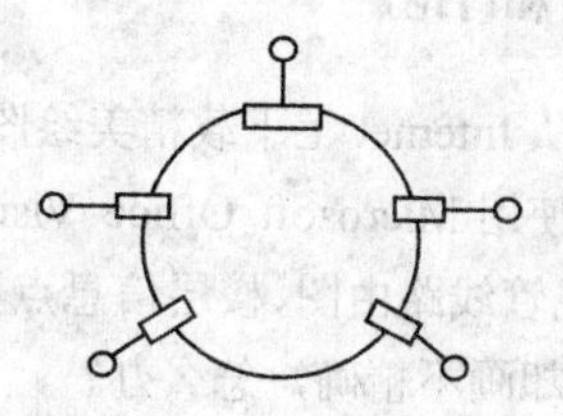

图 1-7　环型拓扑结构

3）星型结构。

星型结构的每个结点都由一条点到点链路与中心结点（如交换机、HUB 等）相连，如图 1-8 所示。信息的传输是通过中心结点的存储转发技术实现的，并且每个结点只能通过中心结点与其他站点通信。

4）树型结构。

树型结构是从总线型和星型结构演变而来的，它有两种类型，一种是由总线型拓扑结构派生出来的，它由多条总线连接而成，如图 1-9（a）所示；另一种是星型结构的变种，各结点按一定的层次连接起来，形状像一棵倒置的树，顶端有一个根结点，它带有分支，每个分支可以再带子分支，如图 1-9（b）所示。

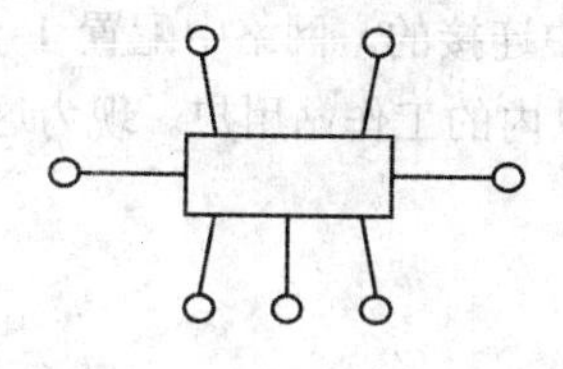

图 1-8　星型拓扑结构

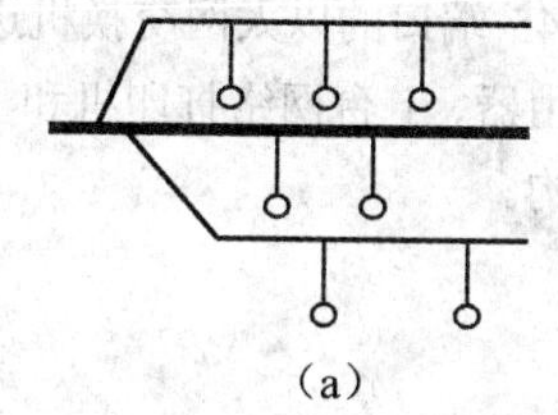

（a）

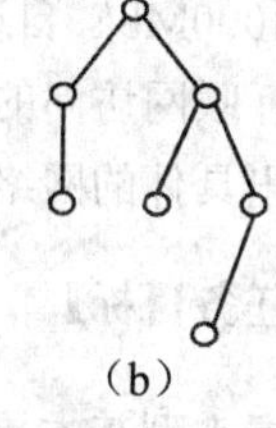

（b）

图 1-9　树型拓扑结构

5）网状结构。

网状结构是指将各网络结点与通信线路互连成不规则的形状，每个结点至少与其他两个结点相连的结构。互联网是这种结构的典型代表，如图 1-10 所示。

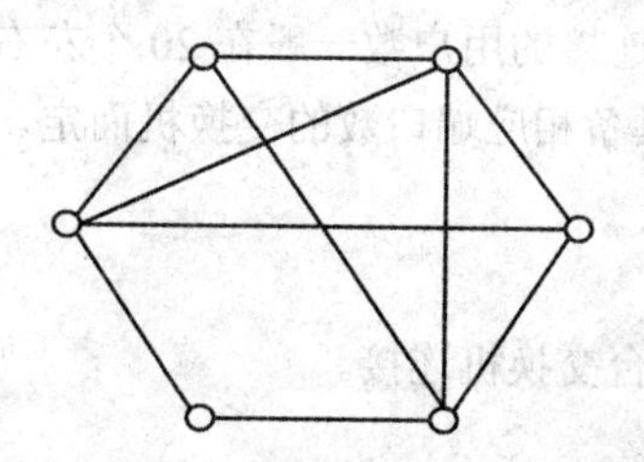

图 1-10　网状拓扑结构

【拓展训练】

读者根据以上知识，独立完成以下任务：

（1）在 Windows XP 系统中，安装并配置 Microsoft Office Visio Professional 2003。

（2）使用 Microsoft Office Visio Professional 2003 应用软件画出本模块中所有的网络拓扑图。

【分析和讨论】

（1）从 Internet 上下载精美绘图模板后如何导入 Microsoft Office Visio 并使用？

（2）使用 Microsoft Office Visio 软件画网络拓扑结构图和综合布线系统拓扑图很方便，但在画综合布线管线路由图、楼层信息点平面分布图、机柜配线架信息点分布图时，使用 Microsoft Office Visio 软件却画不精确，怎么办？

（3）如何使用 AutoCAD 进行综合布线的图纸设计？

模块二　局域网规划

本模块通过完成小型基本星型网络结构设计、中型扩展星型网络结构设计和校园网网络结构设计，来学习如何进行局域网规划。

任务 1　小型基本星型网络结构设计

【任务描述】

A 公司承接×××大学校园网工程，某办公室网络，是由一台具有 24 个 10/100Mb/s、2 个 10/100/1000Mb/s 自适应 RJ-45 端口的以太网交换机进行集中连接的。网络中配置 1 台服务器、1 台用于互联网访问的宽带路由器、1 台网络打印机和 20 个以内的工作站用户。现为这个小型办公室设计出具体的网络拓扑结构。

【任务目标】

掌握小型基本星型网络结构设计。

【实施过程】

星型网络主要以相对廉价的双绞线为传输介质，网线的两端各用一个 RJ-45 水晶头作为网络连接器。这里所指的小型星型网络是指只有一台交换机的星型网络，主要应用于小型独立办公室和 SOHO 用户中。这类星型网络所能连接的用户数一般在 20 个左右，有的连接可以高达 40 多个用户，具体的连接数量根据实际选择的具备相应端口数的交换机而定。

1. 网络要求

具体的网络要求如下：

（1）所有网络设备都与同一台交换机连接。

（2）整个网络没有性能瓶颈。

（3）要有可扩展余地。

2. 设计思路

设计思路要与以上的网络要求紧密结合，主要可按如下几点进行考虑。

（1）确定网络设备总数。

确定网络设备总数是设计整个网络结构的基础，因为一个网络设备至少需要连接一个端口，这样，设备数一旦确定，所需交换机的端口总数也就确定下来。这里的网络设备包括工作站、服务器、网络打印机、路由器和防火墙等所有需要与交换机连接的设备。任务的设备总数是20个以内的工作站用户+1台服务器+1台宽带路由器+1台网络打印机等于23台（最多）。根据这个计算结果，交换机的端口数最低需要24个。任务中给出的交换机有24个10/100Mb/s端口和2个10/100/1000Mb/s端口，共26个端口，可以满足该网络的连接需求。

（2）确定交换机端口类型和端口数。

一般中档交换机都会提供两个或两个以上类型的端口，任务中的10/100Mb/s和10/100/1000Mb/s口，都采用RJ-45端口。有的中档交换机还提供光纤接口。提供这么多不同类型的端口就是为了满足不同类型设备网络连接的带宽需求。

一般来说，在网络中的服务器、边界路由器、下级交换机、网络打印机和特殊用户工作站等所需的网络带宽较高，所以这些设备通常连接在交换机的高带宽端口。任务中服务器所承担的工作负荷是最重的，直接与交换机的其中一个千兆端口连接，另一个保留用于网络扩展。其他设备的带宽需求不是很明显。宽带路由器目前的出口带宽受连接线路限制，一般在10Mb/s以内，只需连接在普通的10/100Mb/s快速自适应端口即可。

（3）保留一定的网络扩展所需端口。

交换机的网络扩展端口的功能主要体现在两个方面：一是用于与下级交换机进行连接，二是用于连接后继续添加工作站用户。与下级交换机连接一般是通过高带宽端口进行的，如果交换机提供Uplink（级联）端口，则可直接用这个端口，但如果没有级联端口，则只能通过普通端口进行连接，这时为了确保下级交换机所连用户的连接性能，最好选择一个带宽较高的端口。任务中可以留下一个千兆端口用于扩展连接，在实际工作中，这个高带宽端口还可以用于其他方面，视具体情况而定。

（4）确定可连接工作站的总数。

交换机端口总数不等于可连接的工作站用户数，因为交换机中的一些端口还要用来连接那些不是工作站的网络设备，如服务器、下级交换机、网络打印机、路由器、网关、防火墙等。任务中，网络中有1台专门的服务器、1台宽带路由器和1台网络打印机，所以网络中可连接的工作站用户总数为26-3等于23个。如果要保留一个端口用于网络扩展，则实际上可连接的工作站用户数为22个。

3. 设计步骤

任务中，网络用户和交换机类型都已确定，根据已知条件，设计一个小型办公室网络方案。

（1）首先确定关键设备的连接，把需要连接在高带宽端口的设备连接在交换机的可用高带宽端口上。把交换机图示放在设计的平台中心位置，然后把服务器与交换机用一个10/100/1000Mb/s端口连接起来，并标注其端口类型，如图1-11所示。

（2）把所有工作站和网络打印机分别与交换机的10/100 Mb/s端口连接，如图1-11所示。

（3）如果网络系统需要通过路由器与其他网络连接，则还需要设计Internet连接。路由器与外部网络连接是通过广域网端口进行的。虽然路由器广域网端口的类型有很多，但宽带路由器提供的广域网端口都是RJ-45端口，一般为10/100Mb/s，可以直接与Internet宽带设备连接。如属于小区光纤以太网或校园网，则无需宽带设备。

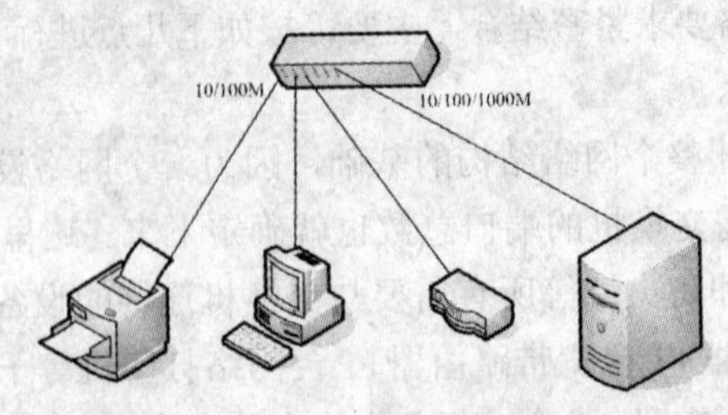

图 1-11　小型基本星型网络

任务 2　中型扩展星型网络结构设计

【任务描述】

A 公司承接×××大学校园网工程，在一个一幢教学楼局域网中，整个网络分布在同一楼层的多间办公室中。整个网络的交换机分 3 层结构。核心交换机是两台提供 1 个 1000 Mb/s SC 光纤接口、4 个 RJ-45 双绞线 10/100/1000 Mb/s 接口和 24 个 10/100 Mb/s 接口的以太网交换机；骨干交换机是三台提供 2 个 10/100/1000 Mb/s 双绞线 RJ-45 接口、48 个 10/100 Mb/s 双绞线 RJ-45 接口的以太网交换机；边缘层还有六台 10/100 Mb/s 双绞线 RJ-45 接口的 24 口以太网交换机。另外，网络边缘通过边界路由器和防火墙与外界网络连接。

【任务目标】

掌握中型扩展星型网络结构设计。

【实施过程】

中型扩展星型网络是指在整个网络中包括多个交换机，而且各交换机是通过级联方式连接的分层结构。在中型扩展星型网络中，一般有边缘层（又称接入层）、骨干层（又称汇聚层）和核心层 3 个层次，在各层中的每一台交换机又各自形成一个相对独立的星型网络结构。中型扩展星型网络结构主要应用于在同一楼层的中小型企业网络中。在这种网络中通常会有一个单独的机房，集中摆放所有的关键设备，如服务器、管理控制台、核心或骨干交换机、路由器、防火墙和 UPS 等。

1. 网络要求

（1）核心交换机能提供负载均衡和冗余配置。

（2）所有设备都必须连接在网络上，且尽可能均衡负载，整个网络无性能瓶颈。

（3）各设备所连交换机要适当，双绞线网段距离不能超过 100m 的限制。

（4）通过拓扑结构图可了解各主要设备所连端口的类型和传输介质。

2. 设计思路

设计思路要与以上的网络要求紧密结合，主要可按如下几点进行考虑。

（1）采用自上而下的分层结构设计。

首先确定的是核心交换机的连接，然后是骨干交换机的连接，依次类推。

（2）把关键设备冗余连接在两台核心交换机上。

要实现核心交换机负载均衡和冗余配置，就必须在核心交换机之间，核心交换机与骨干交换机之间，以及核心交换机与关键设备之间进行负载均衡和冗余连接的配置。

（3）连接其他网络设备。

把次等重要的多数工作站和网络打印机等设备连接在核心交换机或者骨干交换机的普通端口上，把工作负荷相对较小的普通工作站用户连接在边缘交换机上。

3. 设计步骤

任务中，根据已知条件，设计一个中型扩展星型网络方案。

（1）首先确定核心交换机的位置及主要设备的连接。

任务中两台核心交换机是通过 SC 光纤接口进行负载均衡和冗余连接的，所以首先把两台交换机的 SC 光纤接口用一条光纤电缆连接起来，然后再把与核心交换机连接的服务器通过两块双绞线千兆网卡与两台核心交换机进行冗余连接，如图 1-12 所示。

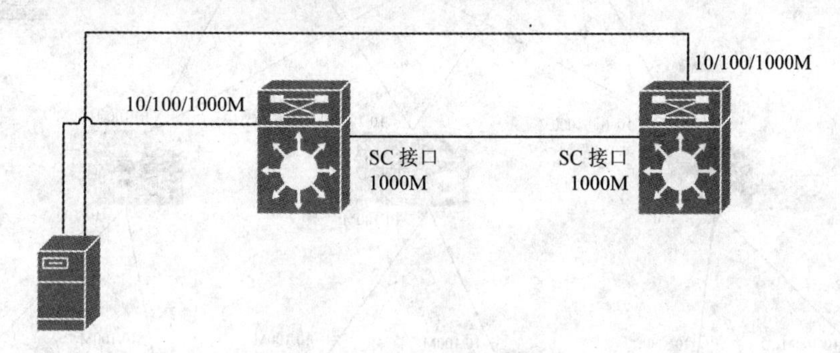

图 1-12　核心交换机及主要设备连接

（2）级联下级骨干交换机。

通过双绞线，连接核心交换机与骨干交换机的千兆端口，以实现扩展级联。为了实现冗余连接，骨干层的每台交换机都要与每台核心交换机分别连接。任务中核心交换机和骨干交换机都有足够的 RJ-45 千兆接口，可以满足冗余连接要求。然后把其他要与核心交换机连接的网络设备连接起来，如管理控制台、一些特殊应用的工作站和负荷较重的网络打印机等。但要注意每台交换机至少要留有两个备用接口。设备连线图如图 1-13 所示。

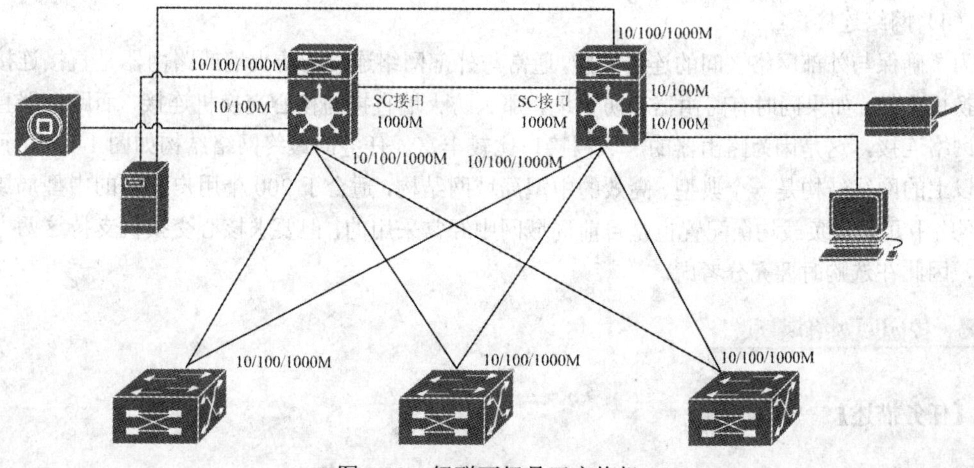

图 1-13　级联下级骨干交换机

（3）级联边缘交换机。

通过普通的双绞线把边缘交换机与骨干交换机的 10/100Mb/s 接口对应级联起来，此处不必配置冗余连接。同时要把需要与骨干以及边缘交换机连接的其他网络设备与普通 10/100Mb/s 端口连接起来。同样在骨干层每台交换机上至少要留有两个备用接口。级联边缘交换机的连线图如图 1-14 所示。这样，整个局域网部分就全部连接成功。

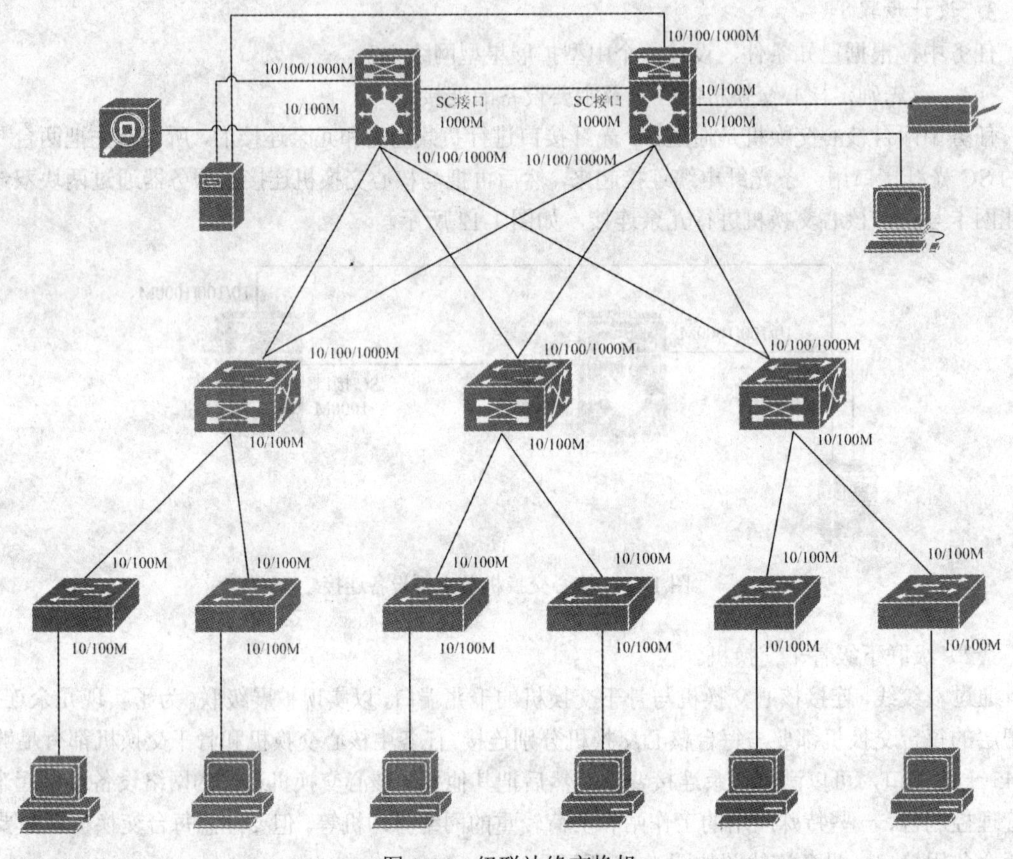

图 1-14　级联边缘交换机

（4）网络连接。

为了确保与外部网络之间的连接性能，通常与外部网络连接的防火墙或路由器是直接连接在核心交换机上的。如果同时有路由器和防火墙，那么防火墙直接与核心交换机连接，而路由器直接与外部网络连接，这是因为路由器的广域网接口比较丰富。任务的最终网络结构如图 1-15 所示。

以上的网络结构是一个典型、高效的中型局域网结构，适合于 200 个用户左右的中型局域网选用。网络中冗余和负载均衡配置也是目前局域网中经常采用的，但要求核心交换机支持这两方面的技术，因此在选购时要充分考虑。

任务 3　校园网网络规划设计

【任务描述】

A 公司投标“×××大学”校园网工程，现进行网络规划设计。

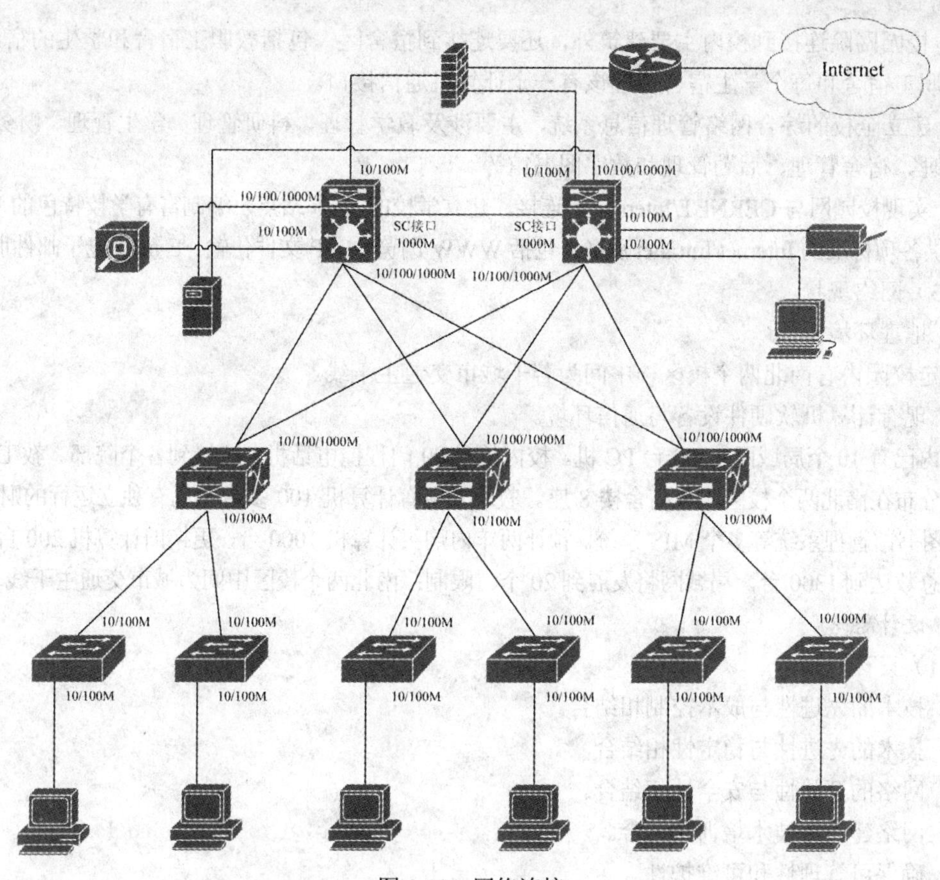

图 1-15　网络连接

【任务目标】

掌握校园网网络结构设计。

【实施过程】

1. 网络要求

（1）网络建设总体目标。

为满足学校建设与发展的需要，加强校内部门之间的信息交流与合作，增进对外联系，更好地为教学科研服务，有必要在学校内建设校园网。校园网建设应采用先进、成熟的网络技术。连接校内已有的局域网，并通过校园网的网络中心连接中国教育科研网和因特网，为全体师生提供对外科研和学术交流的便捷通道，改善教学科研环境。并且在统一的系统平台上，开发“学校综合管理系统”软件，实现全校的教学、行政管理的计算机化和信息化，以便实现无纸化办公。

（2）网络建设具体目标。

1）建立校园网络环境。包括一个网络中心，10 个网速为 100Mb/s 的子网提供多协议、多平台交换式网络系统环境。10 个子网，除网络中心的子网，其余子网均通过光缆连接到中心交换台机。

2）建设项目校园主干网。主干网通信速率不低于 1000Mb/s，支持多媒体数据通信。设计时应充分考虑将来的发展，以便能够向更快、更先进的网络技术平稳过渡，并且能最大限度地保护前期的投资。

3）校园网除连接到校内主要建筑外，还要连接到宿舍区，包括教职工宿舍和学生的宿舍区，每个教职工宿舍和每个学生宿舍都应该有一个计算机通信接口。

4）建立全校的综合网络管理信息系统，主要涉及教学管理、科研管理、学生管理、财务管理、设备管理、宿舍管理、后勤管理和数字图书馆等。

5）实现校园网与 CERNET/Internet 的连接，建立学校的 Web 站点，编制富有学校特色的 Web 主页，提供各项标准的 Internet/Intranet 服务，包括 WWW 浏览、FTP 文件传输、E-mail 电子邮件服务等。

（3）网络现状。

1）地理环境。

假定校园内有南北两个校区，中间为若干城市交通主干线。

2）现有计算机软硬件设备与通信环境。

校内已有 10 个局域网、500 台 PC 机。校内的 1000 门程控电话机，连接到各个院部。教工、学生宿舍楼分布在南北两个校区，有宿舍楼 8 座。教职工现有计算机 100 多台；已有独立运行的财务管理系统、图书馆管理系统等多个 MIS 系统。预计两年内购买计算机 1000 台，更换旧计算机 200 台，届时计算机总数达到 1300 台，局域网将发展到 20 个。限制：南北两个校区中间为城市交通主干线。

2. 设计思路

（1）设计原则。

1）技术的先进性与成本控制相结合。

2）技术的先进性与稳定性相结合。

3）网络的开放性与安全性相结合。

4）网络建设与技术培训相结合。

5）确保可管理性和可维护性。

（2）设计思路要与以上的网络要求和设计原则紧密结合，主要可按如下几点进行考虑。

1）采用自上而下的分层结构设计。

首先确定的是核心交换机的连接，然后是骨干交换机的连接，依次类推。

2）把关键设备冗余连接在核心交换机上。

要实现核心交换机负载均衡和冗余配置，就必须在核心交换机之间，核心交换机与骨干交换机之间，以及核心交换机与关键设备之间进行负载均衡和冗余连接的配置。

3）连接其他网络设备。

把次等重要的多数工作站和网络打印机等设备连接在核心交换机或者骨干交换机的普通端口上，把工作负荷相对较小的普通工作站用户连接在边缘交换机上。

3. 设计步骤

根据×××大学的需求分析，该校园网的物理拓扑可以设计为树型网络结构（由三个星型结构组成）。主星型结构位于南校区网络中心，作为核心层，另外二个星型结构网络分别位于南校区文学院楼和北校区理学院楼，作为汇聚层，其他建筑楼均为接入层。

【知识链接】

一、网络工程目标和设计原则

1. 网络工程目标

一般情况下，对网络工程目标要进行总体规划，分步实施。在制定网络工程总目标时应确定采用的网络技术、工程标准、网络规模、网络系统功能结构、网络应用目的和范围。然后，对总体目标进行分解，明确各个分期工程的具体目标、网络建设内容、所需工程费用、时间和进度计划等。

先根据工程的种类和目标的大小，对网络工程有一个整体规划，然后再确定总体目标，并对目标采用分步实施的策略。

2. 网络工程设计原则

网络信息工程建设目标关系到现在和今后的几年内用户方网络信息化水平和网上应用系统的成败。在工程设计前对主要设计原则进行选择和平衡，并排定其在方案设计中的优先级，对网络工程设计和实施将具有指导意义。主要设计原则有：

（1）实用、好用与够用性原则。

（2）开放性原则。

（3）可靠性原则。

（4）安全性原则。

（5）先进性原则。

（6）易用性原则。

（7）可扩展性原则。

二、需求分析

1. 用户需求分析的一般方法

（1）用户需求分析的任务。

对任何一项工程而言，需求分析总是首要的。在为一个中小企业或者学校设计一套局域网方案时，首先要弄清楚客户的具体需求，这对方案的设计和设备的选择起着决定性的作用。在用户找公司对本单位进行网络组建时，需要解决下列问题。

1）对象分析。

对需要组建的网络进行全面的分析，明确如何完成该工程的设计和制造，这是需求分析中最基本的一条。

2）局域网系统总体分析。

根据工程设计和制造的需求，初步确定系统硬件和软件应具备的功能和数量，以此确定系统的规模和局域网的拓扑结构。

3）确定该工程的总目标和阶段目标。

一个中、大型局域网往往需要较强的技术力量和较大的投资。所以，项目一般都是分阶段逐步完善的，并最终实现总目标，即需大致确定工程分几个阶段和每一个阶段的目标。

4）硬件和软件的选择。

能实现同样功能的硬件和软件可能有很多，但是到底选择哪家公司的硬件和软件最为合适，需要充分的论证。

（2）用户需求分析的步骤。

需求分析任务书是需求分析的依据。对用户来讲，需求分析就是对多家开发商进行挑选，最终确定一家开发商，签订开发协议后，进行提供具体需求、明确需求的过程，即明确告诉开发商要组建一个什么功能的网络系统。

需求分析的过程。

1）联系、接触和了解用户方。与用户进行联系并取得对方的人员名单、分工情况、权重、工作计划、工作时间及节假日安排等。

2）编写需求分析计划书。根据当前情况，编写需求分析计划书，明确正式开始日期、中间阶段性日期、结束时间、人员名单、分工情况和需要用户提供的帮助等。将计划提交用户确认，在可能的情况下协调用户和开发商的计划，以便共同开展工作。

3）调研。根据要求调研过程中的进展情况，将需求调研过程分为3个阶段：调研前准备、调研活动管理和调研结束。每个阶段都需要遵循一定的工作流程和注意一些问题。

4）需求确认。对需求进行最终的确认，需要先由系统开发人员对编写的文档进行内部审核及修订，特别是文字问题。需求确认应真实表达，双方都应明确初步的需求开发工作。

2. 应用概要分析

根据需求的输入，进行第一层次的分析。区分应用分类的特点，在明确项目的应用需求的过程中需要分析以下内容。①带宽、服务需求；②数据吞吐量、存储方案；③网络架构及布局、拓扑结构、容错、负载分配；④Internet/Intranet网络公共服务、数据库服务、网络基础服务和信息安全平台、网络应用系统。通过应用类型的简要归纳，得出具体的应用需求。

3. 详细需求分析

详细需求分析是局域网需求分析的一部分，它的内容包括以下几个方面。

（1）网络费用分析。

组建局域网络，其本身的费用包括以下几项。

1）网络设备硬件。

2）服务器及客户机设备硬件：服务器群、海量存储设备、网络打印机和客户机等。

3）网络基础设施：UPS电源、机房装修与综合布线器材等。

4）软件：网管系统、操作系统、数据库、应用系统、安全及定制软件等。

5）远程通信线路或电信租用线路费用。

6）系统集成费用：项目设计、方案和施工等。

7）培训费和网络维护费。

用户都想在经济方面节约，从而获得投资者和单位上级的好评。系统集成费是系统集成商的主要利润的来源，它是一种附加值（一般为外购软硬件的10%～20%）。而品质与费用总是成正比，因此投资规模会影响网络设计、施工和服务水平。

降价是否以网络性能、工程质量和服务水平的降低为代价呢？事实上，每个网络方案都是在网络性能与用户方所能承受的费用之间进行折中的产物。只有知道用户对网络投资的底细，才能据此确定网络硬件设备和系统集成服务的“档次”，产生与此相配的网络设计方案。随着技术的进步，网络硬件设备性能越来越好，价格却逐步走低，因此工期越长，集成商承担的价格压力就越大。

（2）网络总体需求分析。

运用应用概要分析结合费用估算的结果和对应用类型及业务密集度的分析，估算出网络数据负载、信息包流量及流向、网络带宽、信息流特征、拓扑结构、网络技术的选择等因素，从而确定网络总体需求框架。

1）网络数据负载分析。根据当前的应用类型，网络数据主要有3种级别：

①MIS/OA/Web类应用。交换频繁，负载很小。

②FTP文件/CAD/图片文档传输。数据发生不多、负载较大，但无同步要求，允许数据延迟。

③流式文件。如RM/RAM/会议电视/VOD等，数据随即发生且负载巨大，而且需要图像声音

同步。

数据负载以及这些数据在网络中的传输范围决定着用户要选择多高的网络带宽，选择什么样的传输介质。

2）信息包流量及流向分析。

信息包流量及流向分析的主要目的是为应用“定界”，即为网络服务器指定地点。分布式存储和协同式网络信息处理是计算机网络的优势之一。把服务器群集中放置在网络管理中心有时并不是明智的作法，明显的缺点有：信息包过分集中在网管中心子网以及为数不多的网卡上，会形成拥塞；若网管中心发生意外，将导致数据损失惨重，不利于容灾。但是服务器系统过于分散也会对管理带来麻烦，且使网络环境复杂化。

通过分析信息包的流向，可以为服务器定位提供重要的依据。例如，对于财务系统服务器来说，信息流主要在财务部，少量流向企业管理子网，因此可以考虑将其放在财务部。

3）信息流特征分析。主要考虑以下因素。

①信息流实时性。

②信息最大响应时间和延迟时间的要求。

③信息流的批量特性。

④信息流交互特性：信息检索/录入不同。

⑤信息流的时段性。

4）拓扑结构分析。可从网络规模、可用性要求、地理分布和房屋结构多种因素来分析。例如，建筑物较多、建筑物内点数过多、交换机端口数不足，就需要增加交换机的个数和连接方式。网络可用性要求高、不允许网络有停顿，需采用双星结构。地理上有空隙的网络要采用特殊拓扑结构，如单位分为两地以上，业务必须一体化，需考虑特殊连接方式的拓扑结构。

5）网络技术分析选择。尽量选择当前主流的网络技术，如千兆以太网、快速/交换式以太网等技术。一些特别的实时应用（如工业控制、数据采样、音频和视频流）需要采用面向连接的网络技术。面向连接的网络技术能够保证数据的实时传输。传统技术如 IBM Token Bus，现代技术如 ATM 等都可较好地实现面向连接的网络。

（3）综合布线需求分析。

布线需求分析主要包括以下几方面：

1）根据造价、建筑物距离和带宽要求确定线缆的类型和光缆的芯数。6 类和超 5 类线较贵，5 类线价格稍低。单模光缆传输质量高、距离远，但模块价格昂贵；光缆芯数与价格成正比。

2）布线路由分析。根据调研中得到的建筑群间距离、马路隔离情况、电线杆、地沟和道路状况对建筑群间光缆布线方式进行分析，为光缆采用架空、直埋还是地下管道的方式铺设找到直接依据。

3）对各建筑物的规模信息点数和层数进行统计。用以确定室内布线方式和管理间的位置，建筑物楼层较高、规模较大、点数较多时宜采用分布式布线。

（4）网络可用性/可靠性需求分析。

除采用磁盘双工和磁盘阵列、双机容错、异地容灾和备份减灾措施等，还可采用能力更强的大中小型 UNIX 主机（如 IBM、HP 和 SUN）。

（5）网络安全性需求分析。

安全需求分析具体表现在以下几个方面：

1）分析存在弱点漏洞与不当的系统配置。

2）分析网络系统阻止外部攻击行为和防止内部职工的违规操作行为的策略。

3）划定网络安全边界，使企业网络系统和外界的网络系统可以安全隔离。

4）确保租用线路和无线链路的通信安全。

5）分析如何监控企业的敏感信息，包括技术专利等信息。

6）分析工作桌面系统安全。安全不单纯是技术问题，而是策略、技术与管理的有机结合。

（6）分析结果的交付。

需求分析完成后，应产生明确的《需求分析报告》文档，并与用户交互修改，最终应该经过由用户方组织的评审，评审过后，根据评审意见，形成的最终版本不再更改。之后的需求，按需求变更实施。

三、网络通信平台的设计

1. 网络总体目标和设计原则

（1）网络总体目标。

1）明确采用的网络技术、标准，满足哪些应用、规模目标。

2）如果分期实施，明确分期工程的目标、建设内容、所需工程费用、时间和进度计划等。

3）不同的网络设计，其目标也大相径庭。除应用外，主要限制因素是投资规模。不仅要考虑实施成本，还要考虑运行成本，有了投资规模，在选择技术时就会有的放矢。

（2）总体设计原则。

1）高可用性/可靠性原则。对于像金融、证券、电信、电力、民航和铁路等行业的网络系统应确保高可用性和高可靠性。

2）安全性原则。在企业网、政府行政办公网、国防军工部门内部网、电子商务网等网络方案设计中应重点体现安全性原则，确保网络系统和数据的安全运作；在社区网、校园网中，安全性的考虑相对较弱。

3）实用性原则。即“够用”和“实用”原则。

4）开放性原则。网络系统应采用开放的标准和技术，以利于未来网络系统的扩充和必要时与外部网络的互通。

5）先进性原则。尽可能采用先进而成熟的技术，在一段时期内保证其主流地位。

6）慎用太新的技术。一是不成熟；二是标准还不完备、不统一；三是价格高；四是技术支持力量不足。

7）易用性原则。可管理，满足应用的同时，为升级奠定基础，应具备很高的资源利用率。

8）可扩展性原则。目前网络产品的标准化程度较高，因此可扩展性要求基本可以达到，冗余应适可而止。

2. 网络拓扑结构

网络的拓扑结构主要是指园区网络的物理拓扑结构。

选择拓扑结构时，应该考虑的主要因素有以下几点。

（1）地理环境。不同的地理环境需要设计不同的物理网络拓扑，不同的物理网络拓扑设计的施工安装的费用也不同。

（2）传输介质与距离。在设计网络时，考虑到传输介质的不同、距离的远近和可用于网络通信平台的经费投入，网络拓扑结构必须在传输介质、通信距离、可投入经费三者之间进行权衡。

（3）可靠性。网络设备损坏、光缆被挖断、连接器松动等这类故障是有可能发生的，网络拓扑结构设计应避免因个别结点损坏而影响到整个网络的正常运行。

网络拓扑结构的规划设计与网络规模息息相关。一个规模较小的星型局域网没有汇聚层、接入层之分。规模较大的网络通常为多星型分层拓扑结构。主干网络称为核心层，用于连接服务器、建筑群到网络中心设备间，或在一个较大型建筑物内连接多个交换机配线间到网络中心设备间。连接信息点的“毛细血管”线路及网络设备称为接入层，根据需要在核心层和接入层中间设置汇聚层。

分层设计有助于分配和规划带宽，有利于信息流量的局部化，比如当全局网络对某个部门的信息访问的需求很少（如财务部门的信息，只能在本部门内授权访问）时，部门业务服务器即可放在汇聚层，这样局部的信息流量传输不会波及到全网。

3. 主干网络（核心层）的设计

主干网技术的选择，要根据以上需求分析中用户方网络规模的大小、网上传输信息的种类和用户方可投入的资金等因素来考虑。

4. 汇聚层和接入层的设计

汇聚层的存在与否，取决于网络规模的大小。

接入层即直接信息点，通过此信息点将网络资源设备（如 PC 等）接入网络。

5. 无线网络的设计

无线网络是为了解决有线网络无法克服的困难而出现的。无线网络首先适用于很难布线的地方（如受保护的建筑物、机场等）或者经常需要变动布线结构的地方（如展览馆等）。学校也是一个很重要的应用领域，一个无线网络系统可以使教师、学生在校园内的任何地方接入网络。

6. 网络通信设备选型

（1）网络通信设备选型原则。

1）品牌选择；

2）扩展性考虑；

3）“量体裁衣”策略；

4）性价比高、质量可靠的原则。

（2）核心交换机选型策略。

核心交换机是宽带网的核心，应具备：

1）高性能、高速率；

2）便于升级和扩展；

3）高可靠性；

4）强大的网络控制能力，提供 QoS 和网络安全，支持 RADIUS、TACACS+等认证机制；

5）良好的可管理性，支持通用网管协议。

（3）汇聚层/接入层交换机选型策略。

汇聚层/接入层交换机亦称二级交换机或边缘交换机。在大中型网络中，它用来构成多层次的、结构灵活的用户接入网络。在中小型网络中，它也可以用来构成网络骨干交换设备。它应具备：

1）灵活性；

2）高性能；

3）在满足技术性能要求的基础上，最好价格便宜、使用方便、即插即用、配置简单；

4）具备一定的网络服务质量和控制能力；

5）如果是用于跨地区企业分支部门通过公网进行远程上联的交换机，还应支持虚拟专网 VPN

标准协议；

6）支持多级别网络管理。

（4）远程接入与访问设备选型策略。

远程接入与访问设备可以采用路由器。

四、网络资源平台设计

1. 服务器

服务器一般分为两类，一类为全网提供公共信息服务、文件服务和通信服务，为园区网络提供集中统一的数据库服务；另一类是部门业务和网络服务相结合，主要由部门管理维护。其磁盘系统数据吞吐量大，传输速率也高，要求高带宽接入。服务器网络接入方式主要有双网卡冗余接入和单网卡接入两种。

2. 服务器子网连接方案

服务器子网连接的两种方案如图 1-16 所示。如图 1-16（a）所示，服务器直接连接核心层交换机，优点是直接利用核心层交换机的高带宽，缺点是需要占用太多的核心层交换机端口，使成本上升。如图 1-16（b）所示，两台核心层交换机上连接一台专用服务器子网交换机，服务器通过专用交换机间接与核心层交换机相连，优点是可以分担带宽，减少核心层交换机端口占用，可为服务器组提供充足的端口密度，缺点是容易形成带宽瓶颈，且存在单点故障。

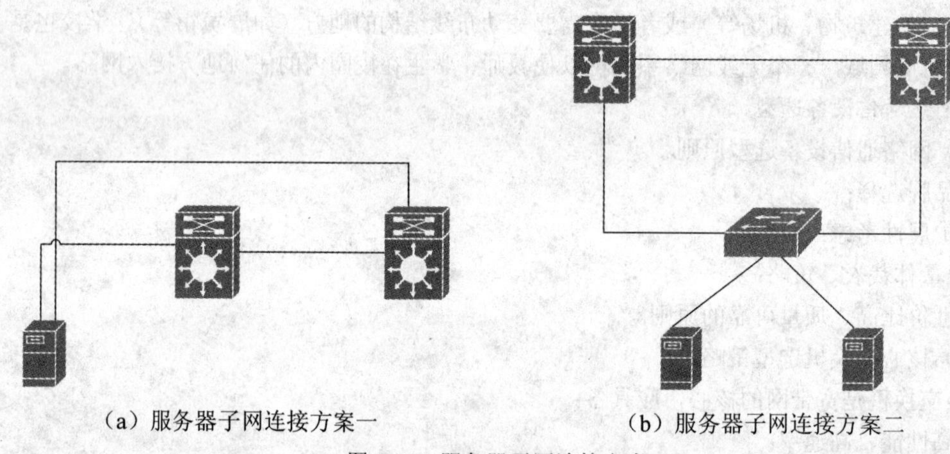

（a）服务器子网连接方案一　　（b）服务器子网连接方案二

图 1-16　服务器子网连接方案

3. 网络应用系统

在网络方案设计中，服务器的选择配置以及服务器群的均衡技术是非常关键的技术之一，也是衡量网络系统集成商水平的重要指标。很多系统集成商的方案偏重的是网络设备集成而不是应用集成，在应用问题上缺乏高度认识和认真细致的需求分析，待昂贵的服务器设备购进来后发现与应用软件不配套、不够用或造成资源浪费，必然会使预算超支，直接导致网络方案失败。

五、网络操作系统与服务器配置

1. 网络操作系统选型

网络操作系统分为两个大类，即面向 IA 架构 PC 服务器的操作系统族和 UNIX 操作系统家族。UNIX 服务器品质较高、价格昂贵、装机量少而且可选择性也不高，一般根据应用系统平台的实际需求，估计好费用，瞄准某一两个企业的产品去准备即可。与 UNIX 服务器相比，Windows 服务器品牌和产品型号多种多样，一般在中小型网络中普遍采用。

同一个网络中不需要采用同一种网络操作系统，可结合 Windows、Linux 和 UNIX 的特点，在网络中混合使用。通常 WWW、OA 及管理信息系统服务器上可采用 Windows Server 2008 平台，E-mail、DNS、Proxy 等 Internet 应用可使用 Linux/UNIX，这样，既可以享受到 Windows 应用丰富、界面直观、使用方便的优点，又可以享受到 Linux/UNIX 稳定、高效的好处。

2. Windows 服务器配置

（1）根据需求阶段的调研成果，如网络规模、客户数量流量、数据库规模、所使用的应用软件的特殊要求等，决定 Windows 服务器的档次、配置。

（2）选择 Windows 服务器时，对服务器上几个关键部分的选取一定要把好关。因为 Windows Server 2008 虽然是兼容性相对不错的操作系统，但并不能保证 100%兼容。

（3）在升级已有的 Windows 服务器时，则要仔细分析原有网络服务器的瓶颈所在，此时可简单利用 Windows Server 2008 系统中集成的软件工具，根据网络应用系统的实际情况来确定增加服务器处理器的数目。

3. 服务器群的综合配置与均衡

所谓的 PC 服务器、UNIX 服务器、小型机服务器，其概念主要限于物理服务器（硬件）范畴。在网络资源存储、应用系统集成中，通常将服务器硬件上安装各类应用系统的服务器系统冠以相应的应用系统的名字，如数据库服务器、Web 服务器、E-mail 服务器等，其概念属于逻辑服务器（软件）范畴。根据网络规模、用户数量和应用密度的需要，有时一台服务器硬件专门运行一种服务，有时一台服务器硬件需安装两种以上的服务程序，有时两台以上的服务器需安装和运行同一种服务系统。网络规模小到只用 1 至 2 台服务器的局域网，大到使用十几台至数十台服务器的企业网和校园网，如何根据应用需求、费用承受能力、服务器性能和不同服务程序之间对硬件占用的特点合理搭配和规划服务器配置，在最大限度地提高效率和性能的基础上降低成本，是系统集成方要考虑的问题。

六、网络安全体系

网络安全体系设计的重点在于根据安全设计的基本原则，制定网络各层次的安全策略和措施，然后确定选用什么样的网络安全系统产品。

1. 网络安全设计原则

尽管没有绝对安全的网络，但是，如果在网络方案设计之初就遵从一些安全原则，那么网络系统的安全就会有保障。设计时如不全面考虑，消极地将安全和保密措施寄托在网络管理阶段，这种事后“打补丁”的思路是相当危险的。从工程技术角度出发，在设计网络方案时，应该遵守以下原则。

（1）网络安全前期防范。

应强调对信息系统全面地进行安全保护。大家都知道“木桶的最大容积取决于最短的一块木板”，此道理对网络安全来说也是有效的。网络信息系统是一个复杂的计算机系统，它本身在物理上、操作上和管理上的种种漏洞构成了系统的安全脆弱性，尤其是多用户网络系统由于自身的复杂性、资源共享性，使单纯的技术保护防不胜防。攻击者秉承的是“最易渗透性”原则，自然在系统中最薄弱的地方进行攻击。因此，充分、全面、完整地对系统的安全漏洞和安全威胁进行分析、评估和检测（包括模拟攻击），是设计网络安全系统的必要前提条件。

（2）网络安全在线保护。

应强调安全防护、监测和应急恢复。要求在网络发生被攻击、破坏的情况下，必须强调安全防护、监测和应急恢复。要求在网络发生被攻击、破坏的情况下，必须尽可能快地恢复网络信息系统的服务，减少损失。所以，网络安全系统应该包括 3 种机制：安全防护机制、安全监测机制、安全恢复机制。安全防护机制是指根据系统具体存在的各种安全漏洞和安全威胁采取的相应防护措施，避免非法攻击的进行；安全监测机制用来监测系统的运行，及时发现和制止对系统进行的各种攻击；安全恢复机制用来在安全防护机制失效的情况下，进行应急处理和及时地恢复信息，减少攻击的破坏程度。

（3）网络安全有效性与实用性。

网络安全应以不影响系统的正常运行和合法用户方的操作活动为前提。网络中的信息安全和信息应用是一对矛盾。一方面，为健全和弥补系统缺陷的漏洞，会采取多种技术手段和管理措施；另一方面，安全措施给系统的运行和用户方的使用造成负担和麻烦，"越安全就意味着使用越不方便"。尤其在网络环境下，实时性要求很高的业务不能容忍安全连接和安全处理造成的时延。网络安全采用分布式监控、集中式管理。

（4）网络安全等级划分与管理。

良好的网络安全系统必然是分为不同级别的，包括对信息保密程度分级（绝密、机密、秘密、普密）、对用户操作权限分级（面向个人及面向组）、对网络安全程度分级（安全子网和安全区域）、对系统结构层分级（应用层、网络层、数据链路层等）的安全策略。针对不同级别的安全对象，提供全面的、可选的安全算法和安全体制，以满足网络中不同层次的各种实际需求。

网络总体设计时要考虑安全系统的设计。避免因考虑不周，造成经济上的巨大损失，避免对国家、集体和个人造成无法挽回的损失。由于安全与保密问题是一个相当复杂的问题。因此必须注重网络安全管理，安全策略部署到具体设备、安全责任分配到个人、安全机制贯穿到整个网络系统，这样才能保证网络的安全性。

（5）网络安全经济实用。

网络系统的设计是受经费限制的。因此在考虑安全问题解决方案时必须考虑性能价格比，而且不同的网络系统所要求的安全侧重点各不相同，网络安全产品实用、好用、够用即可。一般园区网络要具有身份认证、网络行为审计、网络容错、防黑客、防病毒等功能。

2. 网络信息安全设计与实施步骤

（1）确定面临的各种攻击和风险。

（2）确定安全策略。

安全策略是网络安全系统设计的目标和原则，是对应用系统完整的安全解决方案。安全策略的制定要综合以下几方面的情况。

1）系统整体安全性，由应用环境和用户需求决定，包括各个安全机制子系统的安全目标和性能指标。

2）对原系统的运行造成的负荷和影响，如网络通信时延、数据扩展等。

3）方便网络管理人员进行控制、管理和配置。

4）有可扩展的编程接口，便于更新和升级。

5）具备界面的友好性和使用方便性。

6）估算投资总额和工程时间等。

（3）建立安全模型。模型的建立可以使复杂的问题简单化，更好地解决和安全策略有关的问题。安全模型包括网络安全系统的各个子系统。网络安全系统的设计和实现可以分为安全体制、网络安全连接和网络安全传输三部分。

1）安全体制：包括安全算法库、安全信息库和用户方接口界面。

2）网络安全连接：包括安全协议和网络通信接口模块。

3）网络安全传输：包括网络安全管理系统、网络安全支撑系统和网络安全传输系统。

（4）选择并实现安全服务。

1）物理层的安全：物理层信息安全主要防止物理通路的损坏、物理通路的窃听和对物理通路的攻击、干扰等。

2）链路层的安全：链路层的网络安全需要保证通过网络链路传送的数据不被窃听。主要采用划分 VLAN（局域网）、加密通信（远程网）等手段。

3）网络层的安全：网络层的安全要保证网络只给授权的客户使用授权的服务，保证网络传输正确，避免被拦截或监听。

4）操作系统的安全：操作系统安全要求保证客户资料、操作系统访问控制的安全，同时能够对该操作系统上的应用进行审计。

5）应用平台的安全：应用平台是指建立在网络系统之上的应用软件服务，如数据库服务器、电子邮件服务器、Web 服务器等。由于应用平台的系统非常复杂，通常采用多种技术（如 SSL 等）来增强应用平台的安全性。

6）应用系统的安全：应用系统为用户提供服务，应用系统的安全与系统设计和实现关系密切。应用系统使用应用平台提供的安全服务来保证基本的安全，如通信内容安全、通信双方的认证和审计等手段。

（5）安全产品的选型。

网络安全产品主要包括防火墙、用户身份认证、网络防病毒系统等。安全产品的选型工作要严格按照用户信息与网络系统安全产品的功能规范要求，利用综合的技术手段，对产品功能、性能与可用性等方面进行测试，为用户选出符合功能要求的安全产品。

【拓展训练】

读者根据以上知识，独立完成以下任务：

（1）进行×××大学校园网的需求调查。

（2）进行×××大学校园网建设方案的规划设计，画出网络拓扑图。

【分析和讨论】

（1）如何进行需求调查？

（2）网络规划设计应包含哪些主要部分？

单元二

局域网硬件

本单元通过具体的任务讲解局域网硬件，具体包括以下几个方面：

- 网卡的硬件安装和网卡驱动程序的安装
- 交换机的配置
- 路由器的配置
- 防火墙的配置

模块一　网卡的硬件安装和网卡驱动程序的安装

本模块通过完成网卡硬件和网卡驱动程序的安装，掌握常用网卡的安装和驱动。

任务1　网卡的硬件安装

【任务描述】

A公司承接×××大学校园网工程，现需要给机器安装网卡。如图2-1所示给出一块网卡，现将其安装到机器中。

图2-1　RJ-45接口PCI网卡

【任务目标】

认识各种网卡，掌握安装各种网卡。

【设备清单】

- 以太网网卡，一般选用 PCI 型 10/100Mb/s 自适应网卡；
- 螺丝刀。

【实施过程】

网卡是构成网络的基本部件。在局域网组网时必须用到的设备是网卡，网卡一方面连接局域网中的计算机，另一方面连接局域网中的传输介质。

实现步骤：

（1）在计算机电源处于关闭的状态下，拔下电源插头。

（2）打开机箱，为网卡寻找合适的插槽，任务中给出的是 PCI 网卡，因此选择 PCI 插槽。

（3）用螺丝刀卸下插槽后面挡板上的防尘片，露出条形窗口。

（4）将网卡垂直插入插槽，使有接头的一侧面向机箱后侧。

（5）将网卡的金属接头挡板用螺丝固定在条形窗口顶部的螺丝孔上。

（6）盖上机箱，拧好固定螺丝，硬件安装完成。

任务 2　网卡驱动程序的安装

【任务描述】

A 公司承接×××大学校园网工程，已完成网卡硬件设备安装，现需要驱动网卡。

【任务目标】

掌握网卡驱动程序的安装。

【设备清单】

PC 机 1 台。

【实施过程】

由于现在大部分网卡和 Windows 7/Vista/XP 操作系统都具有即插即用功能，所以网卡驱动程序的安装很方便。本书介绍的是 Windows XP 操作系统的网卡驱动程序的安装。

如果在系统的硬件列表中有该网卡的驱动程序，则系统会自动检测到该硬件并加载其驱动程序。

（1）如果不能确定系统是否已经正确安装了网卡驱动，那么在安装驱动程序之前，可以按照下面的方法进行检查和判断。

1）右击“我的电脑”，在弹出的快捷菜单中选择“属性”选项。

2）在弹出的“系统属性”对话框中，单击“硬件”选项卡，如图 2-2 所示。

3）单击“设备管理器”按钮，弹出“设备管理器”窗口，如图 2-3 所示。

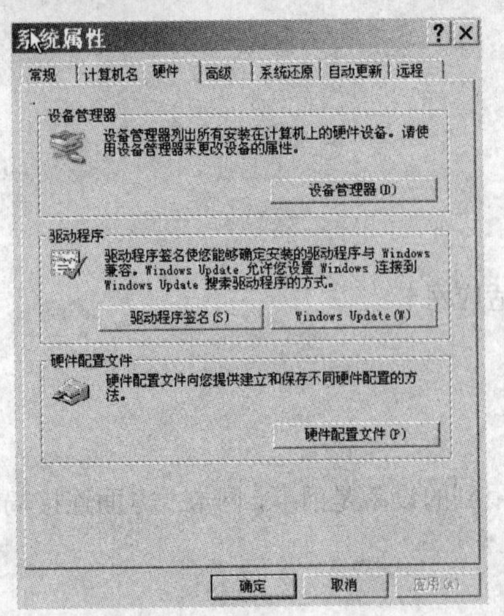

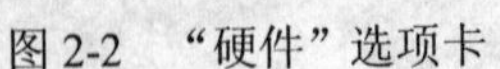
图 2-2 “硬件”选项卡

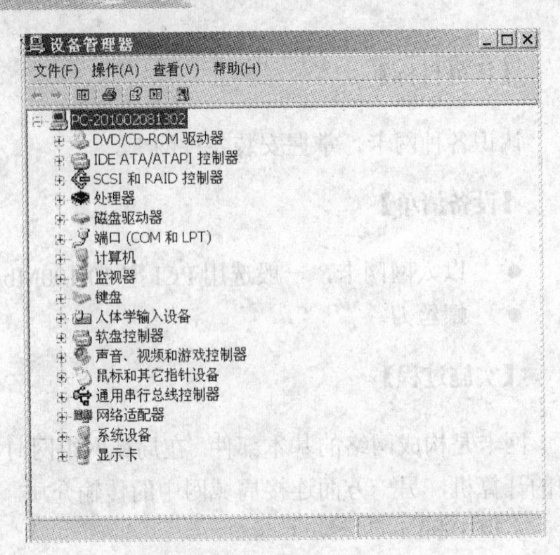

图 2-3 “设备管理器”窗口

4）单击“网络适配器”选项，将其展开，如果显示已经安装的适配器，说明系统已经正确安装了网卡，如图 2-4 所示。如果在系统的硬件列表中没有该网卡的驱动程序，Windows XP 系统会自动发现新的硬件设备，并自动启动硬件添加向导程序。

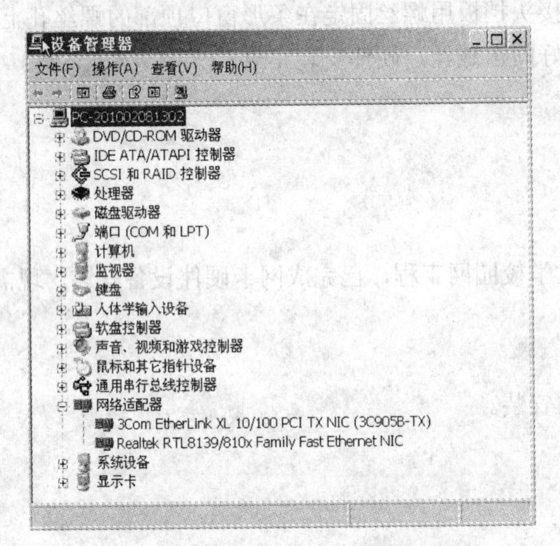

图 2-4 正确安装驱动程序的网卡信息

（2）可以通过手动的方式启动添加硬件向导安装程序来安装网卡的驱动程序，具体的操作步骤如下。

1）单击“开始”→“控制面板”命令，打开“控制面板”窗口，双击“添加硬件”图标，启动“添加硬件向导”对话框，如图 2-5 所示。

2）单击“下一步”按钮，在弹出的对话框中选择“是，我已连接了此硬件”单选按钮，如图 2-6 所示。

3）单击“下一步”按钮，在弹出的对话框的列表中选择“添加新的硬件设备”，如图 2-7 所示。

4）单击“下一步”按钮，在弹出的对话框中选择“安装我手动从列表选择的硬件”单选按钮，如图 2-8 所示。

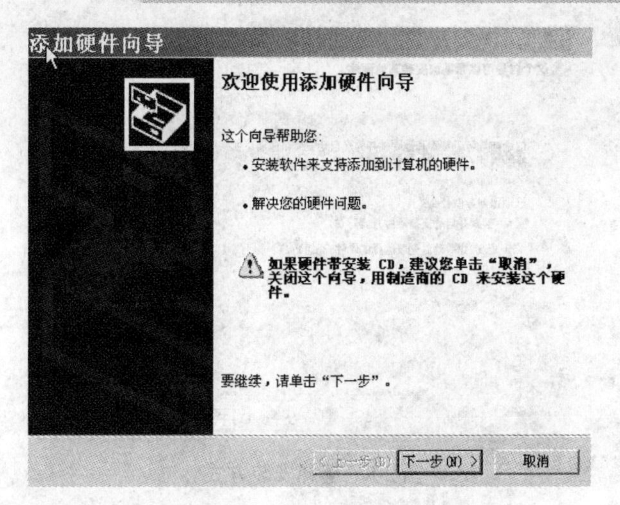

添加硬件向导
欢迎使用添加硬件向导
这个向导帮助您:
• 安装软件来支持添加到计算机的硬件。
• 解决您的硬件问题。
如果硬件带安装 CD，建议您单击“取消”，关闭这个向导，用制造商的 CD 来安装这个硬件。
要继续，请单击“下一步”。
< 上一步(B)
下一步(N) >
取消

图 2-5　添加硬件向导

添加硬件向导
硬件连接好了吗?
您已经将此硬件连接到计算机了吗?
是，我已经连接了此硬件(Y)
否，我尚未添加此硬件(N)
< 上一步(B)
下一步(N) >
取消

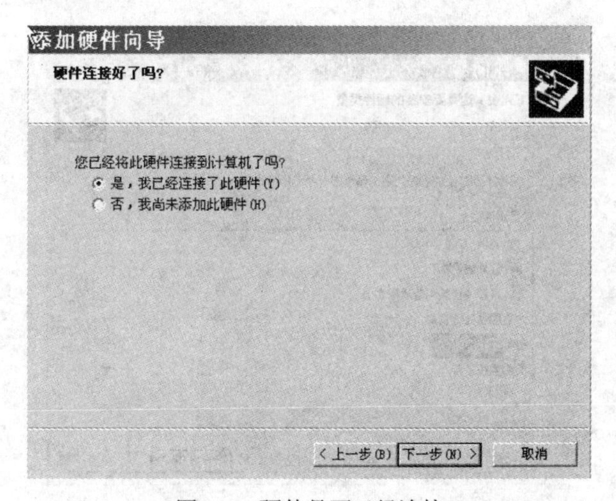

图 2-6　硬件是否已经连接

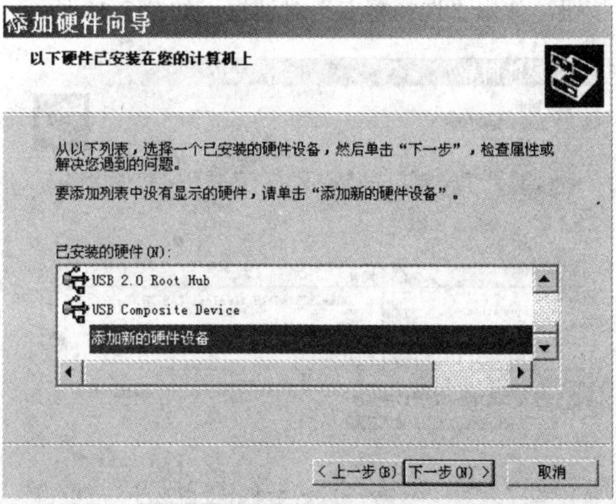

添加硬件向导
以下硬件已安装在您的计算机上
从以下列表，选择一个已安装的硬件设备，然后单击“下一步”，检查属性或解决您遇到的问题。
要添加列表中没有显示的硬件，请单击“添加新的硬件设备”。
已安装的硬件(N):
USB 2.0 Root Hub
USB Composite Device
添加新的硬件设备
< 上一步(B)
下一步(N) >
取消

图 2-7　添加新的硬件设备

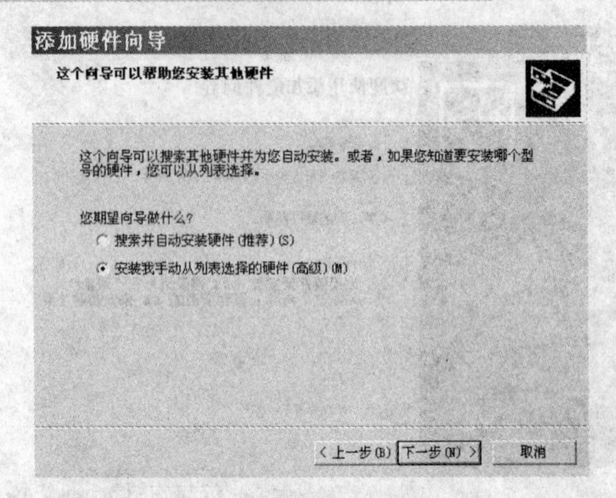

图 2-8　选择安装方式

5）单击“下一步”按钮，在弹出对话框的“常见硬件类型”列表中选择“网络适配器”选项，如图 2-9 所示。

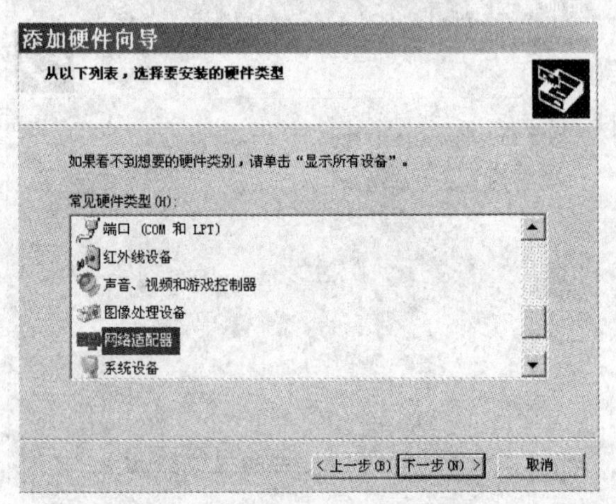

图 2-9　选择安装硬件的类型

6）单击“下一步”按钮，弹出“选择网卡”对话框，如图 2-10 所示。

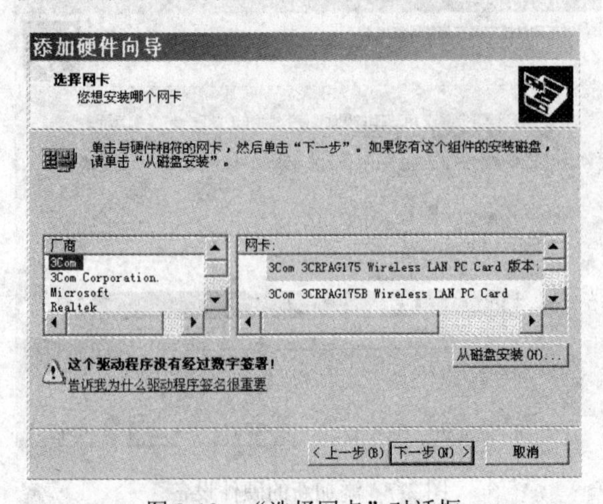

图 2-10　“选择网卡”对话框

7）选中要安装的网卡选项，单击“从磁盘安装”按钮，单击“浏览”按钮，如图 2-11 所示。

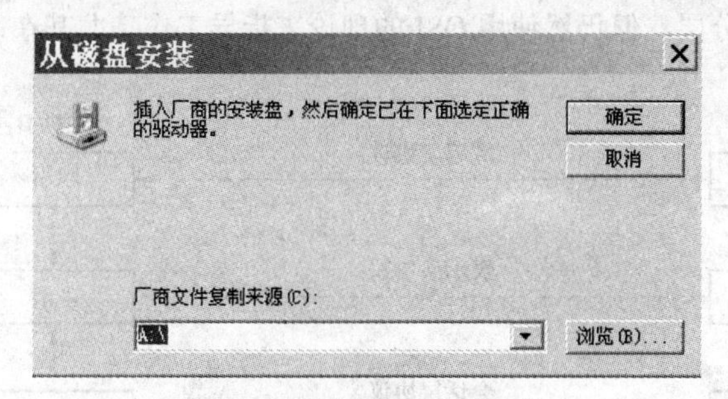

图 2-11 选择驱动程序文件

8）找到驱动程序所在的位置。将驱动程序光盘放入光驱，并选择“光驱驱动器”或选择从网上下载的驱动程序的目录。此时 Windows 系统将自动从驱动程序安装盘或安装目录中复制文件，完成后将弹出完成安装对话框，单击“完成”按钮完成驱动程序的安装，并按提示重新启动计算机。

【知识链接】

1. 计算机网络的层次结构

为了在设计和建造一个复杂系统时能有效地控制其复杂性，人们常常将其子系统用层次结构进行组织。计算机网络是一种复杂系统，它的设计和建造也采用层次结构。

（1）两级模型。

计算机网络是计算机技术与通信技术相结合的产物，从功能上说，计算机网络系统可以分为通信子网和资源子网两大部分。通信子网提供通信，即数据传输的能力；资源子网提供网络上的资源以及访问能力。

（2）OSI/RM 参考模型结构。

网络发展的早期，各个计算机网络厂商都分别有自己的网络体系结构。不同的网络体系结构分别有自己的层次结构和协议，给网络标准化和互联造成很大困难。为此国际标准化组织 ISO 于 1978 年 2 月开始研究解决这个问题的方法草案，于 1982 年 4 月形成一个开放系统互连参考模型（OSI/RM）的国际标准草案。OSI/RM 是一个七层模型，如图 2-12 所示。

在 OSI 参考模型中，每一层的功能都在下一层的支持下实现，并支持上一层。OSI/RM 中的低三层通常归入通信子网的功能范畴，一般由硬件——网卡或通信处理机实现；网络中的高三层归入资源子网的功能范畴，通常用软件——网络操作系统和应用软件实现。中间的传输层形成高层和低层之间的接口。

从通信对象来看，由会话层、表示层、应用层构成的上三层为进程间的通信，主要解决两台通信主机间的信息传输问题；由物理层、数据链路层、网络层构成的低三层为系统间的通信，主要解决通信子网中的数据传输问题；传输层处于两部分中间，可以看作系统通信与进程通信之间的接口层。

层是根据网络功能划分的，如果网络功能相同或相近，就把它们划分在同一层；如果不同就要分层。层与层之间不是孤立的，下层是为上层提供服务的。

OSI 网络参考模型为生产厂商们提供了共同遵守的标准，在最大程度上解决了不同网络间的兼容性和互操作性等问题。OSI 参考模型非常详细地规范了网络应该具有的功能模块和这些功能模块之间的互连方法，但 OSI 参考模型只是一个理论分析的参考模型，本身并不是一个具体协议的真实分层，任何一个具体的协议栈都不具有完整 OSI 参考模型中的 7 个功能分层。虽然现实中的协议栈没有严格按照 OSI 分层，但仍然使用 OSI 的理论来指导工作，尤其在研究和教学方面。

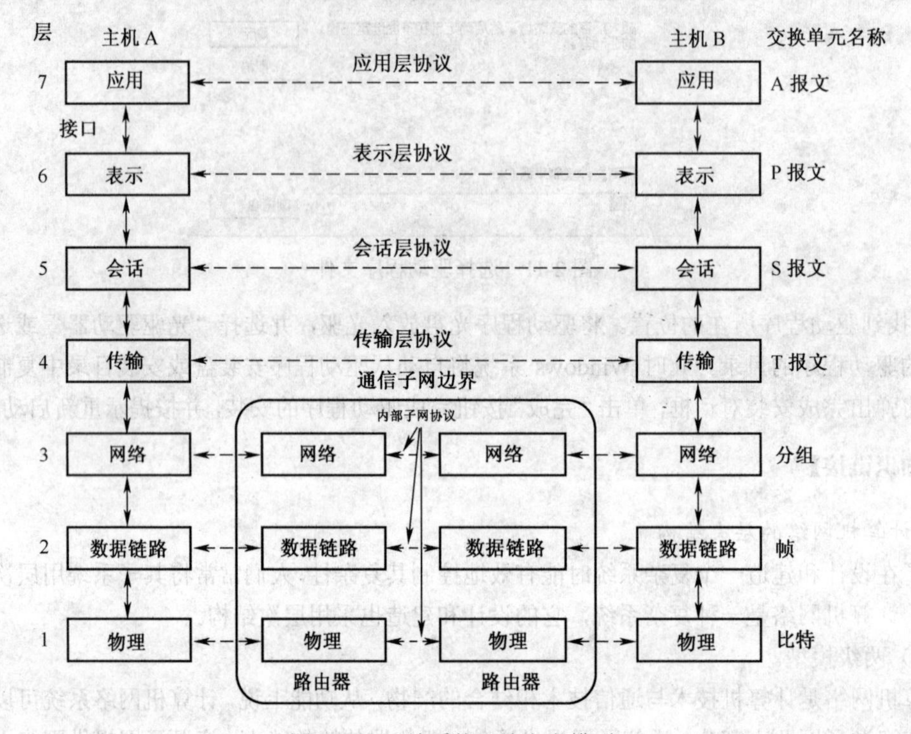

图 2-12　开放系统互连参考模型

2. TCP/IP 模型

传输控制协议和网际协议（TCP/IP）是美国国防部高级研究计划署为实现美国的广域互联网 APAR Net 而开发的通信传输协议。APAR Net 于 1969 年 12 月投入运行，后来发展成为洲际 Internet。由于 Internet 的成功应用，TCP/IP 已成为世界公认的事实上的网络标准。它的特点是满足异种计算机和异种计算机网络间的通信。TCP/IP 模型是在物理网基础上建立的，包括网络接口层、网际层、传输层和应用层。

如表 2-1 所示给出了 TCP/IP 体系结构与 OSI/RM 的对应关系。

表 2-1　TCP/IP 体系结构与 OSI/RM 的对应关系

OSI/RM		TCP/IP	
7	应用层	4	应用层
6	表示层		
5	会话层		
4	传输层	3	传输层
3	网络层	2	网际层
2	数据链路层	1	网络接口层
1	物理层		

如图 2-13 给出了 TCP/IP 模型中包含的常用协议。

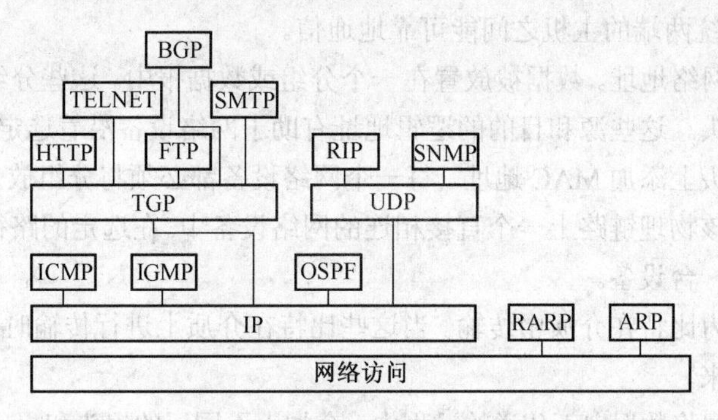

图 2-13　TCP/IP 模型中的协议

3. 数据的封装、解封和传输

（1）数据处理的功能流程。

在垂直方向的结构层次中，每一层都有与其相邻的层进行通信的接口，为了实现系统间的网络通信，两个系统必须在各层之间传递数据、指令和地址等信息。虽然通信时是垂直通过各层次，但每一层在逻辑上都能直接与远程计算机系统的相应层直接通信，层间通信如图 2-14 所示。

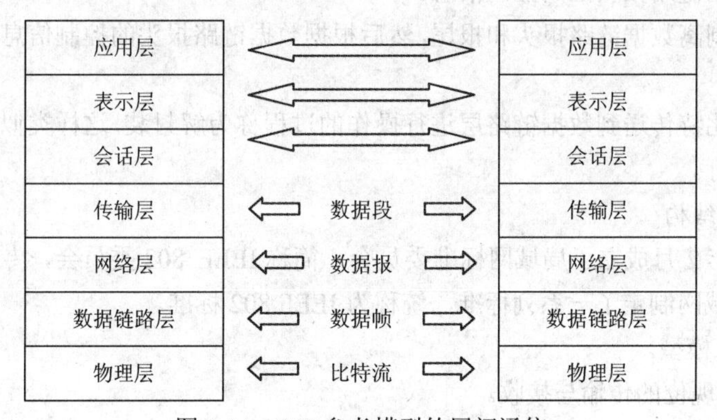

图 2-14　OSI 参考模型的层间通信

为了使这种水平通信能够实现，发送端的每一层协议都要在数据报文前增加各自的报文头。不同层的报文头只能被其他系统中的相应层识别和使用。接收端的协议层删去报文头，每一层都删去各自层负责的报文头，最后将数据传向它的应用。例如发送端的第 3 层向下将数据报转换为数据帧，第 2 层往下将数据帧转换为比特流。当目标系统的物理层接到比特流后，它将比特流传向数据链路层，由数据链路层将其组合成帧。当目标系统成功完成帧的接收后，帧的报文头被去掉并将嵌入的数据包提取出来传向接收方的第 3 层。数据包到达接收方的第 3 层时与其从发送方第 3 层发出时的格式内容完全相同。因此对于第 3 层，它们之间的通信是虚拟直接相连的，即从层的角度看，通信好像是直接发生在对应的层之间，而实际是垂直通过各层次，才到达相应层的。

（2）数据的封装解封步骤。

1）数据的封装可以通过以下 5 个步骤来进行，以用户发送 E-mail 为例，这 5 个步骤是网络中封装数据的必要步骤。

①创建数据。当用户发送 E-mail 消息时，消息中的字母、数字和字符被转换成可以在 Internet 上传输的数据。

②端到端的传输将数据分段。对数据分段来实现互联网的传输。通过使用分段（Segment）传输功能确保 E-mail 系统两端的主机之间能可靠地通信。

③在报文中添加网络地址。数据被放置在一个分组或数据报中。这些分组中包括带有源和目的的逻辑地址的网络报头。这些源和目的的逻辑地址有助于网络设备沿着选定的路径发送这些分组。

④在数据链路报头上添加 MAC 地址。每一个网络设备都必须将分组放入帧中。这些数据帧使得数据可以被传送到该物理链路上一个直接相连的网络设备中。在选定的路径上的每一个网络设备都必须把帧传递到下一台设备。

⑤将数据帧转换为比特在介质中传输。当这些比特在介质上进行传输时，时钟同步功能使得设备可以把它们区分开来。

通过 OSI 模型各层将数据向下传送的过程中，会加上不同层的报头和报尾，这个操作就是封装。

2）当远程设备顺序接收到一串比特流时，远程设备的物理层把这些比特传送到数据链路层进行操作。数据链路层会执行如下工作。

①检验该 MAC 目的地址是否与工作站的地址相匹配或者是否为一个以太网广播地址。如果这两种情况都没有出现，就丢弃该帧。

②如果数据已经出错，那么将它丢弃，而且数据链路层可能会要求重传数据，否则，数据链路层就读取并解释数据链路报头上的控制信息。

③数据链路层剥离数据链路报头和报尾，然后根据数据链路报头的控制信息把剩下的数据向上传送到网络层。

物理层把这些比特传送到数据链路层进行操作的过程称为解封装，这样类似的解封装过程会在每一个后续层中执行。

4. *局域网体系结构*

IEEE 于 1980 年 2 月成立了局域网标准委员会，简称 IEEE 802 委员会，专门从事局域网的标准化工作，它为局域网制定了一系列标准，统称为 IEEE 802 标准。

（1）IEEE 802 模型。

1）物理层：实现位的传输与接收。

2）媒体接入控制（MAC）：发送帧数据；实现与维护 MAC 协议；差错检测；寻址。

3）逻辑链路控制（LLC）：建立和释放数据链路层的逻辑连接；提供与高层的接口；差错控制；给帧加上序号。

（2）IEEE 802 协议标准。

IEEE 802 是一个标准系列，新的标准不断增加，现有的标准如表 2-2 所示。

表 2-2　IEEE 802 标准

标准名称	标准规定
IEEE 802.1A	概述和体系结构
IEEE 802.1B	寻址、网际互联及网络管理
IEEE 802.2	LLC 协议
IEEE 802.3	CSMA/CD 访问方法及物理层规范
IEEE 802.4	令牌总线网访问控制方法及物理层规范
IEEE 802.5	令牌环网访问控制方法及物理层规范

续表

标准名称	标准规定
IEEE 802.6	城域网（MAN）标准
IEEE 802.7	宽带局域网标准
IEEE 802.8	光纤局域网标准
IEEE 802.9	综合数据/语音网络标准
IEEE 802.10	网络安全与加密标准
IEEE 802.11	无线局域网标准
IEEE 802.12	100Base-VG 标准
IEEE 802.14	有限电视网标准
IEEE 802.15	无线个人网络（WPAN）标准
IEEE 802.16	无线宽带局域网（BBWA）标准

5. 以太网（Ethernet）

以太网于 1970 年由施乐（Xerox）公司首次开发，1976 年 Xerox 建造了一个传输速率为 2.94Mb/s 的 CSMA/CD 系统，该系统就称为以太网。1980 年 DEC、Intel 和 Xerox（DIX）共同开发、起草了一份 10Mb/s 速率的以太网标准，称为“蓝皮书标准”，这就是以太网标准的第一版。1985 年，他们又对第一版进行了改进，公布了第二版以太网标准。IEEE 802 以 Ethernet V2 为基础，制定了 802.3（CSMA/CD）局域网标准。

传统的以太网技术是建立在共享介质基础上的，网络中的所有结点共享一个公共通信传输介质，典型的介质访问控制方法是 CSMA/CD、Token-Ring 和 Token-Bus。例如，以太网的数据传输率为 10Mb/s，则带宽为 10Mb/s，如果局域网中有 n 个结点，那么每个结点平均能分配到的带宽为 10Mb/s/n。显然，随着局域网规模的不断扩大，结点数的不断增加，网络服务质量会急剧下降。

（1）以太网的工作原理。

以太网被用来在网络设备之间传输数据。它是一种介质共享的技术，所有的网络设备连接到同一个传输介质上。一个结点的数据帧的传输贯穿整个网络，每一个结点都要进行数据帧的接收和检查。所有结点收到数据帧后，识别数据帧的目的 MAC 地址，如果是自己的 MAC 地址，就处理此数据包；如果不是自己的 MAC 地址，就丢弃这个数据帧。在任一时刻，网络段上只允许一个结点在共享的介质上传输数据。

（2）以太网的工作过程。

以太网使用带冲突检测的载波侦听和多路访问（Carrier Sense Multiple Access/Collision Detected，CSMA/CD）协议来允许网络传输数据。

CSMA/CD 是一种访问方法。它将所有的传输请求都考虑在内，并决定哪个设备可以传输数据，何时传输数据。在结点发送数据之前，CSMA/CD 结点侦听网络是否在使用，如果网络正在被使用，该结点就等待；如果网络未被使用，该结点就传输数据。如果两个结点同时侦听到网络未被使用而同时传输数据，就会造成冲突，于是两个结点的数据传输都被破坏。当一个传输结点识别出一个冲突，它就发送一个拥塞信号，所有的结点都停止传输。在重传之前等待一个退避时间，这是随机产生的。如果在接下来的传输中又发生了冲突，结点会在放弃之前继续重传，最多重传 16 次。

6. 网卡的功能

网卡完成网络层和数据链路层的大部分功能，包括网卡与传输介质的物理连接、介质访问控制、数据帧的拆装、帧的发送和接收、错误校验、数据信号的编码和解码、数据的串行和并行转换等功能。网卡是局域网通信接口的关键设备，它是决定计算机网络性能的重要因素之一。

7. 网卡的分类

（1）按照支持的计算机种类分类，网卡主要可以分为以下两类：

1）标准以太网卡，用于台式计算机联网。

2）PCMCIA 网卡，用于便携式计算机联网。

（2）按照支持的传输速率分类，网卡主要分为以下四类：

1）10Mb/s 网卡。

2）100Mb/s 网卡。

3）10/100Mb/s 自适应网卡。

4）1000Mb/s 网卡。

（3）按照所支持的传输介质类型分类，网卡主要分为以下四类：

1）双绞线网卡。

2）粗缆网卡。

3）细缆网卡。

4）光纤网卡。

（4）按照所支持的总线类型分类，网卡主要分为以下两类：

1）PCI 网卡。

2）ISA 网卡。

同时，不同厂家生产的网卡，在集成度、处理芯片、数据缓冲区及配置方法上都有较大的区别。

【拓展训练】

读者根据以上知识，独立完成以下任务：

（1）安装网卡硬件。

（2）安装网卡的驱动程序，设置网卡的连接属性。

【分析和讨论】

（1）如何挑选网卡？

（2）为什么安装网卡硬件后还要安装网卡驱动程序？

模块二 交换机的配置

本模块通过完成下列任务，学习交换机的工作原理和配置方法，使学生掌握局域网交换网络的组建，进而掌握 VLAN 的配置，并培养学生规范安全的操作能力及团队协作能力。

任务1 交换机端口的基本配置

【任务描述】

假设你是A公司职员，A公司承接×××大学校园网工程，选用锐捷网络产品，现有部分主机网卡属于100Mb/s网卡，传输模式为半双工，为了能够实现主机之间的正常访问，现需要把和主机相连的交换机端口速率设为100Mb/s，传输模式设为半双工，并开启该端口进行数据的转发。

【任务目标】

掌握交换机端口的常用配置，能配置交换机端口的速率、双工模式，并进行有效查看。

【设备清单】

锐捷S2126G 1台。

【实施过程】

锐捷交换机的FastEthernet接口默认情况下是10/100Mb/s自适应端口，双工模式为自适应。默认情况下，所有交换机端口均开启，且FastEthernet接口支持端口速率、双工模式的配置。

实现步骤：

（1）交换机端口参数的配置。

```
Switch_a>enable
Switch_a#configure terminal
Switch_a(config)#interface fastethernet 0/6            ！进入F 0/6的端口模式
Switch_a(config-if)#speed 100                          ！配置端口速率为100Mb/s
Switch_a(config-if)#duplex half                        ！配置端口的双工模式为半双工
Switch_a(config-if)#no shutdown                        ！开启该端口，使端口转发数据
```

（2）查看交换机端口的配置信息。

```
Switch_a#show interface fastethernet 0/6               ！查看端口的状态
Interface : FastEthernet 100BaseTX 0/6
Description:
AdminStatus : up                                       ！查看端口的状态
OperStatus : up
Hardware : 10/100BaseTX
Mtu : 1500
LastChange : 0d:0h:0m:0s
AdminDuplex : Half                                     ！查看配置的双工模式
OperDuplex : Unknown
AdminSpeed : 100                                       ！查看配置的速率
OperSpeed : Unknown
FlowControlAdminStatus : Off
FlowControlOperStatus : Off
Priority : 0
Broadcast blocked : DISABLE
Unknown multicast blocked : DISABLE
Unknown unicast blocked : DISABLE
```

（3）注意事项。

交换机端口在默认情况下是开启的，AdminStatus 是 up 状态，如果该端口没有实际连接其他设备，OperStatus 是 down 状态。

任务 2　交换机端口隔离

【任务描述】

A 公司承接×××大学校园网工程，现有的交换机是教师家属区一台楼道交换机，住户 PC1 连接在交换机的 0/7 端口，住户 PC2 连接在交换机的 0/8 端口。现要实现教师家属区的各家各户的端口隔离。

【任务目标】

理解 Port VLAN 的配置，能通过划分 Port VLAN 实现本交换端口的隔离。

【设备清单】

- 锐捷 S2126G 1 台；
- PC 机 2 台。

【实施过程】

Port VLAN 是实现 VLAN 的方式之一，Port VLAN 利用交换机的端口进行 VLAN 的划分，一个端口只能属于一个 VLAN。

该任务拓扑结构如图 2-15 所示。

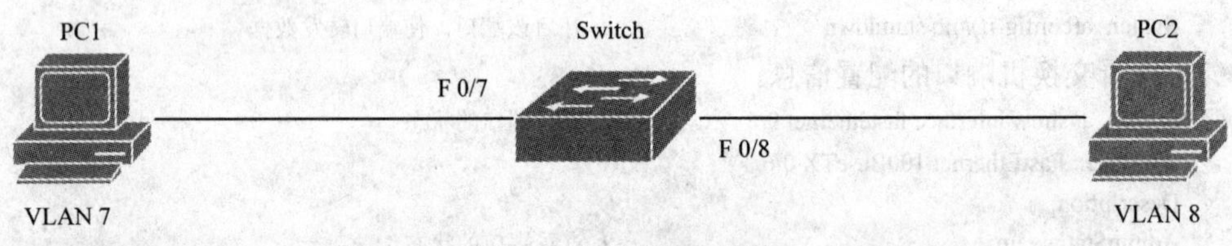

图 2-15　交换机端口隔离

实现步骤：

（1）创建 VLAN（在未划分 VLAN 前，两台 PC 互相可以 ping 通）。

```
Switch>enable
Switch#configure terminal                    ! 进入交换机全局配置模式
Switch(config)#vlan 7                        ! 创建 VLAN 7
Switch(config-vlan)#name zh7                 ! 将 VLAN 7 命名为 zh7
Switch(config-vlan)#exit
Switch(config)#vlan 8                        ! 创建 VLAN 8
Switch(config-vlan)#name zh8                 ! 将 VLAN 8 命名为 zh8
Switch(config-vlan)#exit
```

验证测试：

```
Switch#show vlan                             ! 查看已配置的 VLAN 信息
```

```
VLAN    Name      Status    Ports
--------------------------------------------------------------------------------
1       default   active    Fa 0/1，Fa 0/2，Fa 0/3   ! 默认情况下所有接口都属于 VLAN 1
                            Fa 0/4，Fa 0/5，Fa 0/6
                            Fa 0/7，Fa 0/8，Fa 0/9
                            Fa 0/10，Fa 0/11，Fa 0/12
                            Fa 0/13，Fa 0/14，Fa 0/15
                            Fa 0/16，Fa 0/17，Fa 0/18
                            Fa 0/19，Fa 0/20，Fa 0/21
                            Fa 0/22，Fa 0/23，Fa 0/24
7       zh7       active                             ! 新创建的 zh7，没有端口属于 VLAN 7
8       zh8       active                             ! 新创建的 zh8，没有端口属于 VLAN 8
```

（2）将接口分配到 VLAN。

```
Switch#configure terminal
Switch(config)#interface fastethernet 0/7
Switch(config-if)#switchport access vlan 7          ! 将 fastethernet 0/7 端口加入 VLAN 7 中
Switch(config)#interface fastethernet 0/8
Switch(config-if)#switchport access vlan 8          ! 将 fastethernet 0/8 端口加入 VLAN 8 中
```

（3）测试两台 PC 互相能否 ping 通。

验证测试：

```
Switch#show vlan
VLAN    Name      Status    Ports
--------------------------------------------------------------------------------
1       default   active    Fa 0/1，Fa 0/2，Fa 0/3
                            Fa 0/4，Fa 0/5，Fa 0/6
                            Fa 0/9，Fa 0/10，Fa 0/11
                            Fa 0/12，Fa 0/13，Fa 0/14
                            Fa 0/15，Fa 0/16，Fa 0/17
                            Fa 0/18，Fa 0/19，Fa 0/20
                            Fa 0/21，Fa 0/22，Fa 0/23
                            Fa 0/24
7       zh7       active    Fa 0/7
8       zh8       active    Fa 0/8
```

（4）注意事项。

1）交换机所有的端口在默认情况下属于 access 端口，可直接将端口加入到某一个 VLAN。利用 switchport mode access/trunk 命令可以更改端口的 VLAN 模式。

2）VLAN 1 属于系统的默认 VLAN，不可以删除。

3）删除某个 VLAN，使用 no 命令，例如：Switch(config)#no vlan 7。

4）删除当前某个 VLAN 时，注意先将属于该 VLAN 的端口加入别的 VLAN，再删除 VLAN。

任务 3　跨交换机实现 VLAN

【任务描述】

A 公司承接×××大学校园网工程，大学内有两个主要部门：财务部和教务处，其中教务处的 PC 机分散连接，它们之间需要相互进行通信，但为了数据安全起见，财务部和教务处需要进行相互隔离，现要在交换机上做适当配置来实现这一目标。

【任务目标】

理解跨交换机 VLAN 的特点，通过配置实现同一 VLAN 里的 PC 机能跨交换机进行通信，而在不同 VLAN 里的计算机系统不能进行相互通信。

【设备清单】

- 锐捷 S2126G 2 台；
- PC 机 3 台。

【实施过程】

Tag Vlan 是基于交换机端口的另外一种类型，主要用于实现跨交换机的相同 VLAN 内主机之间的直接访问，同时对于不同 VLAN 的主机进行隔离。Tag Vlan 遵循 IEEE 802.1q 协议的标准。在利用配置了 Tag Vlan 的接口进行数据传输时，需要在数据帧内添加 4 个字节的 802.1q 标签信息，用于标识该数据帧属于哪个 VLAN，以便于端交换机接收到数据帧后进行准确的过滤。

该任务的拓扑结构如图 2-16 所示。

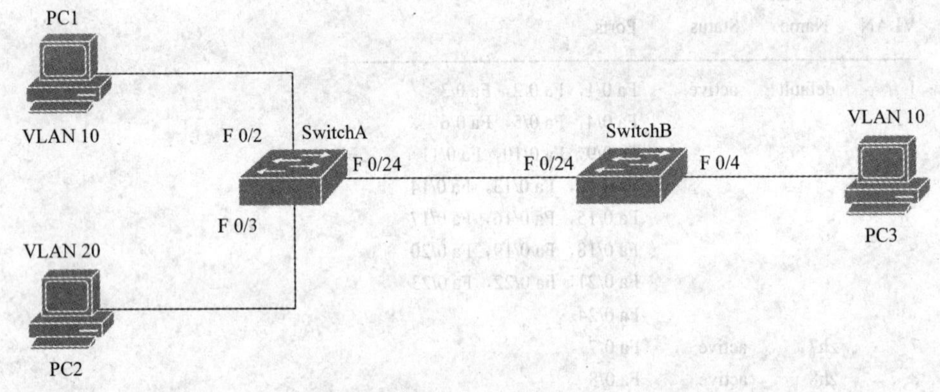

图 2-16　跨交换机实现 VLAN

实现步骤：

（1）在交换机 SwitchA 上创建 VLAN 10，并将 F 0/2 端口划分到 VLAN 10 中。

```
SwitchA>enable
SwitchA#configure terminal
SwitchA(config)#vlan 10
SwitchA(config-vlan)#name sales
SwitchA(config-vlan)#exit
SwitchA(config)#interface fastethernet 0/2
SwitchA(config-if)#switchport access vlan 10
```

验证测试：

```
SwitchA#show vlan id 10                                  ! 查看某一个 VLAN 的信息
VLAN    Name    Status    Ports
--------------------------------------------------------------------------------
10      sales   active    Fa 0/2
```

（2）在交换机 SwitchA 上创建 VLAN 20，并将 F 0/3 端口划分到 VLAN 20 中。

```
SwitchA(config)#vlan 20
SwitchA(config-vlan)#name product
SwitchA(config-vlan)#exit
SwitchA(config)#interface fastethernet 0/3
SwitchA(config-if)#switchport access vlan 20
```

验证测试：

```
SwitchA#show vlan id 20
VLAN     Name      Status     Ports
------------------------------------------------------------------------
20       product   active     Fa 0/3
```

（3）把交换机 SwitchA 与交换机 SwitchB 相连的端口（假设为 F 0/24 端口）定义为 Tag Vlan 模式。

```
SwitchA(config)#interface fastethernet 0/24
SwitchA(config-if)#switchport mode trunk     ！将 fastethernet 0/24 端口设为 Tag Vlan 模式
```

验证测试：

```
Switch#show interface fastethernet 0/24 switchport
Interface   Switchport Mode   Access   Native   Protected   VLAN Lists
------------------------------------------------------------------------
Fa 0/24     Enable Trunk      1        1        Disable     All
```

（4）在交换机 SwitchB 上创建 VLAN 10，并将 F 0/4 端口划分到 VLAN 10 中。

```
SwitchB>enable
SwitchB#configure terminal
SwitchB(config)#vlan 10
SwitchB(config-vlan)#name sales
SwitchB(config-vlan)#exit
SwitchB(config)#interface fastethernet 0/4
SwitchB(config-if)#switchport access vlan 10
```

验证测试：

```
SwitchB#show vlan id 10
VLAN     Name      Status     Ports
------------------------------------------------------------------------
10       sales     active     Fa 0/4
```

（5）把交换机 B 与交换机 A 相连的端口（假设为 F 0/24 端口）定义为 Tag Vlan 模式。

```
SwitchB(config)#interface fastethernet 0/24
SwitchB(config-if)#switchport mode trunk
```

验证测试：

```
Switch#show interface fastethernet 0/24 switchport
Interface   Switchport Mode   Access   Native   Protected   VLAN Lists
------------------------------------------------------------------------
Fa 0/24     Enable Trunk      1        1        Disable     All
```

（6）验证 PC1 与 PC3 能互相通信，但 PC2 与 PC3 不能互相通信。

将 PC1 的 IP 地址配置为 192.168.0.101，将 PC2 的 IP 地址配置为 192.168.0.102，将 PC3 的 IP 地址配置为 192.168.0.103。

```
C:\>ping 192.168.0.103      ！在 PC1 的命令行方式下验证能 ping 通 PC3
C:\>ping 192.168.0.103      ！在 PC2 的命令行方式下验证不能 ping 通 PC3
```

（7）注意事项：

1）两台交换机之间相连的端口应该设置为 Tag Vlan 模式。

2）Trunk 接口在模式情况下支持所有 VLAN 的传输。

任务 4　端口聚合提供冗余备份链路

【任务描述】

A 公司承接×××大学校园网工程，采用两台交换机组成一个局域网，由于很多数据流量是跨过交换机进行转发的，因此需要提供交换机之间的传输带宽，并实现链路冗余备份，为此需要在两台交换机之间采用两根网线进行互连，并将相应的两个端口聚合为一个逻辑端口，现要在交换机上做适当配置来实现这一目标。

【任务目标】

理解链路聚合的配置及原理，能通过配置实现交换机之间传输带宽的增加，并实现链路冗余备份。

【设备清单】

- 锐捷 S2126G 1 台；
- PC 机 2 台。

【实施过程】

端口聚合（Aggregate-port）又称链路聚合，是指在物理上将两台交换机的多个端口连接起来，并将多条链路聚合成一条逻辑链路，从而增大链路带宽，解决交换网络中因带宽引起的网络瓶颈问题，多条物理链路之间能够相互冗余备份，其中任意一条链路断开，不会影响其他链路正常转发数据。

该任务拓扑结构如图 2-17 所示。

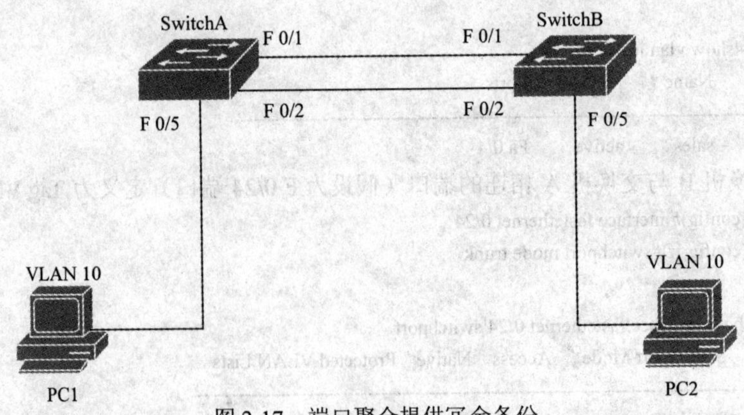

图 2-17　端口聚合提供冗余备份

实现步骤：

（1）交换机 A 的基本配置。

```
SwitchA>enable
SwitchA#configure terminal
SwitchA(config)#vlan 10
SwitchA(config-vlan)#name sw
```

```
SwitchA(config-vlan)#exit
SwitchA(config)#interface fastethernet 0/5
SwitchA(config-if)#switchport access vlan 10
```

验证测试：

```
SwitchA#show vlan id 10
VLAN     Name     Status     Ports
------------------------------------------------
10       sw       active     Fa 0/5
```

（2）在交换机 A 上配置聚合端口。

```
SwitchA(config)#interface aggregateport 1                 ！创建聚合接口 AG1
SwitchA(config-if)#switchport mode trunk                  ！配置 AG 模式为 trunk
SwitchA(config-if)#exit
SwitchA(config)#interface range fastethernet 0/1-2        ！进入接口 0/1 和 0/2
SwitchA(config-if-range)#port-group 1                     ！配置接口 0/1 和 0/2 属于 AG1
```

验证测试：

```
SwitchA#show aggregateport 1 summary                      ！查看端口聚合组 1 的信息
AggregatePort    MaxPorts    SwitchPort    Mode     Ports
--------------------------------------------------------------------------------
Ag1              8           Enabled       Trunk    Fa 0/1，Fa 0/2
```

（3）交换机 B 的基本配置。

```
SwitchB>enable
SwitchB#configure terminal
SwitchB(config)#vlan 10
SwitchB(config-vlan)#name sw
SwitchB(config-vlan)#exit
SwitchB(config)#interface fastethernet 0/5
SwitchB(config-if)#switchport access vlan 10
```

验证测试：

```
SwitchB#show vlan id 10
VLAN     Name     Status     Ports
------------------------------------------------
10       sw       active     Fa 0/5
```

（4）在交换机 B 上配置聚合端口。

```
SwitchB(config)#interface aggregateport 1
SwitchB(config-if)#switchport mode trunk
SwitchB(config-if)#exit
SwitchB(config)#interface range fastethernet 0/1-2
SwitchB(config-if-range)#port-group 1
```

验证测试：

```
SwitchB#show aggregateport 1 summary
AggregatePort    MaxPorts    SwitchPort    Mode     Ports
--------------------------------------------------------------------------------
Ag1              8           Enabled       Trunk    Fa 0/1，Fa 0/2
```

（5）验证测试。

验证当交换机之间的一条链路断开时，PC1 与 PC2 仍能互相通信。

将 PC1 的 IP 地址配置为 192.168.0.101，将 PC2 的 IP 地址配置为 192.168.0.102。

```
C:\>ping 192.168.0.102 -t                  ！在 PC1 的命令行方式下验证能否 ping 通 PC2
```

（6）注意事项。

1）只有同类型端口才能聚合为一个 AG 端口。

2）所有物理端口必须属于同一个 VLAN。

3）在锐捷交换机上最多支持 8 个物理端口聚合为一个 AG。

4）在锐捷交换机上最多支持 6 组聚合端口。

【知识链接】

1. 交换式局域网工作原理

（1）二层交换机的工作原理。

交换式局域网工作在数据链路层，其交换机称为二层交换机。

这里的交换技术是相对于共享技术而言的。共享技术是指多个计算机或设备共享一个传输介质。连接在 Hub 中的一个站点发送数据时，将以广播方式将数据传送到 Hub 的每一个端口。这样当有多个设备同时发送数据时，就会产生碰撞。交换式局域网则通过交换机端口之间的数据交换，形成多个并发连接，从一个端口进入的数据被送到相应的目的端口，不影响其他端口，因而不会发生碰撞。交换式网络的核心部件就是交换机，目前的局域网交换机主要是针对以太网设计的。局域网交换技术是 OSI 参考模型的第二层——数据链路层上的交换技术，它所交换的对象是帧，也就是转发帧。

（2）交换机的交换模式。

1）直通模式。这种交换机接收到数据帧时，找到目的地址后立即将帧转发出去，不做差错和过滤处理。

2）无碎片直通模式。“碎片”是指在信息发送过程中突然发生冲突时，由于双方立即停止发送数据帧而在网络上形成的残缺不全的帧。碎片是无用的信息垃圾，必须将它们清除。无碎片直通模式首先存储接收到的数据帧的部分字节（前 64 个字节），然后进行差错检验，如发现有错，立即清除，并要求发送方重发此帧；如未发现错误，则立即转发出去。

3）存储转发模式。此模式是指交换机接收到数据帧后，先存储在一个共享缓存区中，然后进行过滤（滤掉不健全的帧和有冲突的帧）和 CRC 差错校验，之后才将数据按目的地址发送到指定的端口。如果 CRC 检验失败，就将该帧丢弃。

（3）交换机和集线器的区别。

从 OSI 体系结构看，集线器工作在 OSI/RM 的第一层，是一种物理层的连接设备，因而它只对数据的传输做同步、放大和整形处理，不能对数据传输的短帧、碎片等进行有效处理，不进行差错处理，不能保证数据的完整性和正确性。局域网交换机工作在 OSI 的第二层，属于数据链路层的连接设备，不但可以对数据的传输进行同步、放大和整形，还提供完整性和正确性的保证。

从工作方式和带宽看，集线器的工作方式是一种广播模式，一个端口发送信息，所有的端口都可以接收到，容易发生广播风暴；同时它共享带宽，当两个端口间通信时，其他端口只能等待。局域网交换机的工作方式是一种交换方式，一个端口发送信息，只有目的端口可以接收到，能够有效地隔离冲突域，抑制广播风暴；同时每个端口都有自己的独立带宽，两个端口间的通信不影响其他端口间的通信。

（4）交换式以太网采用星型和树型的物理拓扑结构。

2. 虚拟局域网（VLAN）

（1）VLAN 的定义。

VLAN 是指将局域网的用户或结点划分成若干个“逻辑工作组”。逻辑组的划分不用考虑局域网上用户或结点所处的物理位置，只需考虑用户或结点功能、部门、应用等因素。划分 VLAN 后的交换机收到需要广播的帧，只向它所属的 VLAN 广播。要注意的是，虚拟局域网其实只是局域网给用户提供的一种服务，并不是一种新型局域网。在虚拟局域网上的每一个站都可以听到同一个虚拟局域网上的其他成员所发出的广播，而听不到其他虚拟局域网上的广播信息。这样，虚拟局域网限制了接收广播信息的工作站数，使得网络不会因为传播过多的广播信息而引起性能恶化。

（2）VLAN 使用的以太网帧格式。

为了便于支持虚拟局域网，IEEE 批准了 802.3ac 标准，该标准定义了以太网帧格式的扩展，如图 2-18 所示。

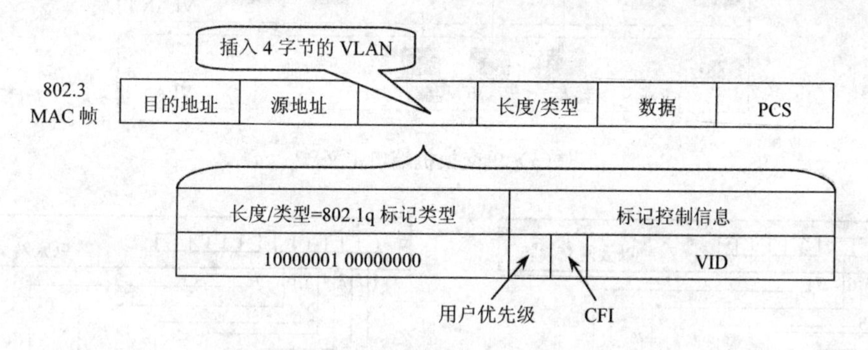

图 2-18　在以太网的帧格式中插入 VLAN 标记

虚拟局域网协议允许在以太网的帧格式中插入一个 4 字节的标识符（因此以太网的最大帧长由原来的 1518 字节变为 1522 字节），称为 VLAN 标记（tag），用来指明发送该帧的工作站属于哪一个虚拟局域网。图 2-18 中的 CFI 是规范格式指示符，而 VID 是 VLAN 标识符，它唯一地标志了这个以太网帧是属于哪一个 VLAN。

（3）VLAN 的划分方法。

VLAN 建立在交换技术的基础上，通过交换机“有目的地”发送数据，灵活地进行逻辑子网（广播域）的划分，而不像传统的局域网那样把站点束缚在所处的物理网络之中。

常见的划分方法有以下四种：

1）根据端口划分。

端口 VLAN 就是利用交换机的端口来划分的 VLAN，被设定的端口都在同一个广播域中。图 2-19（a）是将连接在一台交换机上的站点划分为不同的子网，将与端口 1、2、6、7 连接的计算机定义为 VLAN 1，将与端口 3、4、5 连接的计算机定义为 VLAN 2。图 2-19（b）是将连接在不同交换机上的站点划分在一个子网中。

按端口划分 VLAN 不允许多个 VLAN 共享一个物理网段或交换机端口。如果用户从一个端口所在的虚拟网移动到另一个端口所在的虚拟网，网络管理员需要重新进行设置。

2）根据 MAC 地址划分。

MAC VLAN 是一种基于用户的 VLAN，它用结点的 MAC 地址来定义 VLAN。由于 MAC 地址与硬件相关，固定于工作站的网卡内，因此 MAC 定义的 VLAN 允许工作站在移动到网络的其他网段中时，保持原来的 VLAN 成员资格，因为它的 MAC 地址没有变。

MAC VLAN 的不足之处在于所有的用户必须都被明确地分配给虚拟局域网，要求所有用户在初始阶段必须被配置到至少一个 VLAN 中；初始配置必须由人工完成，然后才可以自动跟踪用户。这对用户较多的大型网络是非常繁琐的。

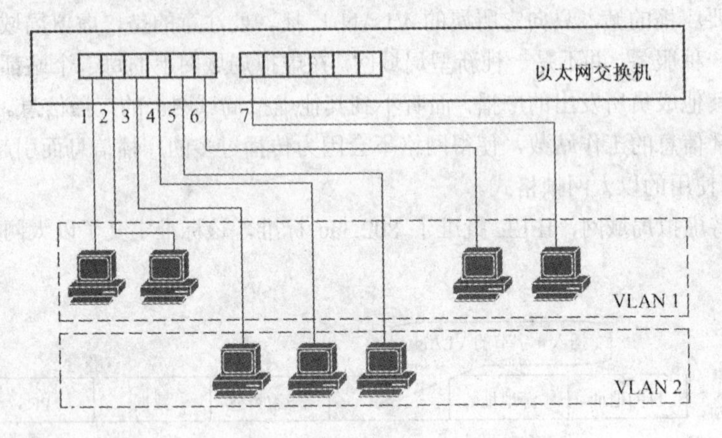

（a）单交换机端口定义

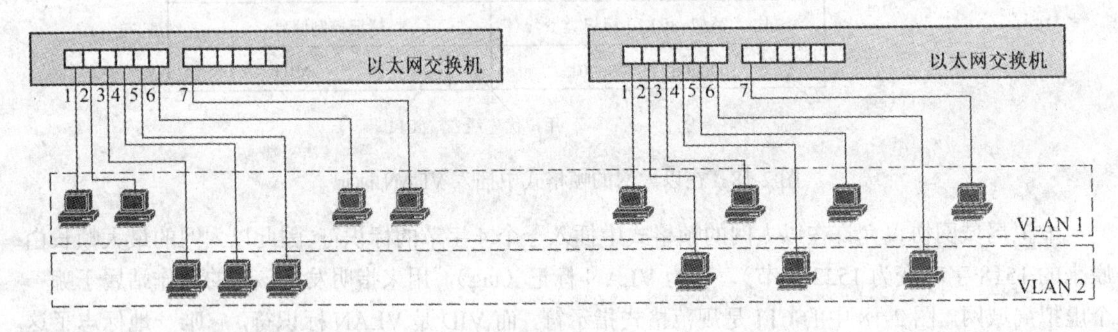

（b）多交换机端口定义

图 2-19　根据端口划分

3）根据网络层地址划分。

IP 地址 VLAN 用结点的网络层地址来定义 VLAN 的成员资格。与利用 MAC 地址划分的形式相比，根据网络层地址划分的 VLAN 需要分析各种协议的地址格式并进行相应的转换。使用网络层信息来定义虚拟网的交换机要比使用数据链路层信息的交换机在速度上占劣势，而且这种差异在多数网络产品中都存在。

需要注意的是，虽然这种类型的虚拟网建立在网络层的基础上，但交换机本身并不参与路由工作，交换机只是作为一个高速网桥，简单地利用扩展树算法将包转发给下一个站点上的交换机。

4）根据 IP 广播组划分。

IP 广播组 VLAN 的建立是动态的，它代表了一组 IP 地址。虚拟局域网中被称作代理的设备对虚拟局域网中的成员进行管理。当 IP 广播包要送达多个目的结点时，就动态地建立虚拟局域网代理，这个代理和多个 IP 结点组成 IP 广播组虚拟局域网。网络用广播信息通知各个 IP 结点，表明网络中存在 IP 广播组，结点如果响应信息，就可以加入 IP 广播组，成为虚拟局域网中的一员，与虚拟局域网中的其他成员通信。IP 广播组中的所有结点属于同一个虚拟局域网，但它们只是特定时间段内特定 IP 广播组的成员。IP 广播组虚拟局域网的动态特性有很高的灵活性，可以根据服务灵活地组建，而且它可以跨越路由器形成与广域网的互联。

【拓展训练】

读者根据以上知识，独立完成以下任务：

在×××大学校园网工程中按系部、科室划分多个 VLAN 并进行设置。

【分析和讨论】

（1）VLAN 的划分方法？

（2）交换机和集线器的区别？

模块三　路由器的配置

本模块通过完成下列任务，学习路由器的工作原理和使用配置，使学生掌握使用路由器实现网络的互联互通的方法。

任务 1　路由器端口的基本配置

【任务描述】

假设你是 A 公司职员，A 公司承接×××大学校园网工程，选用锐捷网络产品，公司要求你熟悉路由器产品，对路由器的端口配置基本的参数。

【任务目标】

掌握路由器端口的常用配置，给路由器端口配置 IP 地址，并在 DCE 端配置时钟频率，限制端口带宽。

【设备清单】

- 锐捷 R1762 路由器 2 台；
- V.35 线缆 1 条。

【实施过程】

锐捷路由器的 FastEthernet 接口默认情况下是 10/100Mb/s 自适应端口，双工模式为自适应。默认情况下，路由器物理端口均处于关闭状态。

路由器提供广域网接口（serial 高速同步串口），使用 V.35 线缆连接广域网接口链路。在广域网连接时一端为 DCE（数据通信设备），一端为 DTE（数据终端设备）。要求必须在 DCE 端配置时钟频率（Clock Rate）才能保证链路的连通。

在路由器的物理端口可以灵活配置带宽，但最大值为该端口的实际物理带宽。

实现步骤：

（1）路由器 A 端口参数的配置。

```
Red-Giant >enable
Red-Giant #configure terminal
```

```
Red-Giant(config)#hostname RouterA
RouterA(config)#interface serial 1/2                ！进入 S 1/2 的端口模式
RouterA(config-if)#ip address 1.1.1.1 255.255.255.0 ！配置端口的 IP 地址
RouterA(config-if)#clock rate 6400                  ！在 DCE 端口上配置时钟频率
RouterA(config-if)#bandwidth 512                    ！配置端口的带宽速率为 512Kb/s
RouterA(config-if)#no shutdown                      ！开启该端口，使端口转发数据
```

（2）路由器 B 端口参数的配置。

```
Red-Giant >enable
Red-Giant #configure terminal
Red-Giant(config)#hostname RouterB
RouterB(config)#interface serial 1/2                ！进入 S 1/2 的端口模式
RouterB(config-if)#ip address 1.1.1.2 255.255.255.0 ！配置端口的 IP 地址
RouterB(config-if)#bandwidth 512                    ！配置端口的带宽速率为 512Kb/s
RouterB(config-if)#no shutdown                      ！开启该端口，使端口转发数据
```

（3）查看路由器 A 端口配置的参数。

```
RouterA#show interface serial 1/2                   ！查看 RouterA Serial 1/2 接口的状态
Serial 1/2 is UP，line protocol is UP               ！接口的状态，是否为 UP
Hardware is PQ2 SCC HDLC CONTROLLER serial
Interface address is: 1.1.1.1/24                    ！接口 IP 地址的配置
MTU 1500 bytes，BW 512 Kbit                          ！查看接口的带宽
Encapsulation protocol is HDLC，loopback not set
Keepalive interval is 10 sec，set
Carrier delay is 2 sec
Rxload is 1，Txload is 1
Queueing strategy: WFQ
5 minutes input rate 17 bits/sec，0 packets/sec
5 minutes output rate 17 bits/sec，0 packets/sec
511 packets input，11242 bytes，0 no buffer
Received 511 broadcasts，0 runts，0 giants
0 input errors，0 CRC，0 frame，0 overrun，0 abort
511 packets output，11242 bytes，0 underruns
0 output errors，0 collisions，1 interface resets
1 carrier transitions
V35 DCE cable                                       ！该端口为 DCE 端口
DCD=up  DSR=up  DTR=up  RTS=up  CTS=up
RouterA#show ip interface serial 1/2                ！查看该端口的 IP 协议相关属性
Serial 1/2
IP interface state is: UP
IP interface type is: POINTTOPOINT
IP interface MTU is: 1500
IP address is: 1.1.1.1/24(primary)                  ！接口 IP 地址信息
IP address negotiate is: OFF
Forward direct-boardcast is: ON
ICMP mask reply is: ON
Send ICMP redirect is: ON
Send ICMP unreachabled is: ON
DHCP relay is: OFF
Fast switch is: ON
Route horizontal-split is: ON
Help address is: 0.0.0.0
```

```
Proxy ARP is: ON
Outgoing access list is not set.
Inbound access list is not set.
```

（4）查看路由器 B 端口配置的参数。

```
RouterB#show interface serial 1/2
Serial 1/2 is UP，line protocol is UP                ！接口的状态，是否为 UP
Hardware is PQ2 SCC HDLC CONTROLLER serial
Interface address is: 1.1.1.2/24                      ！接口 IP 地址的配置
MTU 1500 bytes，BW 512 Kbit                           ！查看接口的带宽
Encapsulation protocol is HDLC，loopback not set
Keepalive interval is 10 sec，set
Carrier delay is 2 sec
Rxload is 1，Txload is 1
Queueing strategy: WFQ
5 minutes input rate 17 bits/sec，0 packets/sec
5 minutes output rate 17 bits/sec，0 packets/sec
511 packets input，11242 bytes，0 no buffer
Received 511 broadcasts，0 runts，0 giants
0 input errors，0 CRC，0 frame，0 overrun，0 abort
511 packets output，11242 bytes，0 underruns
0 output errors，0 collisions，1 interface resets
1 carrier transitions
V35 DCE cable                                          ！该端口为 DCE 端口
DCD=up   DSR=up   DTR=up   RTS=up   CTS=up
RouterB#show ip interface serial 1/2                   ！查看该端口的 IP 协议相关属性
Serial 1/2
IP interface state is: UP
IP interface type is: POINTTOPOINT
IP interface MTU is: 1500
IP address is: 1.1.1.2/24(primary)                     ！接口 IP 地址信息
IP address negotiate is: OFF
Forward direct-boardcast is: ON
ICMP mask reply is: ON
Send ICMP redirect is: ON
Send ICMP unreachabled is: ON
DHCP relay is: OFF
Fast switch is: ON
Route horizontal-split is: ON
Help address is: 0.0.0.0
Proxy ARP is: ON
Outgoing access list is not set.
Inbound access list is not set.
```

（5）验证配置。

```
RouterA#ping 1.1.1.2                                   ！在 RouterA ping 对端 RouterB Serial 1/2 接口的 IP
```

（6）注意事项：

1）路由器端口默认情况下是关闭的，需要 no shutdown 开启端口。

2）Serial 接口正常的最大端口速率是 2.048Mb/s。

任务 2　静态路由

【任务描述】

A 公司承接×××大学校园网工程，现要求通过 1 台路由器连接到校园外的另 1 台路由器上，现要在路由器上做适当配置，实现校园网内部主机与校园网外部主机的相互通信。

【任务目标】

掌握通过静态路由方式实现网络的连通性。

【设备清单】

- 锐捷 R1762 路由器 2 台；
- V.35 线缆 1 条。

【实施过程】

路由器属于网络层设备，能够根据 IP 报头的信息，选择一条最佳路径，将数据包转发出去，实现不同网段的主机之间的互相访问。

路由器是根据路由表进行路径选择和转发的。而路由表就是由一条条的路由信息组成。路由表的产生方式一般有 3 种：

- 直连路由。给路由器接口配置一个 IP 地址，路由器自动产生本接口 IP 所在网段的路由信息。
- 静态路由。在拓扑结构较简单的网络中，网管通过手工的方式配置本路由器未知网段的路由信息，从而实现不同网段之间的连接。
- 动态路由。由协议学习产生路由。在大规模网络中，或网络拓扑相对复杂的情况下，通过在路由器上运行动态路由协议，路由器之间互相自动学习产生路由信息。

该任务拓扑结构如图 2-20 所示。

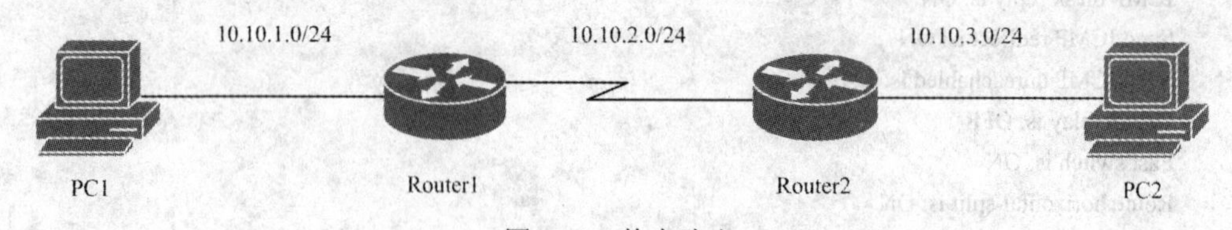

图 2-20　静态路由

实现步骤：

（1）在路由器 Router1 上配置接口的 IP 地址和串口上的时钟频率。

```
Router1>enable
Router1#configure terminal
Router1(config)#interface fastethernet 1/0
Router1(config-if)#ip address 10.10.1.1 255.255.255.0
Router1(config-if)#no shutdown
Router1(config)#interface serial 1/2
```

```
Router1(config-if)#ip address 10.10.2.1 255.0.0.0
Router1(config-if)#clock rate 64000              ！配置 Router1 的时钟频率（DCE）
Router1(config)#no shutdown
```

（2）验证测试。

```
Router1#show ip interface brief
    Interface          IP-Address(Pri)     OK?       Status
    Serial 1/2         10.10.2.1/8         YES       UP
    Serial 1/3         no address          YES       DOWN
    FastEthernet 1/0   10.10.1.1/8         YES       UP
    FastEthernet 1/1   no address          YES       DOWN
    Null 0             no address          YES       UP
    Router1#show interface serial 1/2
    Serial 1/2 is UP，line protocol is UP        ！查看端口状态
    Hardware is PQ2 SCC HDLC CONTROLLER serial
    Interface address is:10.10.2.1/8             ！端口 IP 地址
    MTU 1500 bytes，BW 2000 Kbit
    Encapsulation protocol is HDLC，
Keepalive interval is 10 sec，set
Carrier delay is 2 sec
Rxload is 1，Txload is 1
Queueing strategy:WFQ
5 minutes input rate 17 bits/sec，0 packets/sec
5 minutes output rate 17 bits/sec，0 packets/sec
85 packets input，1870 bytes，0 no buffer
Received 85 broadcasts，0 runts，0 giants
0 input errors，0 CRC，0 frame，0 overrun，0 abort
84 packets output，1848 bytes，0 underruns
0 output errors，0 collisions，3 interface resets
1 carrier transitions
V35 DCE cable                                    ！该端口为 DCE 端口
DCD=up  DSR=up  DTR=up  RTS=up  CTS=up
```

（3）在路由器 Router1 上配置静态路由。

```
Router1(config)#ip route 10.10.3.0 255.0.0.0 10.10.2.2
```

（4）验证测试。

```
Router1 #show ip route
Codes: C-connected，S-static，R-RIP
       O-OSPF，IA-OSPF inter area
       N1-OSPF NSSA external type 1，N2-OSPF NSSA external type 2
       E1-OSPF external type 1，E2-OSPF external type 2
       *-candidate default
Gateway of last resort is no set
C 10.10.1.0/8 is directly connected，FastEthernet 1/0
C 10.10.1.1/32 is local host
C 10.10.2.0/8 is directly connected，serial 1/2
C 10.10.2.1/32 is local host
S 10.10.3.0/8 [1/0] via 10.10.2.2
```

（5）在路由器 Router2 上配置接口的 IP 地址和串口上的时钟频率。

```
Router2(config)#interface fastethernet 1/0
Router2(config-if)#ip address 10.10.3.2 255.0.0.0
```

```
Router2(config-if)#no shutdown
!
Router2(config)#interface serial 1/2
Router2(config-if)#ip address 10.10.2.2 255.0.0.0
Router2(config-if)#clock rate 64000
Router2(config-if)#no shutdown
```

（6）验证测试：验证路由器接口的配置。

```
Router2#show ip interface brief
    Interface           IP-Address(Pri)    OK?    Status
    Serial 1/2          10.10.2.2/8        YES    UP
    Serial 1/3          no address         YES    DOWN
    FastEthernet 1/0    10.10.3.2/8        YES    UP
    FastEthernet 1/1    no address         YES    DOWN
    Null 0              no address         YES    UP
    Router2#show interface serial 1/2
    Serial 1/2 is UP，line protocol is UP
    Hardware is PQ2 SCC HDLC CONTROLLER serial
    Interface address is:10.10.2.2/8
    MTU 1500 bytes，BW 2000 Kbit
    Encapsulation protocol is HDLC，
  Keepalive interval is 10 sec，set
  Carrier delay is 2 sec
  Rxload is 1，Txload is 1
  Queueing strategy:WFQ
  5 minutes input rate 53 bits/sec，0 packets/sec
  5 minutes output rate 53 bits/sec，0 packets/sec
  110 packets input，2970 bytes，0 no buffer
  Received 105 broadcasts，0 runts，0 giants
  0 input errors，0 CRC，0 frame，0 overrun，0 abort
  111 packets output，2992 bytes，0 underruns
  0 output errors，0 collisions，3 interface resets
  1 carrier transitions
  V35 DCE cable
DCD=up  DSR=up  DTR=up  RTS=up  CTS=up
```

（7）在路由器 Router2 上配置静态路由。

```
Router2(config)#ip route 10.10.1.0 255.0.0.0 10.10.2.1
```

（8）验证测试。

```
Router2 #show ip route
Codes: C-connected，S-static，R-RIP
       O-OSPF，IA-OSPF inter area
       N1-OSPF NSSA external type 1，N2-OSPF NSSA external type 2
       E1-OSPF external type 1，E2-OSPF external type 2
       *-candidate default
Gateway of last resort is no set
S 10.10.1.0/8 [1/0] via 10.10.2.1
C 10.10.2.0/8 is directly connected，serial 1/2
C 10.10.2.2/32 is local host
C 10.10.3.0/8 is directly connected，FastEthernet 1/0
C 10.10.3.2/32 is local host
```

（9）测试网络的互联互通性。

将 PC1 的 IP 地址配置为 10.10.1.101，将 PC2 的 IP 地址配置为 10.10.3.102。

```
C:\>ping 10.10.3.102          ! 从 PC1 ping PC2
C:\>ping 10.10.1.101          ! 从 PC2 ping PC1
```

（10）注意事项。

如果两台路由器通过串口直接互连，则必须在其中一端设置时钟频率（DCE）。

【知识链接】

1. 路由器

路由器（Router）是连接因特网中各局域网、广域网的设备，它会根据信道的情况自动选择和设定路由，以最佳路径，按前后顺序发送信号。路由器是互联网络的枢纽、“交通警察”。目前路由器已经广泛应用于各行各业，各种不同档次的产品已成为实现各种骨干网内部连接、骨干网间互联和骨干网与互联网互联互通业务的主力军。路由和交换之间的主要区别是交换发生在 OSI 参考模型的第二层（数据链路层），而路由发生在第三层，即网络层。这一区别决定了路由和交换在移动信息的过程中需使用不同的控制信息，所以两者实现各自功能的方式是不同的。

路由器的一个作用是连通不同的网络，另一个作用是选择信息传送的线路。选择通畅快捷的线路，能大大提高通信速度，减轻网络系统通信负荷，节约网络系统资源，提高网络系统畅通率，从而让网络系统发挥出更大的效益。

2. 路由器转发数据的过程

（1）路由器从接口收到数据包，读取数据包里的目的 IP 地址；

（2）根据目的 IP 地址信息查找路由表进行匹配；

（3）匹配成功，按照路由表中的转发信息进行转发；匹配失败，将数据包丢弃，并向源发送方返回错误信息报文。

3. 路由表的产生方式

（1）直连路由，路由器会自动生成本路由器激活端口所在网段的路由条目。

（2）静态路由，在简单拓扑结构的网络里，网络管理员手动输入路由条目。

（3）动态路由，通过动态路由协议学习路由，在大型网络环境下，依靠路由协议，如 OSPF、RIP 路由协议进行学习。

4. 路由器接口

如图 2-21 所示，路由器接口包括：

（1）配置接口。

1）Console（控制台）口。

2）AUX 口，路由器 AUX 口可用于远端终端通过 Modem 接入。

（2）局域网接口。

1）AUI 接口，粗缆以太网接口。

2）RJ-45 接口。

3）SC 接口，接光纤。

（3）广域网接口。

1）高速同步串口。

2）异步串口。

3）ISDN BRI 端口。

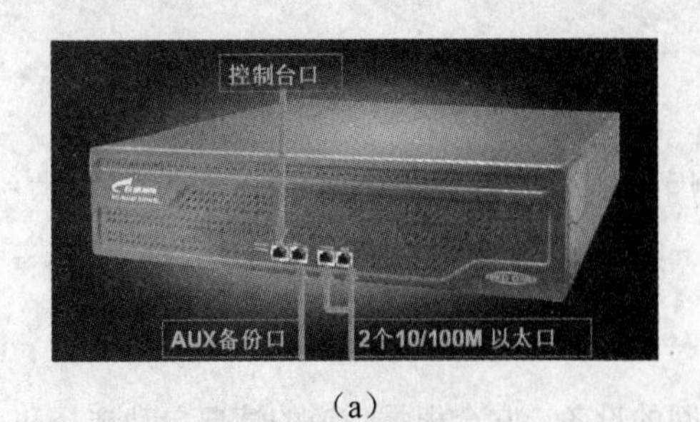

（a）

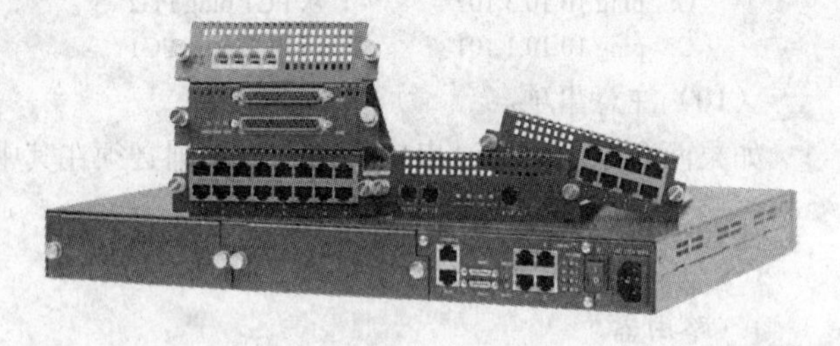

（b）

图 2-21　路由器接口

5. 默认路由

默认路由也称缺省路由，是指路由器没有明确路由可用时缺省采用的路由。当路由器不能用路由表中的一个具体条目来匹配一个目的网络时，它将使用默认路由。如果没有默认路由，目的地址在路由表中无匹配表项的包将被丢弃。

默认路由一般是处于整个网络边缘的路由器，这台路由器被称为默认网关，它负责所有的向外连接任务。

【拓展训练】

在×××大学校园网工程中，要求通过路由器连接外网，实现校园网接入 Internet。

【分析和讨论】

（1）如何通过静态路由方式实现网络的联通性？

（2）如何理解路由器的路由过程？

模块四　防火墙的配置

本模块通过完成下列任务，学习防火墙的工作原理和使用配置，使学生掌握使用防火墙实现网络安全。

任务 1　配置防火墙访问控制列表

【任务描述】

假设你是 A 公司职员，A 公司承接×××大学校园网工程，硬件防火墙选用华为网络产品，现要求为校园网在网络出口部署防火墙，内网接口的 IP 地址为 10.32.10.10/24，外网接口的 IP 地址为 58.241.12.254/24，学校网络管理员所在网段为 192.168.10.0/24，要求只有网络管理员可以通过 telnet 登录到防火墙上进行管理。

【任务目标】

掌握防火墙访问控制列表的使用。

【设备清单】

华为防火墙 USG2000，1 台。

【实施过程】

防火墙是设置在被保护的内部网和外部网之间硬件设备和软件的组合体，对内部网络和外部网络之间的通信进行控制，从而保护内部网免受非法用户的侵入。

该任务拓扑结构如图 2-22 所示。

图 2-22　本任务拓扑图

实现步骤：

```
#
ACL number 2001
Rule 5 permit source 192.168.10.0 0.0.0.255
#
ACL number 3001
Rule 0 permit ip
#
Sysname USG2000
#
Interface GigabitEthernet 0/0/0
Ip address 10.32.10.10 255.255.255.0
#
Interface GigabitEthernet 0/0/1
Ip address 58.241.12.254 255.255.255.0
#
Interface GigabitEthernet 0/0/2
#
Interface GigabitEthernet 0/0/3
#
Interface NULL0
#
Firewall zone local
Set priority 100
#
Firewall zone trust
Set priority 85
Add interface GigabitEthernet 0/0/0
#
Firewall zone untrust
Set priority 5
Add interface GigabitEthernet 0/0/1
```

```
#
Firewall zone dmz
Set priority 50
#
Firewall zone vzone
Set priority 0
#
Firewall interzone trust untrust
Packet-filter 3001 inbound
Packet-filter 3001 outbound
#
Aaa
Local-user admin password simple admin@123
Local-user admin service-type telnet
Local-user cloudadmin level 3
Authentication-scheme default
#
Authorization-scheme default
#
Accounting-scheme default
#
Domain default
#
User-interface con 0
User-interface vty 0 4
ACL 2000 inbound
Authentication-mode none
#
Return
```

任务 2　配置防火墙动态地址转换

【任务描述】

假设你是 A 公司职员，A 公司承接×××大学校园网工程，硬件防火墙选用华为网络产品，现要求实现该学校 Trust 安全区域的 10.110.10.0/24 网段用户可以访问 Internet，该安全区域其他网段的用户不能访问，提供的访问外部网络的合法 IP 地址范围为 202.169.1.2～202.169.1.6。提供两个内部服务器（WWW 服务器和 FTP 服务器）供外部网络用户访问，WWW 服务器的内部 IP 地址为 192.168.2.20/24，端口号为 8080，FTP 服务器的内部 IP 地址为 192.168.20.3/24。两者对外公布的 IP 地址均为 202.169.1.1，对外使用的端口号均为默认值。

【任务目标】

掌握防火墙动态地址转换。

【设备清单】

华为防火墙 USG2000，1 台。

【实施过程】

该任务的拓扑结构如图 2-23 所示。

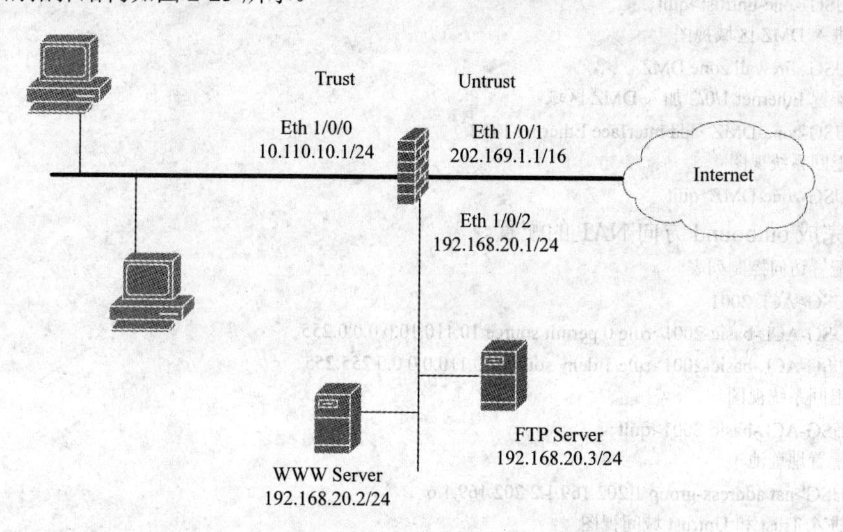

图 2-23　本任务拓扑图

实现步骤：

（1）完成基础配置。

```
#进入系统视图
<USG>system-view
#配置统一安全网关的当前工作模式为路由模式，默认开启防火墙后即为路由模式。
<USG>firewall mode route
#进入 Ethernet 1/0/0 视图
<USG>interface Ethernet 1/0/0
#配置 Ethernet 1/0/0 的 IP 地址
<USG-Ethernet 1/0/0>ip address 10.110.10.1 255.255.255.0
#进入 Ethernet 1/0/1 视图
<USG>interface Ethernet 1/0/1
#配置 Ethernet 1/0/1 的 IP 地址
<USG-Ethernet 1/0/1>ip address 202.169.1.1 255.255.0.0
#进入 Ethernet 1/0/2 视图
<USG>interface Ethernet 1/0/2
#配置 Ethernet 1/0/2 的 IP 地址
<USG-Ethernet 1/0/2>ip address 192.168.20.1 255.255.255.0
#退回系统视图
<USG-Ethernet 1/0/2>quit
#进入 Trust 区域视图
<USG>firewall zone trust
#配置 Ethernet 1/0/0 加入 Trust 区域
<USG-zone-trust>add interface Ethernet 1/0/0
#退回系统视图
<USG-zone-trust>quit
#进入 Untrust 区域视图
<USG>firewall zone untrust
```

#配置 Ethernet 1/0/1 加入 Untrust 区域

<USG-zone-untrust>add interface Ethernet 1/0/1

#退回系统视图

<USG-zone-untrust>quit

#进入 DMZ 区域视图

<USG>firewall zone DMZ

#配置 Ethernet 1/0/2 加入 DMZ 区域

<USG-zone-DMZ>add interface Ethernet 1/0/2

#退回系统视图

<USG-zone-DMZ>quit

（2）完成 outbound 方向 NAT 的配置。

#配置访问控制列表

<USG>ACL 2001

<USG-ACL-basic-2001>rule 0 permit source 10.110.10.0 0.0.0.255

<USG-ACL-basic-2001>rule 1 deny source 10.110.0.0 0.0.255.255

#退回系统视图

<USG-ACL-basic-2001>quit

#配置地址池

<USG>nat address-group 1 202.169.1.2 202.169.1.6

#进入 Trust 和 Untrust 域间视图

<USG>firewall interzone trust untrust

#配置域间包过滤规则

<USG-interzone-trust-untrust>packet-filter 2001 outbound

#退回系统视图

<USG-interzone-trust-untrust>quit

#进入 Trust 和 Untrust 域间视图

<USG>firewall interzone trust untrust

#将访问控制列表和地址池关联。由于需要进行地址复用，即不使用 no-pat 参数，即采用 NAPT 模式

<USG-interzone-trust-untrust>nat outbound 2001 address-group 1

#退回系统视图

<USG-interzone-trust-untrust>quit

（3）完成内部服务器配置，开启 NAT ALG 功能。

#配置 ACL 规则

<USG >ACL 3000

<USG-ACL-adv-3000>rule 0 permit tcp destination 192.168.20.3 0 destination-port eq ftp

<USG-ACL-adv-3000>rule 1 permit tcp destination 192.168.20.2 0 destination-port eq 8080

#退回系统视图

<USG-ACL-adv-3000>quit

#进入 DMZ 和 Untrust 域间视图

<USG>firewall interzone dmz untrust

#配置域间包过滤规则

<USG-interzone-dmz-untrust>packet-filter 3000 inbound

#使能 FTP 和 HTTP 的 NAT ALG 功能

<USG-interzone-dmz-untrust>detect ftp

#退回系统视图

<USG-interzone-dmz-untrust>quit

#配置内部 WWW 服务器

<USG>nat server protocol tcp global 202.169.1.1 80 inside 192.168.20.2 8080

#配置内部 FTP 服务器

<USG>nat server protocol tcp global 202.169.1.1 ftp inside 192.168.20.3 ftp

【知识链接】

1. 防火墙

防火墙（Firewall）是一个形象的称呼。所谓防火墙是指设置在不同网络或网络安全域之间的一系列部件的组合。它是不同网络或网络安全域之间信息的唯一出入口，能根据部门的安全策略控制（允许、拒绝、监测）出入网络的数据流，且本身具有较强的抗攻击能力。它是提供信息安全服务，实现网络和信息安全的基础设施。

在物理组成上，防火墙系统可以是路由器，也可以是个人计算机、主机系统，或者是向网络提供安全保障的软硬件系统。在逻辑上，服务器是一个分离器、限制器，也可以是一个分析器。一般说来，防火墙位于用户所在的可信网络（内部局域网）和不可信网络（互联网）之间，提供一种保护机制，其目的是保护一个网络不受来自另一个不可信网络的非法侵入。防火墙的逻辑示意图如图2-24所示。

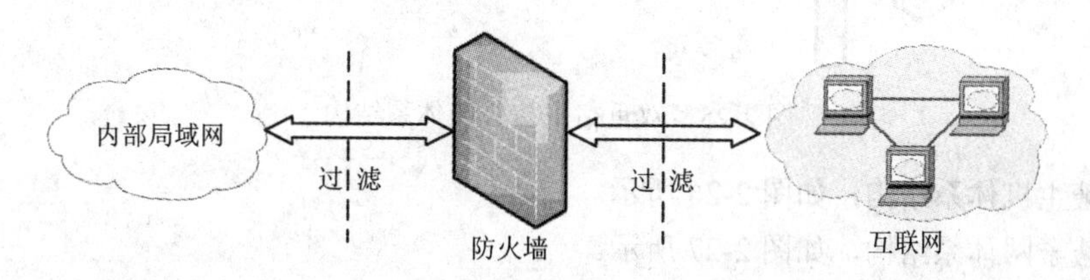

图2-24 防火墙逻辑示意图

从实现方式上看，防火墙可以分为软件防火墙和硬件防火墙两大类。软件防火墙是通过纯软件方式实现的。硬件防火墙则是通过硬件和软件的结合来隔离内、外网络。

2. 防火墙的主要功能

（1）通过防火墙可以定义一个阻塞点（控制点），过滤进、出网络的数据，管理进、出网络的访问行为，过滤掉不安全服务和非法用户，以防止外来入侵。

（2）控制对特殊站点的访问，例如可以配置相应的 WWW 和 FTP 服务，使互联网用户仅可以访问此类服务，而禁止对其他系统的访问。

（3）记录内外通信的有关状态信息日志，监控网络安全并在异常情况下给出告警。

（4）可用作 IPSec 的平台，如可以用来实现虚拟专用网（VPN）。

3. 防火墙的实现原则

防火墙是一个矛盾统一体，它既要限制数据的流通，又要保持数据的流通。实现防火墙时可遵循两项基本原则：

（1）一切未被允许的都是禁止的。根据这一原则，防火墙应封锁所有数据流，然后对希望提供的服务逐项开放。这种方法很安全，因为被允许的服务都是仔细挑选的，但限制了用户使用的便利性，用户不能随心所欲地使用网络服务。

（2）一切未被禁止的都是允许的。根据这一原则，防火墙应转发所有数据流，然后逐项屏蔽可能有害的服务。这种方法较灵活，可为用户提供更多的服务，但安全性差一些。

由于这两种防火墙实现原则在安全性和可使用性上各有侧重，实际中，很多防火墙系统在两者之间做一定的折中。

4. 防火墙的体系结构

目前，防火墙的体系结构有双重宿主主机体系结构、屏蔽主机体系结构和屏蔽子网体系结构等类型。

（1）双重宿主主机体系结构，如图 2-25 所示。

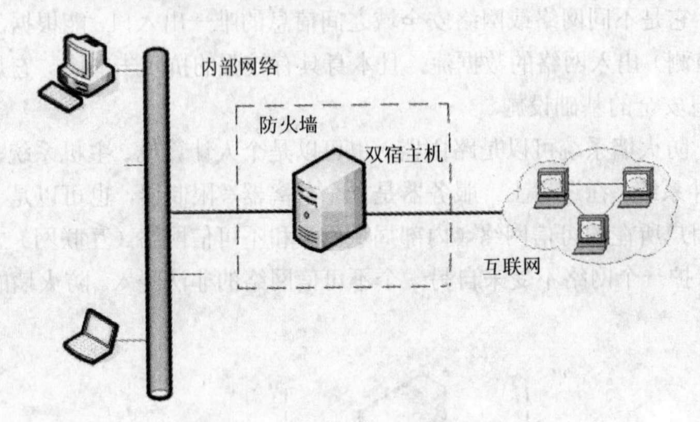

图 2-25 双重宿主防火墙体系结构

（2）屏蔽主机体系结构，如图 2-26 所示。

（3）屏蔽子网体系结构，如图 2-27 所示。

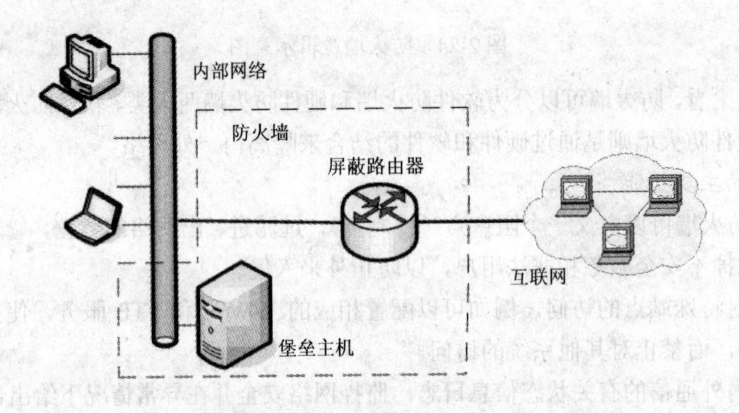

图 2-26 屏蔽主机防火墙体系结构

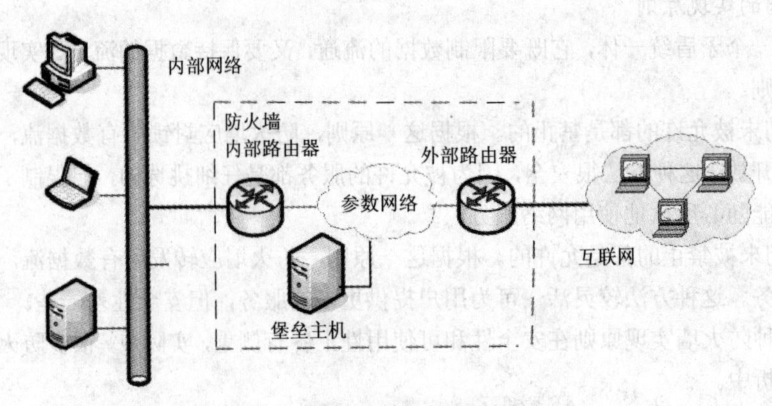

图 2-27 屏蔽子网防火墙体系结构

【拓展训练】

读者根据以上知识，独立完成以下任务：

（1）配置双向 NAT。

（2）安装瑞星软件防火墙。

【分析和讨论】

（1）如何配置动态地址转换？

（2）防火墙的实现原则有哪些？

单元三

局域网综合布线

本单元通过具体的任务讲解局域网综合布线，具体包括以下几个方面：

- 传输介质
- 端接设备
- 综合布线的测试和检查

模块一 传输介质

在网络中，传输介质是最基础也是最重要的硬件之一。目前应用最广泛的网络传输介质是双绞线。RJ-45 双绞线连接线一般有三种：直通（Straight-over）、交叉（Cross-over）和反转（Roll-over）。本模块通过完成双绞线的制作，使学生掌握常用的直通双绞线的制作规范和制作技巧。

任务1 直通双绞线的制作

【任务描述】

A 公司承接×××大学校园网工程，现需要制作直通双绞线。

【任务目标】

- 掌握 TIA/EIA 568A 和 TIA/EIA 568B 标准的应用。
- 掌握直通双绞线的制作过程。

【设备清单】

- 5 类以上双绞线；
- 8 针水晶头；

● 压线钳和剥线钳。

【实施过程】

直通双绞线用于计算机与交换机或HUB的连接，配线架与交换机或HUB的连接以及HUB普通口到HUB级连口的连接。

表3-1给出了按TIA/EIA 568B排列的线序说明。

表3-1 直通双绞线线序

线端	线序①	线序②	线序③	线序④	线序⑤	线序⑥	线序⑦	线序⑧
端1	橙白	橙	绿白	蓝	蓝白	绿	棕白	棕
端2	橙白	橙	绿白	蓝	蓝白	绿	棕白	棕

直通双绞线的制作步骤：

（1）裁剪。使用双绞线网线钳的剪线刀口或剪线钳垂直裁剪一段符合长度要求的双绞线，并将破损的端头裁剪掉。

（2）剥开。使用剥线工具将双绞线端头的外绝缘护套剥离。把线的一端插入到网线钳用于剥线的刀口中，顶住网线钳后面的挡位为止。压下网线钳手柄，另一只手拉住网线慢慢旋转一圈，松开网线钳手柄，把切断的双绞线保护塑料包皮剥下来，露出芯线。在剥离护套过程中不能对线芯的绝缘护套或芯线造成损坏，注意双绞线的接头处剥开护套的线段的长度不应超过20mm。

（3）排列。将每对线解开绞合，使每条线都互相平行。根据所选用的布线标准（TIA/EIA 568B）布置好线序。

（4）剪齐。用网线钳的剪线刀口或剪线钳剪齐排列好的芯线。确保导线端头截面平整，不应有毛刺或不齐现象，以免影响性能，剪齐后露出的导线长度宜为 14mm 左右，从导线端头开始，裸露的导线长度至少为（10+1）mm，这段长度的导线之间不要有交叉现象。

（5） 插入。用一只手的食指和拇指捏住芯线，另一只手捏住水晶头，将芯线对准水晶头缺口直插进去，使各条芯线都插到水晶头的前端最底部为止。水晶头含有金属片的一面向上，其从左到右的顺序应与芯线线序一致，如图3-1所示。

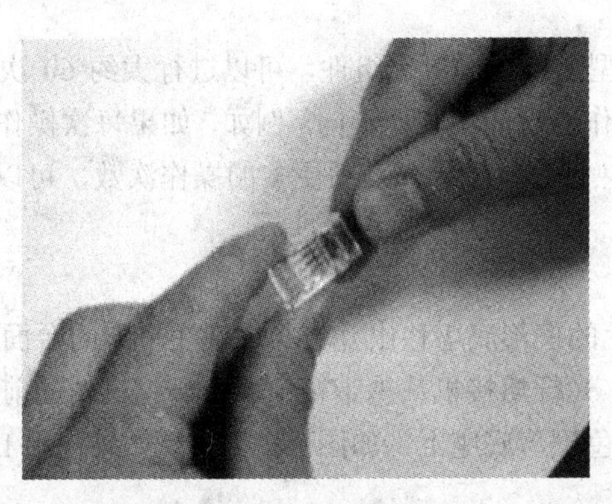

图3-1 插入芯线

（6）检查。检查电缆的每条芯线的顺序是否正确，每条芯线是否已到达RJ-45接头的最底部。

（7）压接。将插入双绞线的水晶头放入网线钳压线槽口中，使劲压下网线钳手柄，使水晶头的插针都插入到双绞线的各条芯线中，与之接触。

（8）重复上述步骤，制作双绞线另一端。

（9）测试。使用 RJ-45 通断测试仪检查两端的 RJ-45 接头是否正确且导通。将一端的 RJ-45 接头插到检测器的大插座上，另一端插到小插座上，然后打开大插座上的电源开关，观察小插座上的 LED 指示灯，如果 LED 依次发出绿灯，表明电缆测试成功；LED 灯不亮，则说明相应的线对连接错误。

任务 2　光纤熔接

【任务描述】

A 公司在×××大学校园网工程中为了将两条光纤里面的内芯连接起来，并保证损耗度低，需要进行光纤熔接。

【任务目标】

掌握光纤熔接。

【设备清单】

- S176 型光纤熔接机；
- 光纤。

【实施过程】

1．连接电源

（1）使用交流电源。

将交流/直流电源转换器安装至熔接机的正确位置。将交流/直流电源转换器推至熔接机的槽中并向里推直至锁定按钮发出喀嗒声为止。使用交流电源电缆将交流/直流电源转换器与交流电源（85-264V，50/60Hz）相连，红色 LED 灯将会变亮。如果需要移除交流/直流电源转换器，按“装卸电池”按钮。

（2）使用电池。

S940 电池组为 CF/CR 型熔接机的可选组件，可以进行大约 60 次的熔接与加热操作。而电池的实际工作次数根据每次操作的时间不同而不同。例如，如果每次操作时间为 5 分钟，则电池只能进行大约 30 次的接合与加热操作。如果想获得更多的操作次数，可以选用更大容量的 S942 电池或者使用多组 S940 电池。

2．装配熔接机

（1）从便携箱中将紫色的楔形底座移出并将其放置在平整的台面上。

（2）使用手柄将 S176 光纤熔接机从携带箱中取出，将机器的前端放置在楔形底座上，然后将机器的后座轻轻安放在紫色楔形底座上，如图 3-2 所示。如果使用 LP 型机器，直接将机器放置在平整的台面上即可。

（3）如果需要的话，将工作台的钩子钩在熔接机的后端以保证安全。

（4）确保 S176 的电源关闭，并将电源线与电源正确连接。

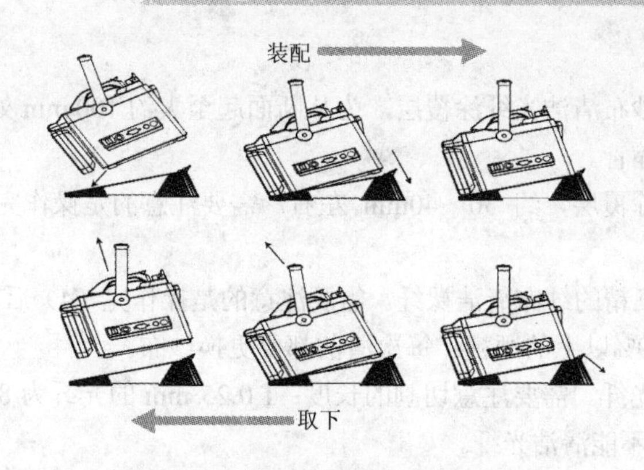

图 3-2　装配熔接机

（5）打开机器电源，机器显示“FITEL”标志。

3. 打开熔接机电源

（1）根据“FITEL”标志后出现的“Install Program”画面中的提示安装程序。

1）在熔接程序中按▲或▼进行选择，如图 3-3 所示。

2）按+或－将熔接程序切换到加热程序。然后按▲或▼在加热程序中选择，如图 3-4 所示。

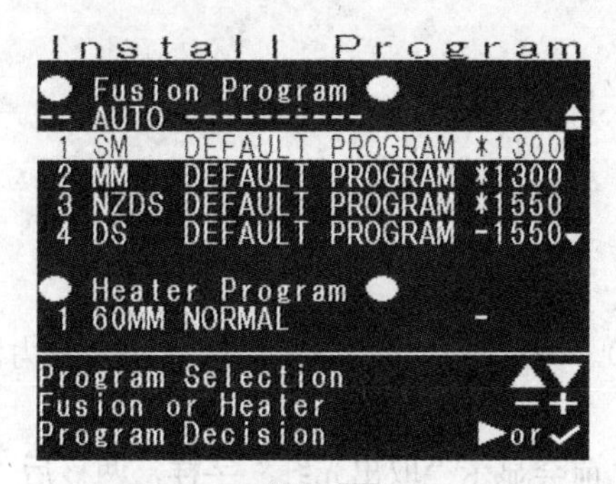

图 3-3　按▲或▼进行选择

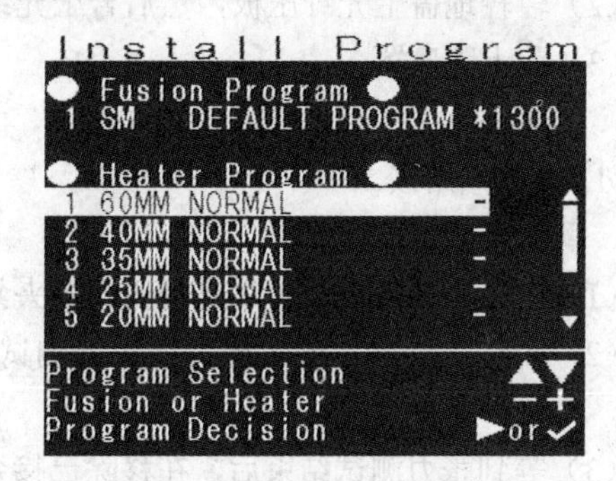

图 3-4　按+或－进行切换

3）按▶或√来确认选择。

4）LCD 监视器上显示“SYSTEM RESET”，机器重置到初始状态，准备开始操作。

5）重置操作完成后，机器发出嘟嘟声，同时 LCD 监视器上显示 READY（待机）画面。

（2）待机。

一旦 S176 型光纤熔接机开机，电弧检查程序结束后，就会出现系统待机画面，如图 3-5 所示。

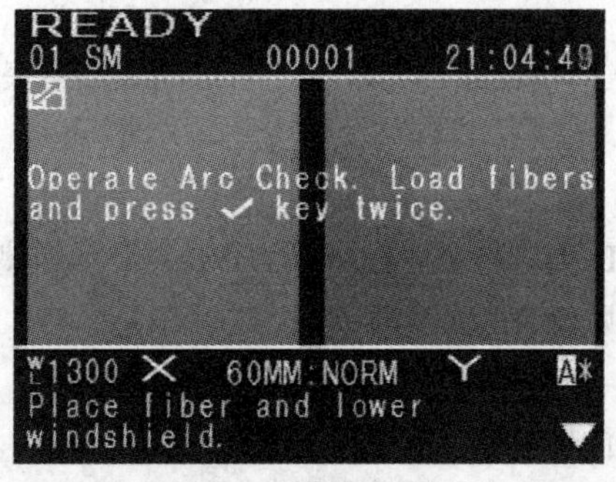

图 3-5　系统待机画面

4．制备光纤

（1）用蘸有酒精的纱布清洁光纤涂覆层，为从断面起至大约 100 mm 处。

（2）将光纤穿过热缩管。

（3）用剥纤钳剥去涂覆层，约 30～40mm 左右。需要注意的是操作完（3）后，拿好光纤，以免损坏裸纤。

（4）用另一块蘸有酒精的纱布清洁裸纤。需要注意的是操作完（4）后，拿好光纤，以免损坏裸纤；务必使用纯度为 99%以上的酒精；每次清洁都要更换纱布。

（5）用切割刀切割光纤。需要注意切割的长度：f 0.25 mm 的光纤为 8～16mm；f 0.9 mm 的光纤为 16mm；切割后绝不能清洁光纤。

5．放置光纤

（1）将剥好的光纤轻放在 V 型槽中。需要注意放置时光纤端面应处于 V 型槽（V-groove）端面和电极之间；不要使用光纤的尖端穿过 V 型凹槽；确保光纤尖端被放置在电极的中央，V 型凹槽的末端；只在使用 900μm 厚度覆层的光纤时使用端面板，250μm 厚度覆层的光纤不使用端面板。熔接两种不同类型的光纤时，不需要考虑光纤的摆放方向，也就是说每种光纤都可以摆放在 S176 熔接机的左边或者右边。

（2）轻轻地盖上光纤压板，然后合上光纤压脚。

（3）盖上防风罩。

6．熔接操作

按▶键开始熔接。

7．取出光纤

（1）取出光纤前先抬起加热器的两个夹具。

（2）抬起防风罩。对光纤进行张力测试（200g）。测试过程中，屏幕上会显示“张力测试”字样。

（3）等到张力测试结束后，在移除已接合光纤之前会显示“取出光纤”字样，两秒后“取出光纤”会变为“放置光纤”，同时，S176 熔接机会自动为下一次接合重设发动机。

（4）取出已接合光纤，轻轻牵引光纤，将其拉紧。

注意：小心处理已接合光纤，不要将光纤扭曲。

8．加强熔接点

（1）将热缩管中心移至熔接点，然后放入加热器中。

注意：要确保熔接点和热缩管都在加热器中心；要确保金属加强件处于下方；要确保光纤没有扭曲。

（2）用右手拉紧光纤，压下接合后的光纤以使右边的加热器夹具可以压下去。

（3）关闭加热器盖子。

9．加热

按加热按钮激活加热器。LCD 监视器在加热程序中会显示加热的过程，其显示过程如图 3-6 所示。当加热和冷却操作结束后就会听到嘟嘟声。

10．检查

从加热器中移开光纤，检查热缩管以查看加热结果。

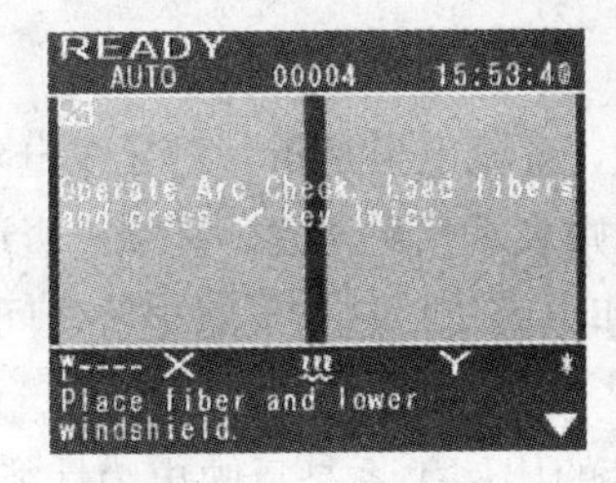

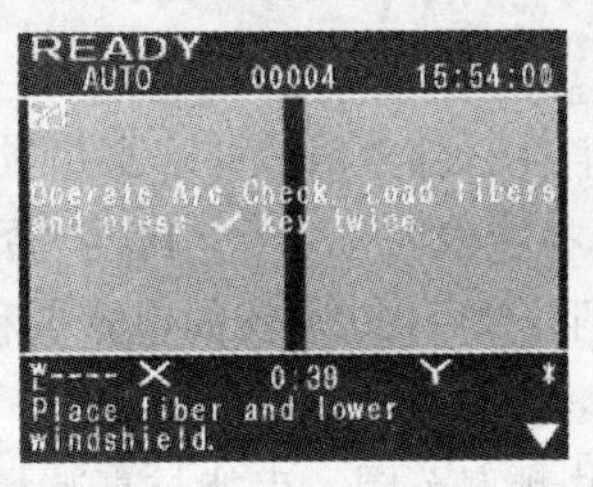

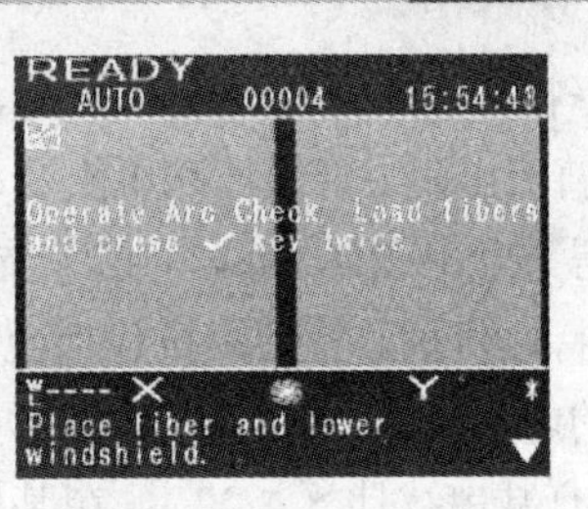

Heating up → Heating time count down → Cooling down

图 3-6　加热过程

【知识链接】

1. 传输介质

数据在计算机网络中传输，要经过传输链路。传输链路是网络中连接两个结点的直接信息通路。而传输链路的物理支持就是各种传输介质。传输介质是通信双方交流信息的物理通道，用于两个网络站点之间原始比特流的实际传输。

目前使用的传输介质主要有双绞线、同轴电缆、光纤、微波、卫星通信、红外线等。

2. 双绞线（Twisted Pair wire，TP）

（1）双绞线。

双绞线是将一对或一对以上的双绞线封装在一个绝缘外套中而形成的一种传输介质。

按照绝缘层外部是否拥有金属屏蔽层，将双绞线分为屏蔽双绞线（STP）和非屏蔽双绞线（UDP）两大类。在局域网中屏蔽双绞线分为 3 类、5 类、超 5 类和 6 类；非屏蔽双绞线分为 3 类、4 类、5 类、超 5 类、6 类和 7 类。

局域网工程中使用 4 对非屏蔽双绞线，双绞线中的每一对都是由两根绝缘铜导线相互缠绕而成的，这是为了降低信号干扰而采取的措施。

非屏蔽双绞线电缆的优点：

1）无屏蔽外套，直径小，节省空间；

2）质量小、易弯曲、易安装；

3）将串扰减至最小或加以消除；

4）具有阻燃性；

5）具有独立性和灵活性，适用于结构化综合布线。

（2）双绞线的性能参数。

对于双绞线，用户关心的指标有衰减、近端串扰、特性阻抗、分布电容、直流电阻等。

1）衰减。衰减是沿链路的信号损失度量。衰减随频率而变化，所以应测量在应用范围内的全部频率上的衰减。

2）近端串扰。近端串扰损耗是测量一条 UDP 链路中从一对线到另一对线的信号耦合。串扰分为近端串扰 NEXT 和远端串扰 FEXT。由于线路损耗，FEXT 的量值影响较小，在 3 类和 5 类系统中忽略不计。NEXT 并不表示在近端点产生的串扰值，它只是表示在近端点所测量到的串扰值，这个量值会随着电缆长度的不同而变化，电缆越长量值越小，同时发送端的信号也会衰减，对其他线对的串扰也相对变小。实验证明，只有在 40m 内测量得到的 NEXT 值较真实，如果另一端是远于 40m 的信息插座，它会产生一定程度的串扰，但测试仪可能无法测量到这个串扰值。基于这个理由，最好在两个端点都要进行测量。

3）直流电阻。直流环路电阻会消耗一部分信号并产生热量，直流电阻是指一对导线电阻的和，规格不得大于 19.2Ω，每对间的差异不能太大（小于 0.1Ω），否则表示接触不良，必须检查连接点。

4）特性阻抗。特性阻抗包括电阻、1～100MHz 的电感抗和电容抗，它与一对电线之间的距离及绝缘的电气性能有关。

5）衰减串扰比（ACR）。在某些频率范围，串扰与衰减量的比例关系是反映电缆性能的另一个重要参数。ACR 等于最差的衰减量与 NEXT 量值的差值。ACR 值越大表示对抗干扰的能力越强，系统要求此值至少大于 10dB。

6）电缆特性。通信信道的品质是由它的电缆特性——信噪比 SNR 来描述的。SNR 是在考虑到干扰信号的情况下，对数据信号强度的一个度量。如果 SNR 过低，将导致数据信号在被接收时，接收器不能分辨数据信号和噪音信号，最终引起数据错误。因此，为了使数据错误限制在一定范围内，必须定义一个最小的可接收的 SNR。

常用双绞线的性能参数见表 3-2。

表 3-2 常用双绞线的性能参数

双绞线类型	布线工业标准的定义	性能参数
5 类 （D 级）	5 类的初始工业性能说明： TIA/EIA 568A：5 类 ISO/IEC 11801：D 级	带宽性能：1MHz～100MHz；100MHz 时，TIA/EIA 568A 在最坏情况下的链路性能要求： 近端串扰（损耗）：29.3dB 衰减：21.6 dB 衰减串扰比（ACR）：7.7dB 等电平远端串扰：TBD 回波损耗：TBD
超 5 类 （5e）	考虑了布线技术的最低性能要求： TIA/EIA 568A 草案附录“4 对 100Ω 超 5 类的附加传输性规格”针对所有 4 对线和全双工传输的应用提供了比 5 类线更高的性能，将更多参数考虑进去，如近端串扰、远端串扰、回波损耗及均衡	带宽性能：1MHz～100MHz；100MHz 时，TIA/EIA 568A 在最坏情况下的链路性能要求： 近端串扰（损耗）：29.3dB 衰减：21.6 dB 衰减串扰比（ACR）：7.7dB 等电平远端串扰：TBD 回波损耗：TBD 均衡性：TDB
6 类 （E 级）	ISO/IEC 11801A 建议 6 类（E 级）规定系统的信道性能要达到 200MHz； TIA/EIA 568B.2（草案）定义的 6 类信道：在 200MHz 的条件下，综合衰减串扰比 PS-ACR≥0；所有传输参数（带宽）规定达到 250MHz	带宽性能：1MHz～250MHz；TIA/EIA 568A 在 250 MHz 时最坏情况下的链路性能要求： 近端串扰（损耗）：36.3dB 衰减：30.7 dB 回波损耗：19-101g(f/20)dB （其中 20MHz≤f≤250MHz）
7 类 （F 级）	ISO/IEC 11801 建议 7 类（F 级）的系统信道性能要达到 600MHz	带宽性能：1MHz～600 MHz；按 EDIN 44312-5 规定，在 600 MHz 时最坏情况下的链路性能要求： 近端串扰（损耗）：50.0dB 衰减：50.0 dB

除 3 类布线系统仍被用于语音系统外，网络布线系统中使用最多的是超 5 类和 6 类非屏蔽双绞线。超 5 类和 6 类非屏蔽双绞线可以轻松提供 100Mb/s～155Mb/s 的通信带宽，并拥有升级至

千兆的潜力，成为当今水平布线的首选线缆。如果需要更高的传输速率或者更加安全的传输，可选择 7 类双绞线。5 类非屏蔽双绞线虽仍然可以支持 1000Base-T，但由于在价格上与超 5 类非屏蔽双绞线相差无几，因此，已经逐渐淡出布线市场。6 类非屏蔽双绞线虽然价格较高，但由于与 5 类和超 5 类布线系统具有非常好的兼容性，且能够非常好地支持 1000Base-T，所以正逐步成为综合布线的主宰。而 7 类双绞线由于是一种全新的布线系统，虽然可以完美支持 1Gb/s 和 10Gb/s 的传输速率，但由于价格昂贵、施工复杂、可选择的产品较少且需求量不大，因此，很少在布线工程中采用。

（3）TIA/EIA 568A 和 TIA/EIA 568B 标准。

1985 年初，计算机与通信行业协会（CCIA）提出大楼布线系统标准化的倡仪，美国电子工业协会（EIA）和美国电信工业协会（TIA）开始标准化制定工作。

1991 年 7 月，ANSI/EIA/TIA 568 即《商业大楼电信布线标准》问世。1995 年底，EIA/TIA 568 标准正式更新为 EIA/TIA 568A。

在整个网络布线中应用一种布线方式，但两端都有 RJ-45 接头的网络连线无论是采用端接方式 A，还是端接方式 B，在网络中都是通用的。实际应用中，通常使用 T568B 标准，普遍认为该标准对电磁干扰的屏蔽更好。

EIA/TIA 的布线标准中规定了两种双绞线的线序 T568A 与 T568B，见表 3-3。

表 3-3　标准 T568A 和 T568B 线序

布线标准	线序①	线序②	线序③	线序④	线序⑤	线序⑥	线序⑦	线序⑧
标准 T568A	绿白	绿	橙白	蓝	蓝白	橙	棕白	棕
标准 T568B	橙白	橙	绿白	蓝	蓝白	绿	棕白	棕

如果是两台计算机互连或 ADSL Modem 与 HUB 连接，则需要一头做 568A，另一头做 568B。另外，计算机通信只使用橙白、橙、绿白、绿这 4 根线，因此，可以用其他 4 根作电话线，以节约布线成本。

（4）RJ-45 水晶头端接原理。

RJ-45 水晶头端接原理为：利用双绞线网线钳的机械压力使 RJ-45 中的刀片首先压破线芯绝缘护套，然后再压入铜线芯中，实现刀片和线芯的电气连接。每个 RJ-45 头中有 8 个刀片，每个刀片与一个线芯连接，如图 3-7 所示。

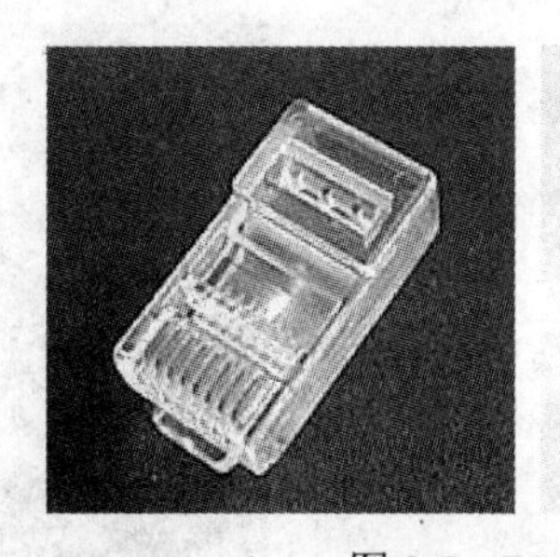

图 3-7　RJ-45 水晶头

（5）非屏蔽双绞线应用规则，见表 3-4。

表 3-4　双绞线应用规则

双绞线规格	使用网络	长度/使用线对数	最高传输速率
3 类	10Base-T	100m/2 对	10Mb/s
4 类	10Base-T 100Base-T4	100m/2 对 100m/4 对	16Mb/s
5 类	10Base-TX 100Base-TX	100m/2 对	100Mb/s
超 5 类	100Base-TX 1000 Base-T	100m/2 对 100m/4 对	125Mb/s 1000Mb/s
6 类	100 Base-TX 1000Base-T	100m/2 对 100m/4 对	125Mb/s 1000Mb/s
7 类	1000Base-T 10GBase-T	100m/4 对 100m/4 对	1000Mb/s 10Gb/s

（6）双绞线制作工具。

1）压线钳。制作双绞线跳线时，只要一把 RJ-45 压线钳，经剪断、剥皮和压制等操作程序就可以完成。RJ-45 压线钳一侧有刀片的地方称为剪线刀口，用于将双绞线剪断，或修剪不齐的细线。双侧有刀片的地方称为剥线刀口，用于将双绞线的外层绝缘皮剥下。一侧有牙、相对一侧有槽的地方称为压槽，用于将 RJ-45 水晶头上的刀口扎到双绞线的铜线上。因为双绞线内有 8 条铜导线，所以在 RJ-45 压线钳上对应也有 8 条压线槽。压线钳的外形如图 3-8 所示。

2）剥线钳。剥线钳是一种线缆准备工具，用来剥除双绞线外层的绝缘层，如图 3-9 所示。

图 3-8　压线钳

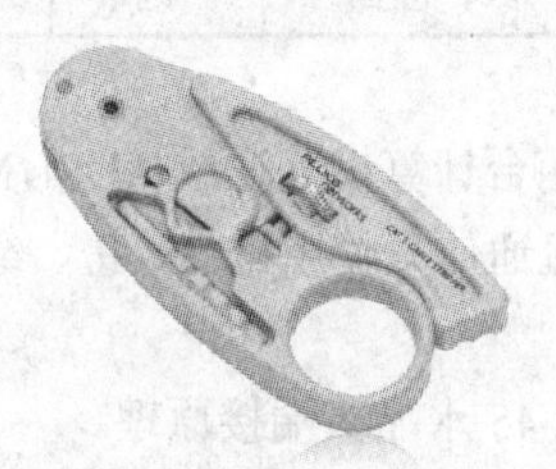

图 3-9　剥线钳

（7）双绞线测试工具，如图 3-10 所示。

（a）通断测试仪

（b）FLUCK-LT 测试仪

图 3-10　测试仪

（8）交叉线和反转线。

1）交叉线：一端按 EIA/TIA 568A 标准连接，另一端按 EIA/TIA 568B 标准连接的双绞线。交叉线一般用于相同设备的连接，如路由器和路由器、计算机和计算机之间；现在的很多场合也支持直通线，但还是建议使用交叉线。

2）反转线：一端采用 568A 或 568B 做线标准，另一端把 568A 或 568B 的顺序刚好从第一根到最后一根反过来。

具体的线序制作方法是：以标准 568B 来说，其中一边的顺序为①橙白、②橙、③绿白、④蓝、⑤蓝白、⑥绿、⑦棕白、⑧棕；另一边则为①棕、②棕白、③绿、④蓝白、⑤蓝、⑥绿白、⑦橙、⑧橙白。如果是标准 568A 同理。

反转线虽然不用于连接各种以太网部件，但它可以用来实现从主机到路由器控制台串行通信（com）端口的连接。

3. 光纤

（1）光纤。

光纤为光导纤维的简称，由直径大约为 10μm 的细玻璃丝构成。它透明、纤细，虽比头发丝还细，却具有把光封闭在其中并沿轴向进行传播的导波结构。光纤通信就是以光纤的固有结构而发展起来的以光波为光纤的载频的一种通信方式。

优点：

1）不会产生电磁波、辐射和能量，不受电磁波、辐射和其他电缆干扰；是绝缘体。

2）体积小，重量轻，高带宽（理论传输达 2.56Tb/s）。

3）长距离传输（单模可达 120km）。

4）不会报废，材料资源丰富；故障检测容易。

（2）常用光通信波段。

光纤布线中使用光波的几个波段：

1）800nm～900nm 短波波段；

2）1250nm～1350nm 中波波段；

3）1500nm～1600nm 长波波段。

多模光纤的运行波长为 850μm 或 1300μm，而单模光纤的运行波长则为 1310nm 或 1550nm。

（3）光纤结构。

光纤结构如图 3-11 所示，分为单模光纤和多模光纤。

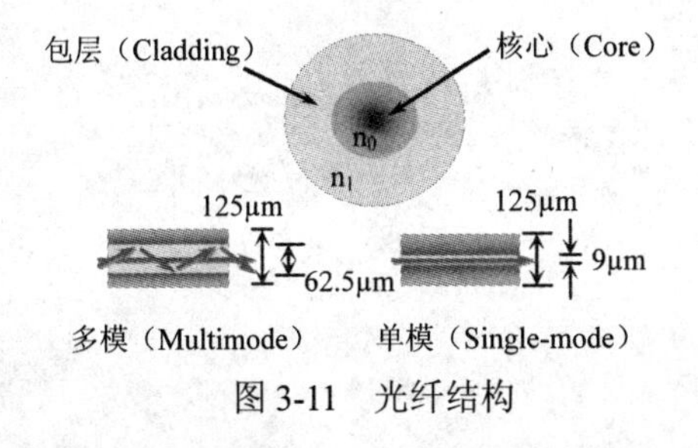

图 3-11　光纤结构

1）单模光纤（Single-Mode Fiber，SMF）。

单模光纤只传输主模，也就是说光线只沿光纤的内芯进行传输。由于完全避免了模式色散，使得单模光纤的传输频带很宽，因而适用于大容量、长距离的光纤通信。单模光纤使用的光波长为1310nm或1550nm。能量损耗小，不会产生色散。大多需要激光二极管作为光源。

规格：8/125μm，9/125μm（常用），10/125μm。

2）多模光纤（Multi-Mode Fiber，MMF）。

在一定的工作波长下（850nm/1300nm），多模光纤允许多种模式的光在一根光纤中传输。由于色散或像差，这种光纤的传输性能较差，频带较窄，传输容量也比较小，距离比较短。发光二极管可作为光源。

规格：50/125μm，62.5/125μm（常用），100/140μm，200/230μm。

【拓展训练】

读者根据以上知识，独立完成以下任务：

制作一根交叉线。

【分析和讨论】

（1）在何种情况下使用直通双绞线？

（2）在何种情况下使用交叉双绞线？

（3）在何种情况下使用反转双绞线？

模块二　端接设备

要组成一个局域网络传输通道系统除了应具备传输介质外，还必须有其他布线设备、部件的配合，在综合布线系统的设计和实施过程中，主要会用到信息插座、跳线、配线架、配线机柜、线槽、管道等。本模块通过完成下列任务，学习信息插座的安装和模块式配线架的端接，使学生掌握综合布线系统的设计和实施。

任务1　RJ-45信息插座的安装

【任务描述】

A公司承接×××大学校园网工程，现进行信息插座的安装，用于完成水平干线电缆与信息插座的连接。

【任务目标】

掌握信息插座的安装方法。

【设备清单】

- 剥线钳；
- 打线钳。

【实施过程】

网络模块入墙式信息插座制作步骤：

（1）在墙上开个洞，如图3-12所示。

（2）把网线穿好，如图 3-13 所示。

图 3-12　开洞

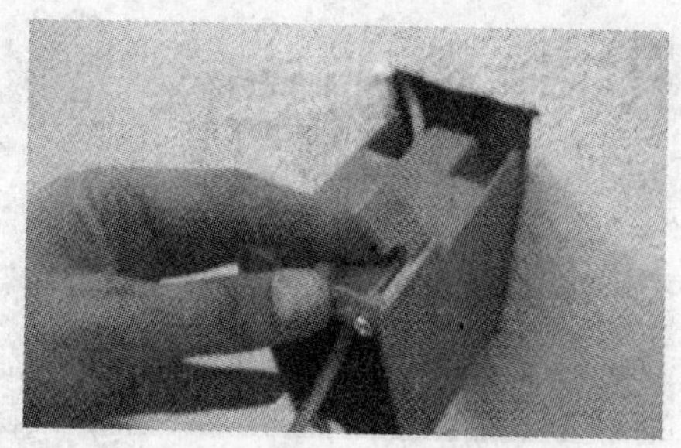

图 3-13　穿线

（3）把双绞线从布线底盒拉出，剪至合适的长度，如图 3-14 所示。将线缆置入线缆准备工具的刀口上，一手固定线缆，在与双绞线垂直的平面上，以双绞线为中心旋转 2～3 周。将双绞线最外层的绝缘层割开，拔下胶皮剥除双绞线的绝缘层，然后在双绞线中找到抗拉线并用剪刀剪除。

（4）分开 4 个线对，但线对之间不要拆开，按照信息模块上所指示的线序，稍稍用力将导线置入相应的线槽中，如图 3-15 所示。在通常情况下，模块上同时用色标标注 TIA/EIA 568A 和 TIA/EIA 568B 两种线序，应根据布线设计时的规定，采用与其他连接设备相同的线序。

图 3-14　剪短

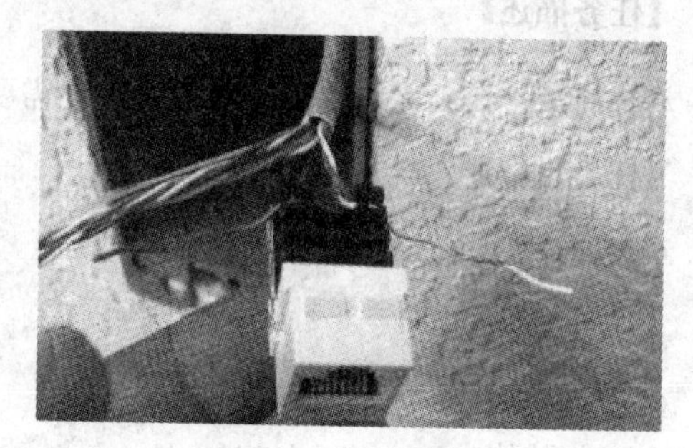

图 3-15　置入线槽中

（5）选择合适的打线器进行打线，将缆线连接，如图 3-16 所示。

（6）使用打线器将缆线连接妥当后，检查每根线是否都连接妥当，如图 3-17 所示。

图 3-16　打线

图 3-17　检查

（7）将多余线头去掉，如图 3-18 所示。

（8）安装面板，上好螺丝，如图 3-19 所示。

在实际工程施工中，一般在底盒安装和穿线完成后较长时间才能开始安装模块，因此安装前首先应清理底盒内堆积的水泥砂浆或者垃圾，然后将双绞线从底盒内轻轻的取出，清理表面的灰尘，重新做编号标记，标记位置距离管口约 60～80 毫米，注意做好新标记后才能取消原来的标记。

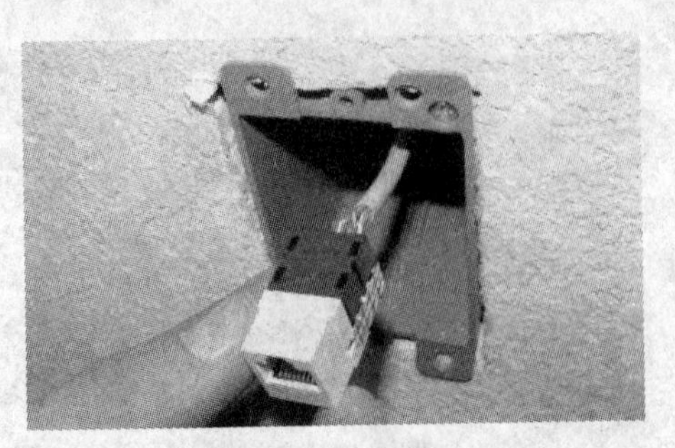
图 3-18　剪掉线头

图 3-19　安装面板

在安装模块前，要剪掉双绞线多余的部分，留出 100～120 毫米用于压接模块或者检修。剪掉多余线头是必须的，因为在穿线施工中双绞线的端头进行了捆扎或者缠绕，管口预留也比较长，双绞线端部的内部结构可能已经被破坏。

任务 2　模块式配线架的端接

【任务描述】

A 公司承接×××大学校园网工程，现需要进行模块式配线架的端接。

【任务目标】

掌握模块式配线架的端接方法。

【设备清单】

- 剥线钳；
- 打线钳。

【实施过程】

（1）剥线。距离线头 3cm 左右的位置使用专业剥线工具将双绞线的表皮剥开。

（2）将双绞线放入打线槽，放入方法如图 3-20 所示，置入顺序按照 T568B 线序。

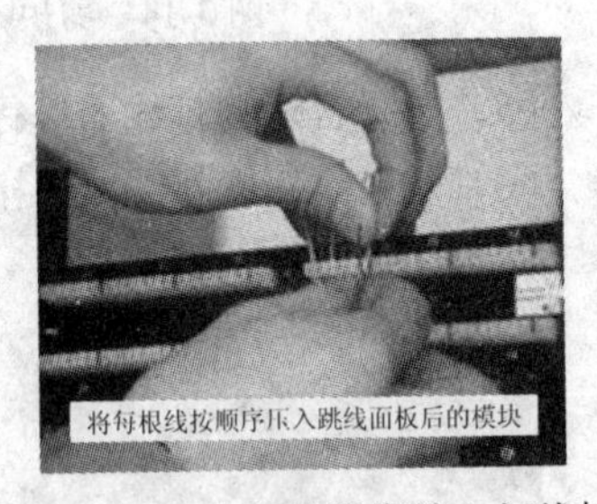

图 3-20　双绞线按线序放入打线槽

（3）打线，如图 3-21 所示。

（4）固定线缆，如图 3-22 所示。

图 3-21　打线

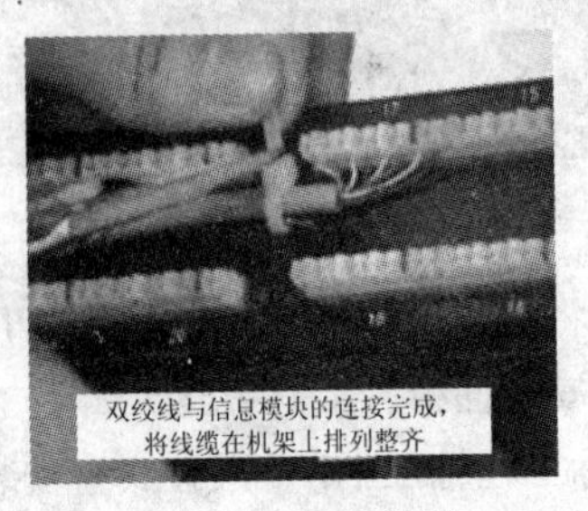

图 3-22　固定线缆

【知识链接】

1. 综合布线系统

综合布线系统是指用通信电缆、光缆、各种软电缆及相关连接硬件构成的通用布线系统，它是能够支持语音、数据、影像和其他信息技术的标准应用系统。

综合布线系统是建筑物或建筑群内的传输网络系统，它能使语音和数据通信设备、交换设备和其他信息管理系统彼此相连，它包括建筑物到外部网络的连接点与工作区的语音或数据终端之间的所有电缆及相关联的布线部件。

综合布线系统与智能大厦的发展紧密相关，它是智能大厦的实现基础。智能大厦一般包括中央计算机控制系统、楼宇控制系统、办公自动化系统、通信自动化系统、消防自动化系统、安保自动化系统等。

综合布线系统分为 6 个子系统，即建筑群子系统、垂直子系统、水平子系统、管理子系统、设备间子系统和工作区子系统，如图 3-23 所示。

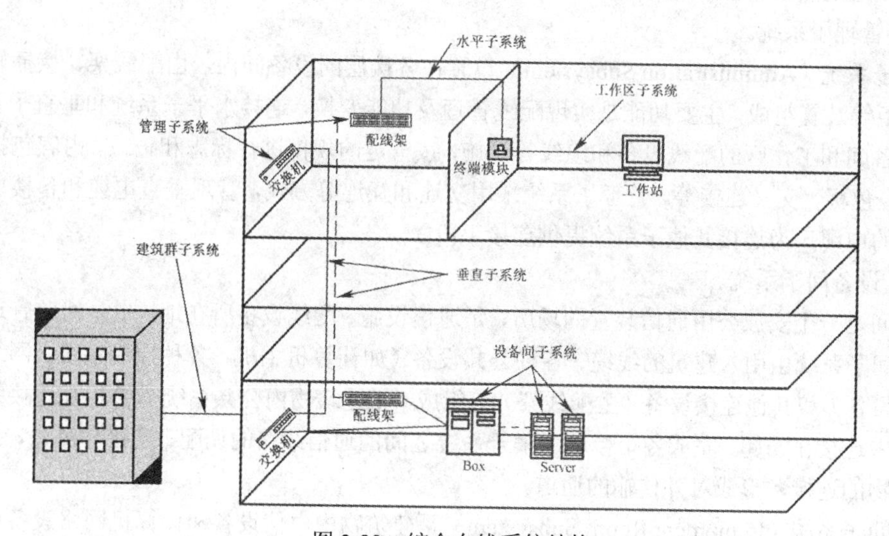

图 3-23　综合布线系统结构

（1）建筑群子系统。

大中型网络中都拥有多幢建筑物，建筑群子系统（Building Groups Subsystem）用于实现建筑物之间的各种通信。建筑群子系统使用传输介质和各种支持设备（如配线架、交换机等）将分离的建筑物连接在一起，构成一个完整的系统，实现语音、数据、图像或监控等信号的传输。建筑群子系统包括建筑物间的主干布线及建筑物中的引入口设施，由建筑群配线架（Campus Distributor，CD）与其他建筑物的建筑物配线架（Building Distributor，BD）之间的缆线及配套设施组成。

通信电缆多采用多模、单模光纤或者大对数双绞线，既可采用地下管道敷设方式，也可采用悬挂方式。缆线的两端分别是两幢建筑物的设备间子系统的接续设备。在建筑群环境中，除了需要在某个建筑物内建立一个主设备室外，还应在其他建筑物内都建立一个中间设备室。

（2）垂直子系统。

垂直子系统（Vertical Subsystem）也称为主干子系统（Backbone Subsystem），是建筑物内综合

布线系统的主干部分，是指从建筑物配线架至楼层配线架（Floor Distributor，FD）之间的缆线及配套设施组成的系统。两端分别敷设到设备间子系统或管理子系统，及各个楼层的水平子系统引入口处，提供各楼层设备室和引入口设施之间的互连，实现建筑物配线架与楼层配线架的连接。

通常情况下，主干布线可采用大对数超5类或6类双绞线，如果考虑到可扩展性或构建千兆网络，则应采用光缆。垂直子系统的线缆通常设在专用的上升管路或电缆竖井内。

（3）水平子系统。

水平子系统（Horizontal Subsystem）是局限于同一楼层的布线系统，指每个楼层配线架至工作区信息插座（Telecommunications Outlet，TO）之间的线缆、信息插座、转接点及配套设施组成的系统。水平线缆的一端与管理子系统相连，另一端与工作区子系统的信息插座相连，以便用户通过跳线连接各种终端设备，实现与网络的连接。

水平子系统通常由超5类或6类4对非屏蔽双绞线组成，连接至本层配线间的配线柜内。当然，根据传输速率或传输距离的需要，也可以采用多模光纤。水平子系统应当按照楼层各工作区的要求设置信息插座的数量和位置，设计并布置相当数量的水平线路。

（4）管理子系统。

管理子系统（Administration Subsystem）设置在各楼层的设备间内，由配线架、接插软线、理线器、机柜等装置组成，主要功能是实现配线管理及功能变换，连接水平子系统和垂直子系统。管理针对设备间和工作区的配线设备和缆线等设施，按一定的规模进行标志和记录。内容包括管理方式、标识、色标、交叉连接等。管理子系统采用交连和互连等方式，管理垂直电缆和各楼层水平布线子系统的电缆，为连接其他子系统提供连接手段。

（5）设备间子系统。

设备间是一个安放公用通信装置的场所，是通信设施、配线设备所在地，也是线路管理的集中点。设备间子系统由引入建筑的线缆、各种公共设备（如计算机主机、各种控制系统、网络互连设备、监控设备）和其他连接设备（主配线架）等组成，把建筑物内公共系统需要相互连接的各种不同设备集中连接在一起，完成各个楼层水平子系统之间的通信线路的调配、连接和测试，并建立与其他建筑物的连接，形成对外传输的通道。

设备间子系统（Equipment Room Subsystem）是建筑物中电信设备和计算机网络设备以及建筑物配线设备安装的地点，同时也是网络管理的场所，由设备间电缆及连接器和相关支撑硬件组成，将公用系统的各种不同设备连接在一起。

（6）工作区子系统。

工作区是指包括办公室、写字间、作业间、机房等需要电话、计算机或其他终端设备（如网络打印机、网络摄像头）等设施的区域和相应设备的统称。

工作区子系统（Work Area Subsystem）处于用户终端设备（如电话、计算机、打印机等）和水平子系统的信息插座之间，起着桥梁的作用。该子系统由终端设备至信息插座的连接器件组成，包括跳线、连接器或适配器等，实现用户终端与网络的有效连接。工作区子系统的布线一般是非永久性的，用户根据工作需要可以随时移动、增加或减少，既便于连接，也易于管理。

根据综合布线系统设计的标准，在每个信息插座旁边要求有一个单相电源插座，以备计算机或其他有源设备使用，信息插座与电源插座间距不得小于20cm。墙上型信息插座，通常安装在离地面30cm处。信息插座将水平子系统与工作区子系统连接在一起。墙上型插座安装的位置如图3-24所示。

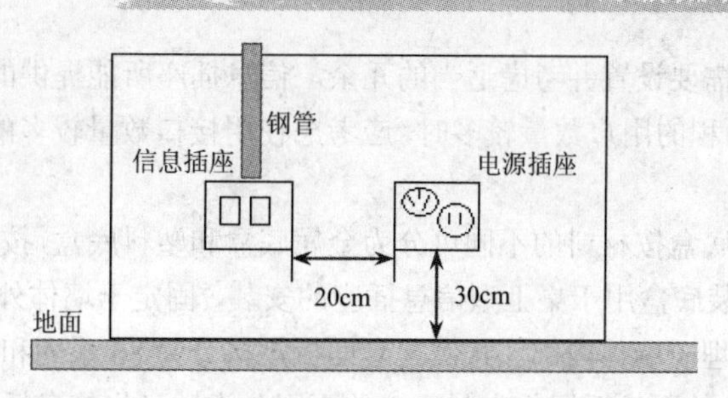

图 3-24　墙上型插座安装位置

2. 信息插座（Telecommunications Outlet，TO）

信息插座是终端设备与水平子系统连接的接口设备，同时也是水平布线的终结，为用户提供网络和语音接口。对于 UTP 电缆而言，通常使用 T568A 或 T568B 标准的 8 针模块化信息插座，型号为 RJ-45，采用 8 芯连线，符合 ISDN 标准。对光缆来说，规定使用 SC/ST 连接器的信息插座。

（1）信息插座的组成。

信息插座由信息模块、面板和插座三部分组成，如图 3-25 所示。

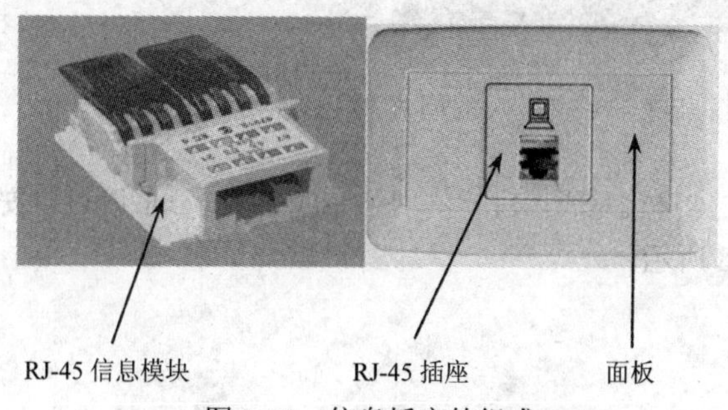

图 3-25　信息插座的组成

1）信息模块。

信息模块与信息插座配套使用，它一般通过卡位实现在信息插座中的固定，通过它将从交换机出来的网线与工作站端接好水晶头的网线相连。

信息模块主要由接触针、电路板、ABS 外壳构成，内部组成示意如图 3-26 所示。

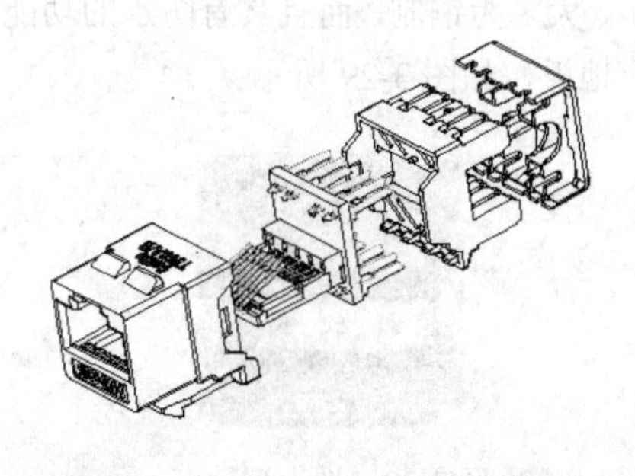

图 3-26　信息模块的内部组成

2）面板。

通常情况下，每个工作区至少设置两个信息点。对于一些网络用户非常多的工作区，如集中办公地点，则应根据实际需要设置并考虑适当的冗余。信息插座所能提供的接口大致有单口、2 口、3 口和 4 口等，当单位面积的用户数量较多时，应考虑使用接口数量较多的面板以减少插座的数量。

3）底盒。

网络信息点插座的底盒按材料的不同可分为金属底盒和塑料底盒，按安装方式的不同可分为明装底盒和暗装底盒。明装底盒用于桌上型信息插座的安装，固定于墙体外部；暗装底盒则用于地上型信息插座的安装，被埋于墙体内部。按照配套面板规格分为 86 系列和 120 系列。

（2）根据信息插座的面板适用的安装环境的不同分类，可将信息插座分为：

1）墙上型插座。

墙上型插座多为内嵌式插座，适用于与主题建筑同时完成的布线工程，主要安装于墙壁内或护壁板中，如图 3-27 所示。

图 3-27　墙上型插座

2）桌上型插座。

桌上型插座适用于主体建筑完成后进行的网络布线工程，一般既可以安装于墙壁，也可以直接固定在桌面上，如图 3-28 所示。

图 3-28　桌上型插座

3）地上型插座。

地上型插座也为内嵌式插座，大多为铜制，而且具有防水的功能，也可以根据实际需要随时打开使用，主要适用于地面或架空地板，如图 3-29 所示。

图 3-29　地上型插座

（3）根据信息插座使用的信息模块分类，将信息插座分为使用 RJ-45 信息模块、使用光纤插座模块或使用转换插座模块的信息插座。现将这几种模块介绍如下。

1）RJ-45 信息模块。

如图 3-30 所示，该信息模块是依据 ISO/IEC 11801、TIA/EIA 568 标准设计制造的，该模块为 8 线式插座模块，适用于双绞线电缆的连接。RJ-45 信息模块的类型与双绞线的类型相对应，根据其对应的双绞线类型，RJ-45 信息模块可以分为 3 类 RJ-45 信息模块、4 类 RJ-45 信息模块、5 类 RJ-45 信息模块、超 5 类 RJ-45 信息模块和 6 类 RJ-45 信息模块等。

2）光纤插座模块。

光纤插座模块为光纤布线在工作区的信息出口，为了满足不同场合应用的要求，光纤插座模块有多种类型。例如，如果水平干线为多模光纤，则应该选用多模光纤模块；而若为单模光纤，则应选用单模光纤模块。另外，不同的光纤模块提供的插座类型也不相同，如 ST 信息插座、SC 信息插座、FC 信息插座等。光纤插座的外形如图 3-31 所示。

图 3-30　RJ-45 信息模块

图 3-31　光纤插座

3）转换插座模块。

在综合布线系统中会出现不同类型线缆连接的情况，而通过转换插座模块就可以实现不同类型的水平干线与工作区跳线的连接。目前常见的转换插座是 FA3-10 型转换插座，这种插座可以实现 RJ-45 与 RJ-11（即 4 对非屏蔽双绞线与电话线）之间的连接，可以充分应用已有资源，将一个 8 芯信息接口转换出 4 个两芯电话线插座。

（4）信息插座的配置。

配置信息插座时应注意以下几方面：

1）根据楼层平面图来计算每层楼的布线面积。

2）估算信息插座的数量。基本型综合布线系统，一般每个房间或每 $10m^2$ 配置一个信息插座。增强型、综合型综合布线系统，一般每个房间或每 $10m^2$ 配置两个或两个以上信息插座。

3）确定信息插座的类型。

3. 跳线

跳线用于实现配线架与集线设备之间、信息插座与计算机之间、集线设备之间以及集线设备与路由设备之间的连接。

（1）双绞线跳线。

通常使用的双绞线跳线为 RJ-45 跳线，即跳线两端均为统一的标准 RJ-45 接口，如图 3-32 所示。

（2）光纤跳线。

光纤软跳线，如图 3-33、图 3-34、图 3-35 所示，用于光纤配线架或光纤信息插座到交换机的连接、交换机之间的连接、交换机与计算机之间的连接以及光纤信息插座到计算机之间的连接，可应用于管理子系统、设备间子系统和工作区子系统。通常情况下，可以根据需要购买光纤跳线或接插软线的成品，而不需自己制作。

图 3-32　RJ-45 双绞线跳线

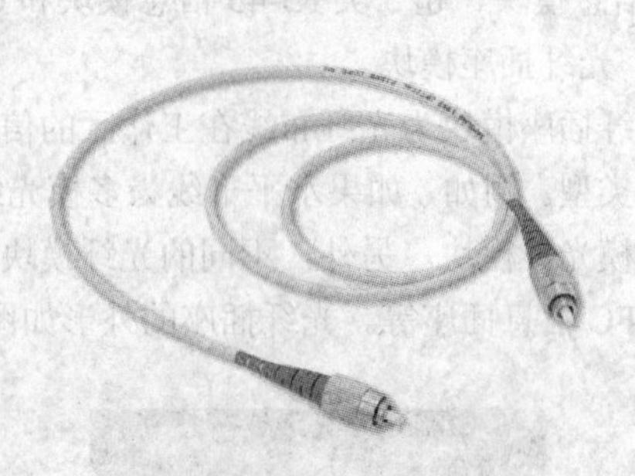

图 3-33　FC 光纤跳线

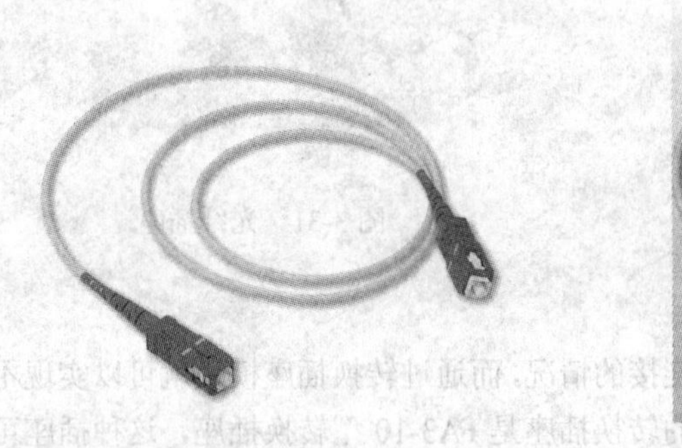

图 3-34　SC 光纤跳线

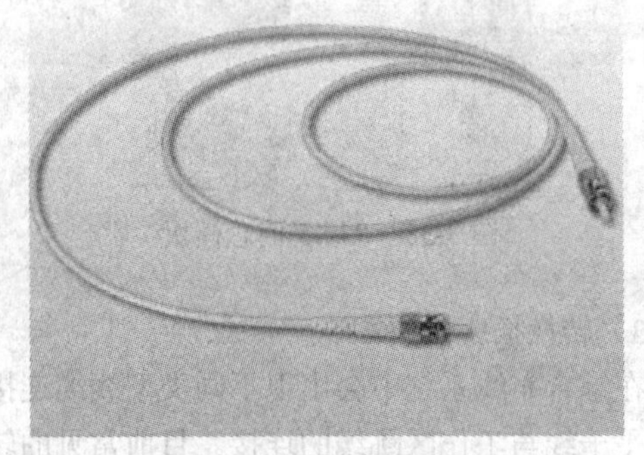

图 3-35　ST 光纤跳线

4. 机柜

机柜被用于配线架、网络设备、通信器材和电子设备的叠放等领域。机柜通常采用全封闭或半封闭结构，具有增强电磁屏蔽、削弱设备工作噪音、减少设备占地面积的优点，19 英寸机柜是最常用的一种标准机柜，如图 3-36 所示。

图 3-36　机柜

19 英寸标准机柜的外型有宽度、高度和深度三个常规指标。

虽然对于 19 英寸面板的安装宽度为 165.1mm，但是机柜的物理宽度却通常为 600mm，用于提供支架和物理支撑。

机柜的深度一般为 600～1000mm，根据机柜内设备的尺寸而定，常见的机柜深度为 800mm 和 1000mm，前者用于安装机架式网络设备，后者用于安装机架式服务器。

机柜高度一般为 700～2400mm，根据机柜内设备的数量和规格而定，也可以定制特殊高度。常见的成品机柜高度为 1600mm 和 2000mm。机柜内设备安装所占用的高度用一个特殊的单位“u”表示，1u=44.45mm。19 英寸标准机柜的设备面板一般都是按 nu 规格制造的，对于一些非标准设备，大多可以借助于附加适配挡板装入 19 英寸机箱并固定。常见的机柜规格有 20u、30u、35u 和 40u 等。

如果信息点数量较少，也可采用壁挂式机柜，直接固定在墙壁上，从而减少对地面空间的占用，适用于房间窄小的环境。

5. 配线架

配线架（Distributing Frame）用于终结光缆和电缆，为光缆和电缆与其他设备的连接提供接口，使综合布线系统变得更加易于管理。根据适用传输介质的不同，分为电缆配线架和光缆配线架两种，分别用于终结双绞线和光缆。接续部件包括光纤终端盒、耦合器、适配器等端接及连接用的部件。

根据配线架所在位置的不同，分为主配线架和中间配线架，前者用于建筑物或建筑群的配线，而后者用于楼层的配线。水平子系统的一端为信息插座，另一端为中间配线架，配线架的作用如图 3-37 所示。垂直子系统的一端为中间配线架，另一端为主配线架，或者两端均为集线设备，配线架作用如图 3-38 所示。

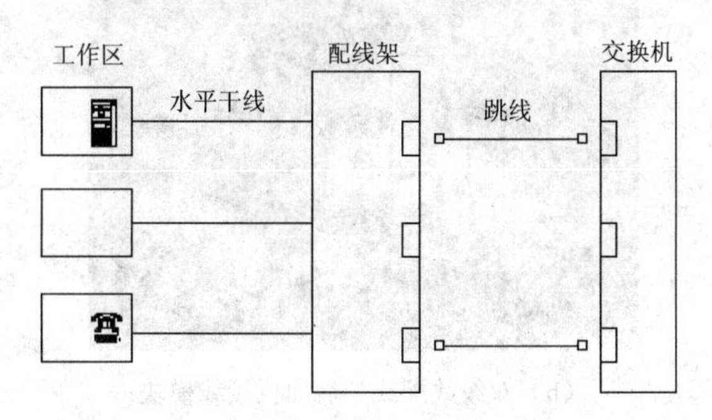

图 3-37 配线架的作用

（1）双绞线配线架。

双绞线配线架大多被用于水平布线。双绞线配线架端口主要有 24/48 口两种形式。如图 3-39 所示为 24 口配线架。每个端口均有号码显示，与交换机的端口数目相符，把配线架和交换机之间用跳线连接且一一对应号码，更有利于辨认端口与线之间的位置和编号。在配线架的端口上面还有一条可以放标签条的槽位，也可以直接标识双绞线的编号。在配线架后面的是接线模块，把双绞线的 8 根铜线打进模块里面需要使用打线工具，如图 3-40 所示。

（2）光纤配线架。

光纤配线架的作用是在管理子系统中将光缆进行连接，通常放置在主配线间和各分配线间。它主要用于光缆终端的光纤熔接、光连接器的安装、光路的调配、多余尾纤的存储及光缆的保护等。它对光纤通信网络的安全运行和灵活使用有着重要的作用。

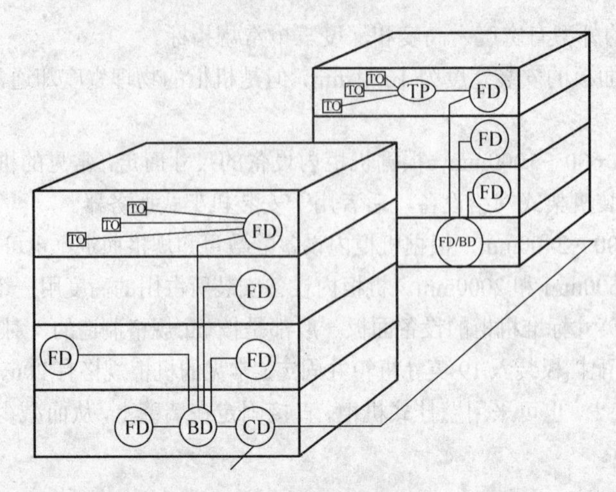

图 3-38　配线架功能组合

（a）双绞线配线架前面板

（b）双绞线配线架后面板接线模块

图 3-39　双绞线配线架

光纤配线架作为光缆线路的终端设备拥有 4 项基本功能，即固定功能、熔接功能、调配功能和存储功能，光纤配线架的外形如图 3-41 所示。

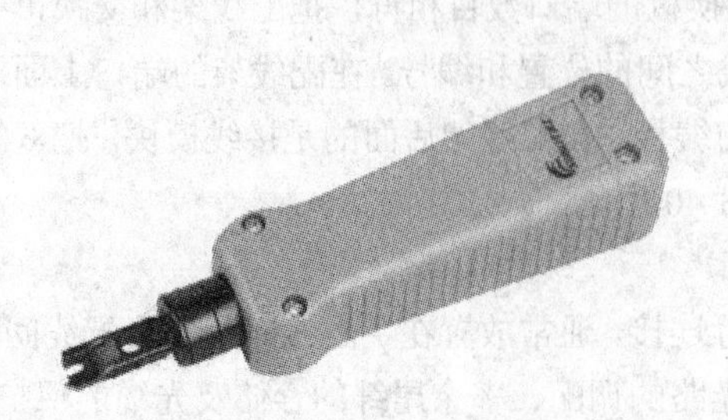

图 3-40　打线刀

图 3-41　光纤配线架

6. 光纤耦合器

光纤耦合器的作用是将两个光纤接头对准并固定，以实现两个光纤端面的连接。光纤耦合器的规格与所连接的光纤接头有关。常见的光纤接头有三类：ST 型、SC 型和 FC 型，分别如图 3-42、图 3-43、图 3-44 所示。常用的光纤耦合器也分为 ST 型、SC 型和 FC 型，分别如图 3-45、图 3-46、图 3-47 所示。

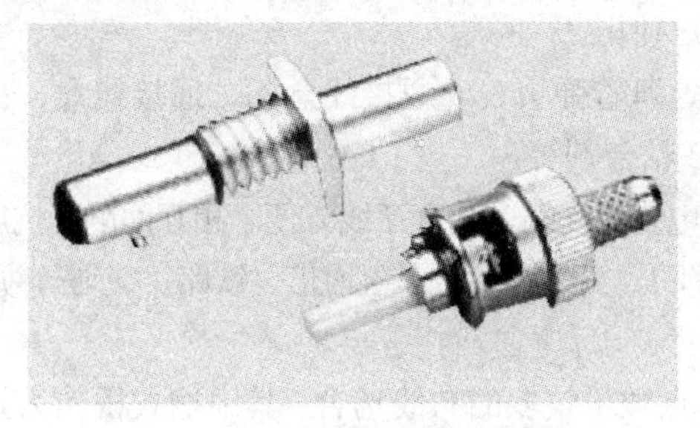

图 3-42　ST 头

图 3-43　SC 头

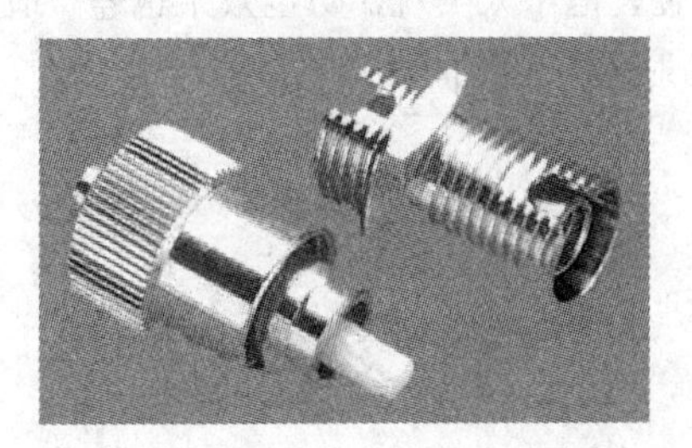

图 3-44　FC 头

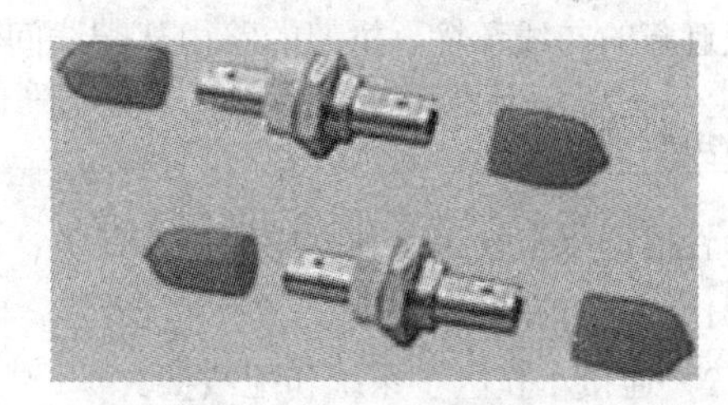

图 3-45　ST 耦合器

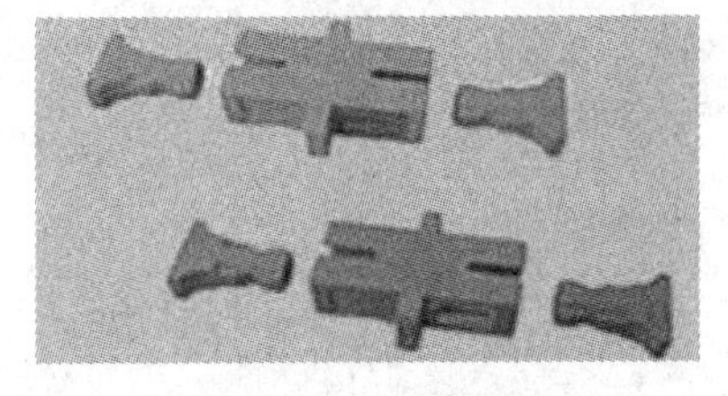

图 3-46　SC 耦合器

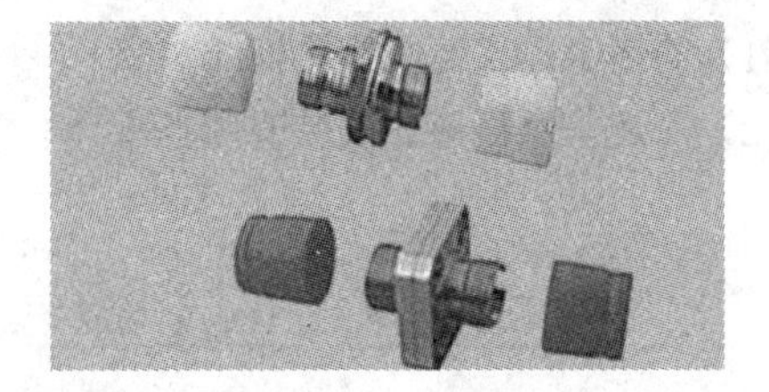

图 3-47　FC 耦合器

7. 线槽和管道

（1）线槽。线槽是布线系统中不可或缺的辅助设备之一。主要包括金属槽和 PVC 槽两种，将凌乱的线缆置于线槽内，既可以起到美化布线环境的作用，又可以应用于某些特殊场景，起到阻燃、抗冲击、抗老化、防锈等作用。线槽具有施工灵活的特点，架设线路可在房屋顶部、墙壁、地面、墙洞等，固定基础可在房屋地面、墙壁、顶壁。

PVC 线槽的品种规格较多，与 PVC 线槽配套的附件有：阳角、阴角、直转角、平三通、左三通、右三通、连接头、终端头、接线盒（暗盒、明盒）等。金属槽由槽底和槽盖组成，一般每根槽为 2m，槽与槽连接时使用相应尺寸的铁板和螺丝固定。

（2）管道。管道的作用与线槽类似，也是综合布线的重要辅助设备。

管道分为金属管和塑料管两大类。

金属管的规格有多种，外径以毫米为单位。在选择金属管时应选择直径大一些的。

塑料管产品分为两大类，即 PE 阻燃管和 PVC 阻燃管。

PE 阻燃管是一种半硬导管，外观为白色，具有强度高、耐腐蚀、内壁光滑等优点，明、暗穿线兼用，它以盘为单位，每盘重为 25kg。

PVC 阻燃管是以聚氯乙烯树脂为主要原料，加入适量助剂，经加工设备挤压成型的刚性导管，小管径 PVC 阻燃导管可在常温下进行弯曲，便于用户使用。

与 PVC 管安装配套的附件有接头、螺圈、弯头、弯管弹簧、一通接线盒、二通接线盒、三通接线盒、四通接线盒、开口管卡、专用截管器、PVC 粘合剂等。

地埋 PVC 管通常采用多孔梅花管，主要用于穿放电缆或光缆，具有穿线方便、相互间隔、抗压性高、防冻性强、密封性好等优点。广泛适用于电信、移动、宽带网络、军事通信、铁路、交通等领域。

8. 桥架

桥架用于水平和主干的架空式布线，适用于信息点数量较多的布线场合。其中槽式桥架为封闭式结构，适用于无天花板或电磁干扰比较严重的布线环境，但系统扩充、修改和维护时稍困难。梯式桥架为开放式结构，虽然扩充、修改和维护时非常方便，但不太美观，防尘效果也差，适用于有天花板遮蔽的布线环境。桥架的路由从配线间沿走廊辐射至各工作间。

【拓展训练】

读者根据以上知识，独立完成以下任务：

（1）安装信息插座。

（2）连接工作区子系统和配线架。

【分析和讨论】

（1）简述 RJ-45 配线架的打线步骤。

（2）简述信息插座的安装有哪些要求。

模块三　综合布线的测试和检查

本模块通过完成下列任务，学习使用测试仪完成铜缆、光缆的现场测试，掌握测试标准进行正确分析，并进行检查和验收的方法。

任务 1　测试电缆

【任务描述】

A 公司完成×××大学校园网工程网络综合布线，现要求你进行电缆测试。

【任务目标】

掌握 FLUKE DTX 系列测试仪的测试方法。

【实施过程】

使用 FLUKE DTX 系列测试仪测试电缆的步骤如下：

（1）进行仪器校验。仪器具有自校验功能，一般应由有资质的部门定期进行校验。

（2）校准 NVP 值。注意所用已知长度的线缆应不小于 15 米。

（3）连接被测试链路。将测试仪主机和远端机连上被测链路。

（4）进行测试仪设置。首先进行设备设置，包括测试单位、被测单位及测试地点等信息，然后选择铜缆或光缆进行设置，要设置线缆类型、链路类型及测试标准等内容。

（5）自动测试。完成以上步骤后，可按 TEST 键进行自动测试。测试可由主机启动，也可由远端机启动。测试有进度条，完成后屏幕显示测试结果。结果分为四级，分别为 PASS（绿色）、PASS*（黄色）、FALL*（红色）和 FALL（红色）；PASS 为合格，FALL 为不合格，*表示临界。

（6）保存结果。测试完成后可将测试结果保存在存储设备，并传输至 PC 或进行打印输出。

任务 2 线缆敷设检查

【任务描述】

A 公司完成×××大学校园网工程网络综合布线，现要求你进行线缆敷设检查。

【任务目标】

完成线缆敷设检查。

【实施过程】

线缆敷设检查的内容主要有线缆形式、规格是否与设计相符，布放是否符合规范，预留长度和弯曲半径是否符合规范，线缆间净距是否符合规范，暗敷管路是否符合规范，线缆固定、绑扎等是否符合规范等。检查时遵照的规范主要包括：

（1）双绞线预留长度在工作区宜为 3～6m，电信间宜为 0.5～2m，设备间宜为 3～5m，光缆布放路由宜盘留，预留长度宜为 3～5m，有特殊要求的应按设计要求预留。

（2）线缆的弯曲半径应符合以下规定：非屏蔽 4 对对绞电缆的弯曲半径至少为电缆外径的 4 倍，屏蔽 4 对对绞电缆的弯曲半径至少为电缆外径的 8 倍，主干对绞电缆的弯曲半径至少为电缆外径的 10 倍，2 芯或 4 芯水平光缆的弯曲半径应大于 25mm，其他芯数的水平光缆、主干光缆和室外光缆的弯曲半径应至少为光缆外径的 10 倍。

（3）电源线、综合布线系统线缆应分隔布放，并符合表 3-5 的要求。

表 3-5 电源线和综合布线系统线缆

条件	最小净距（mm）		
	380V <2kV·A	380V <5kV·A	380V <5kV·A
对绞电缆与电力电缆平行敷设	130	300	600
有一方在接地的金属槽道或钢管中	70	150	300
双方均在接地的金属槽道或钢管中	10	80	150

（4）综合布线与配电箱、变电室、电梯机房及空调机房之间的最小间距应符合表 3-6 的要求。

表 3-6 综合布线与配电箱等的最小间距

名称	最小净距（m）	名称	最小净距（m）
配电箱	1	电梯机房	2
变电室	2	空调机房	2

（5）建筑物内光、电缆暗管敷设与其他管线最小净距应符合表 3-7 的规定。

表 3-7 光、电缆暗管敷设与其他管线最小净距

管线种类	光缆最小净距（mm）	电缆最小净距（mm）
避雷引下线	1000	300
保护地线	50	20
热力管（不包封）	500	500
热力管（包封）	300	300
给水管	150	20
煤气管	300	20
压缩空气管	150	20

（6）预埋线槽宜采用金属线槽，其截面利用率应为 30%～50%；敷设暗管宜采用金属管或阻燃聚氯乙烯硬质管，布放大对数主干电缆时其利用率应为 50%～60%，弯道应为 40%～50%，布放 4 对对绞电缆或 4 芯及以下光缆时，利用率应为 25%～30%。

（7）在桥架中水平、垂直敷设线缆时应对线缆进行捆扎和固定，捆扎时不宜过紧，间距不宜大于 1.5m。垂直敷设时应将上端和每间隔 1.5m 处固定在桥架的支架上，水平敷设时应在线缆的首、尾、转弯及每间隔 5～10m 处进行固定。

（8）线缆桥架底部应高于地面 2.2m 及以上，顶部距建筑物楼板不宜小于 300mm，与梁及其他障碍物交叉处间距不宜小于 50mm。桥架水平敷设时支撑间距宜为 1.5～3m，接头处、转弯处及离两端口 0.5m 处应另设支架或吊架。垂直敷设时固定在建筑物结构体上的间距宜小于 2m，距地面 1.8m 以下部分应加金属盖板进行保护或采用金属走线柜包封。直线段线缆桥架每超过 15～30m 或跨越建筑物变形缝时，应设置伸缩补偿装置。桥架和线槽的弯曲半径不应小于槽内线缆的最小允许弯曲半径，直角弯处的最小弯曲半径不应小于槽内最粗线缆外径的 10 倍。

（9）预埋金属线槽宜按单层设计，每一路由进出同一过线盒的线槽均不应超过 3 根，线槽截面高度不宜超过 25mm，总宽度不宜超过 300mm。直埋长度超过 30m 或在线槽内交叉、转向时宜设置过线盒以便于布放线缆和维修。

（10）预埋暗管的最大外径不宜超过 50mm，楼板中暗管的最大外径不宜超过 25mm，室外管道进入建筑物的最大管的外径不宜超过 100mm。直线布管超过 30m，有转弯的管段超过 20m，有 2 个转弯时超过 15m 应设置过线盒。暗管转弯角度应大于 90°，在路径上每根暗管的转弯角不能多于 2 个，并且不得有 S 弯出现。管路转弯的曲率半径不应小于所穿入线缆的最小允许弯曲半径，并且不应小于管子外径的 6 倍，暗管管径大于 50mm 时不应小于 10 倍。

（11）在架空活动地板下敷设线缆时，地板内净高应为 150～300mm。若空调采用下送风方式

则地板内净高应为300～500mm。

（12）综合布线工程线缆与其他弱电系统线缆、电力线缆等一起布放时，各子系统之间应用金属板隔开，间距应符合设计要求。

（13） 当电缆从建筑物外面进入建筑物时，应选用适配的信号线路浪涌保护器，信号线路浪涌保护器应符合设计要求。

任务3 线缆端接检查

【任务描述】

A公司完成×××大学校园网工程网络综合布线，现要求你进行线缆端线检查。

【任务目标】

掌握线缆端线检查方法。

【实施过程】

检查信息插座安装、水晶头制作、配线架压线、光纤头制作及光纤插座等是否符合规范。需要检查的重点内容有：

（1）各对双绞线的扭绞状态。端接时，应尽量保持各对双绞线的扭绞状态，对于3类电缆开绞长度不应大于75mm；对于5类电缆不应大于13mm；对于6类电缆应尽量保持扭绞状态，减小扭绞松开长度。

（2）模块端接是否按标示色标和线对顺序进行卡接。模块的端接允许使用两种连接方式的一种，但在同一工程中两种连接方式不应混合使用。

（3）屏蔽对绞电缆的屏蔽层与连接器件端接处的屏蔽罩的接触程度。屏蔽双绞电缆的屏蔽层与连接器件端接处的屏蔽罩应通过紧固件可靠接触，线缆屏蔽层应与连接器件屏蔽罩 360°接触，接触长度不宜小于10mm。屏蔽层不应用于受力的场合。

（4）一根4对对绞电缆只允许端接在一个模块上，不允许端接在两个或两个以上的模块。

（5）光纤与连接器件、光纤与光纤间的连接方式。光纤与连接器件连接可采用尾纤熔接、现场研磨和机械连接方式；光纤与光纤连接可采用熔接和光连接端子（机械）连接方式。熔接处应予以保护和固定，光纤连接面板应有标志。

（6）各类跳线线缆和连接器件间是否接触良好、接线无误、标志齐全。跳线类型、长度是否符合设计要求。

【知识链接】

网络综合布线施工过程可分为4个阶段，即施工准备阶段、施工阶段、调试开通阶段和竣工验收阶段。

1．施工准备阶段

学习掌握相关的规范和标准，严格遵守建筑弱电安装工程施工及验收规范和所在地区的安装工业标准及当地有关部门的各项规定。项目应遵守的规定主要有：

- 《通信光缆的一般要求》（GB/T 7427-87）；

- 《综合布线系统工程设计规范》(GB 50311-2007);
- 《综合布线系统工程验收规范》(GB 50312-2007);
- 《商用建筑线缆标准》(EIA/TIA 569)。

做好施工现场的勘察工作，包括走线路由，并且考虑管路和线槽的隐蔽性，坚持对建筑物的破坏最小等原则，在利用现有空间的同时避开电源线路、空调管路、水管管路，对线缆做必要的和有效的保护措施，对现场施工的可行性和工作量做出切合实际的判断和度量。

指定工程负责人和工程监理人员，规划备料、备工，用户方配合要求等方面事宜，提出各部门配合的时间表，负责内外协调和施工组织和管理。开工前的准备工作主要有：

- 熟悉和审查图纸。包括学习图纸、了解图纸设计意图，掌握设计内容和技术条件，会审图纸后形成纪要，由设计、建设、施工三方共同签字，作为施工图的补充技术。
- 准备施工用的材料。包括钢管、管接头、膨胀螺栓、桥架、桥架弯头、吊筋等。
- 安排施工组长组织施工队伍，并配备相应的电动工具和常用工具。
- 制定施工进度表。
- 向工程建设单位提交开工报告。

2. 施工阶段

施工阶段包括敷设主桥架、墙面开槽、敷设管路、墙面凿眼、安装86墙盒、穿线、打模块、安装机柜、打配线架等工作。在穿线的过程中，做好线缆的原始记录。

现场认证测试，打印测试报告。比较典型的测试仪有FLUKE 4300测试仪，可以进行多达十几项的线缆认证测试，是检测整个链路施工是否符合标准最重要的手段之一。

制作布线标记。布线的标记系统要遵循EIA/TIA 606标准，标记要有十年以上的保用期。传统的标记采用口取纸作为标签，然后由施工人员用圆珠笔或钢笔书写。缺点一，保用期很短，随着时间的增长，墨迹会慢慢褪去，最终模糊不清、无法辨认；缺点二，口取纸的粘性会随着时间的增长而失效，久而久之会脱落，业主或者信息管理员也就无法查询信息点的标号了；缺点三，因施工人员的文化水平等方面的原因，书写的字体都不是很正规，而且书写的标签纸的数量又很大，往往字迹潦草，无法辨认，不利于业主后期的维护工作的进行。所以，建议工程公司或者总包单位，采用正规的标签机打印标签纸，保证标签的寿命，便于业主对布线系统的维护工作的进行。

施工结束时的几项重要工作有：清理施工现场，保持施工现场的清洁、卫生。对墙洞、竖井等交接处进行修补。汇总各种剩余材料、集中放置并登记数量。

3. 调试开通阶段

调试开通阶段主要是网络设备安装、调试和设备的试运行阶段，如果施工单位并没有承办网络设备的采购和安装工程，本阶段可以配合承办单位实施。

4. 竣工验收阶段

在上述各环节中必须建立完善的施工文档和竣工文档，作为验收的一部分。一般施工单位都要为业主提供几套综合布线系统的系统图和各楼层的竣工图。竣工时，组织的书面材料主要有：开工报告、竣工图、变更签证、测试报告、验收报告。

【拓展训练】

读者根据以上知识，独立完成以下任务：

（1）对校园网线路故障进行诊断与恢复。

（2）对校园网重要线路进行性能测试。

【分析和讨论】

（1）光纤链路的常见故障通常有哪些？

（2）双绞线链路的常见故障通常有哪些？

单元四

服务器的配置

本单元通过具体的任务讲解局域网硬件，具体包括以下几个方面:

- Windows Server 2008 的安装与基本配置
- AD DS 域服务和活动目录
- 用户账户与组策略
- DNS 服务的搭建和配置
- DHCP 服务的搭建和配置
- Web 服务的搭建和配置
- FTP 服务的搭建和配置

模块一 Windows Server 2008 的安装与基本配置

Windows Server 2008 是微软公司的新一代服务器操作系统，无论是实用性、安全性还是可操作性，Windows Server 2008 都有了质的飞跃，可以更加充分地发挥服务器的硬件性能，为企业网络提供更高效的网络传输和更可靠的安全管理，不仅减轻了管理员部署的负担，而且提高了工作效率，降低了成本。本模块通过完成 Windows Server 2008 的安装和基本配置，掌握网络服务器的部署。

任务 1 Windows Server 2008 的安装

【任务描述】

假设你是 A 公司职员，在×××大学的校园网络工程项目中，需搭建服务器，现选择 Windows Server 2008 作为服务器操作系统，公司要求你安装 Windows Server 2008。

【任务目标】

掌握 Windows Server 2008 操作系统的安装。

【实施过程】

（1）将安装光盘放入光驱，启动计算机，在如图 4-1 所示的界面中单击“现在安装”按钮。

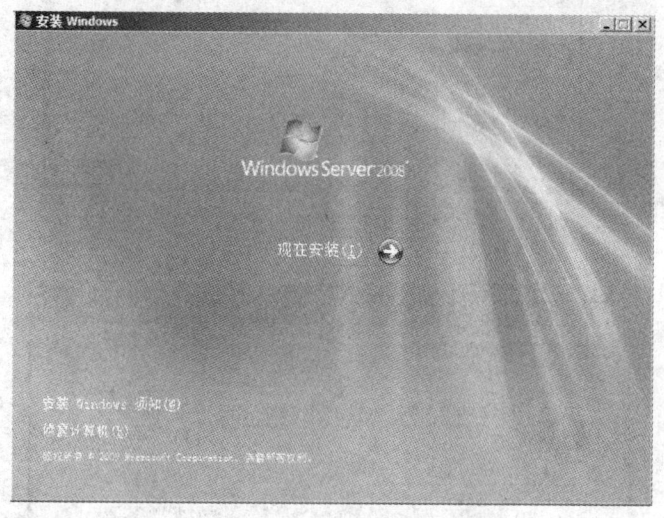

图 4-1　Windows Server 2008 安装界面

（2）选择要安装的操作系统，如图 4-2 所示，单击“下一步”按钮。

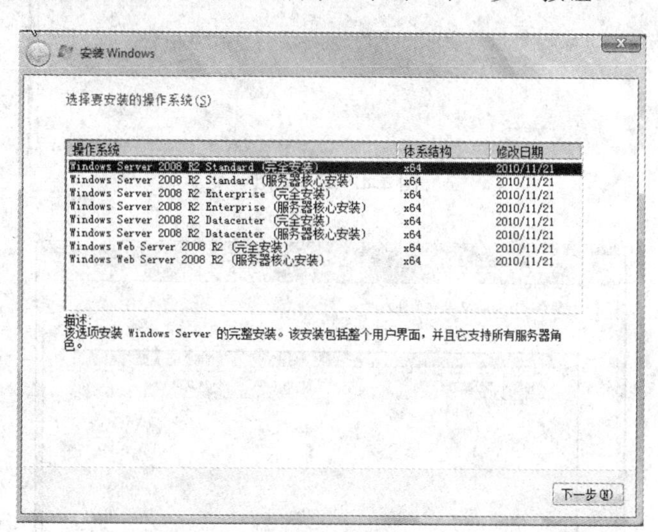

图 4-2　选择要安装的操作系统

（3）选中“我接受许可条款”复选框，如图 4-3 所示，单击“下一步”按钮。

（4）在如图 4-4 所示界面中，单击“自定义”选项。

（5）在如图 4-5 所示的界面中，单击“驱动器选项”链接，单击“下一步”按钮。

（6）输入“磁盘大小”，如图 4-6 所示，单击“应用”按钮。

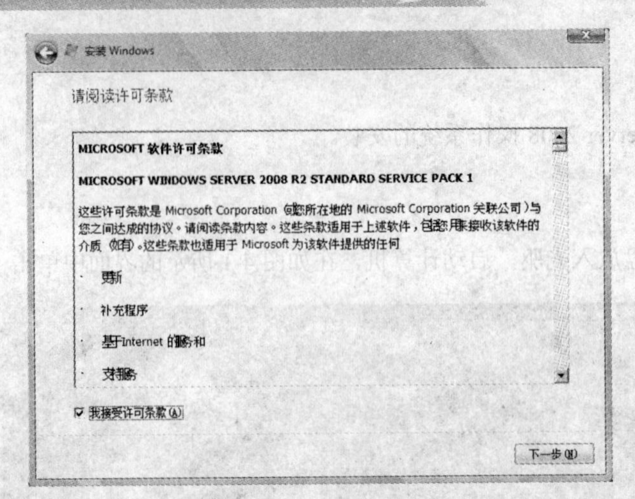

图 4-3　许可条款

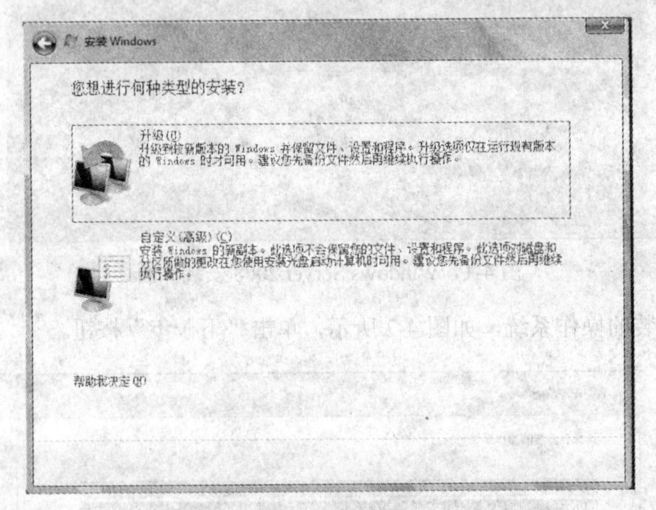

图 4-4　安装类型

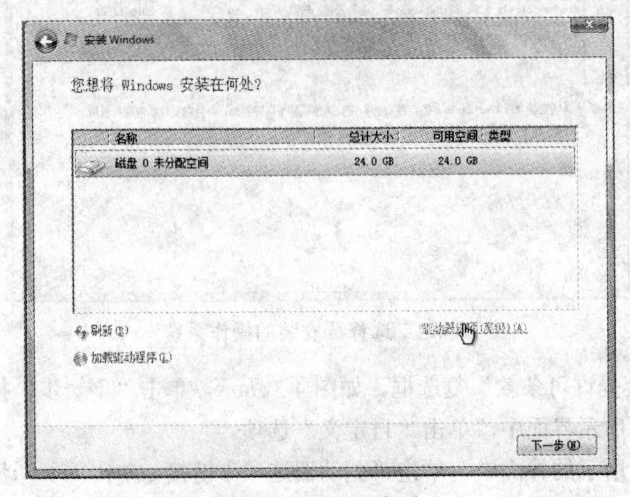

图 4-5　驱动器选项

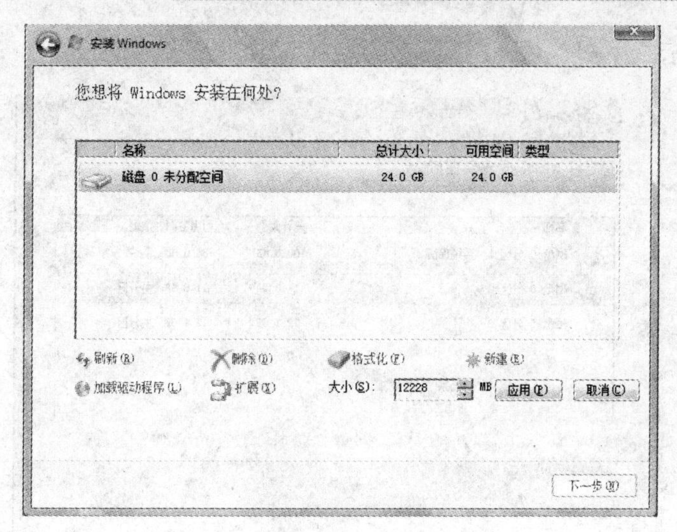

图 4-6　驱动器设置

（7）单击选中其中的一个主分区，单击下方“格式化”按钮，如图 4-7 所示。

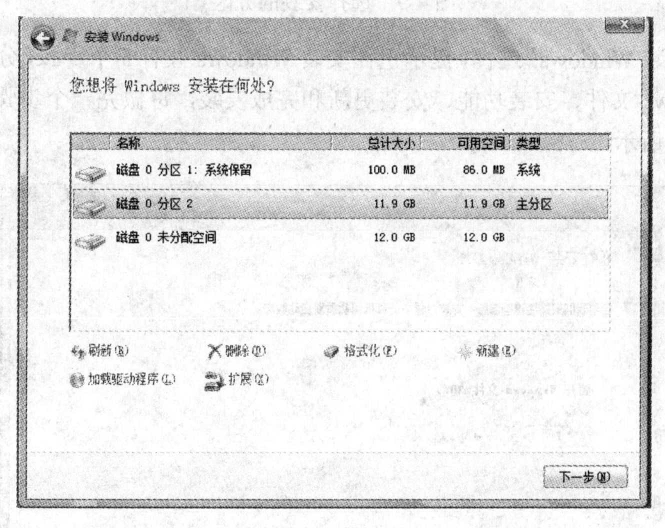

图 4-7　格式化

（8）弹出警告信息对话框，提示“如果您格式化此分区，则其上存储的所有数据都将丢失”，如图 4-8 所示，单击“确定”按钮。

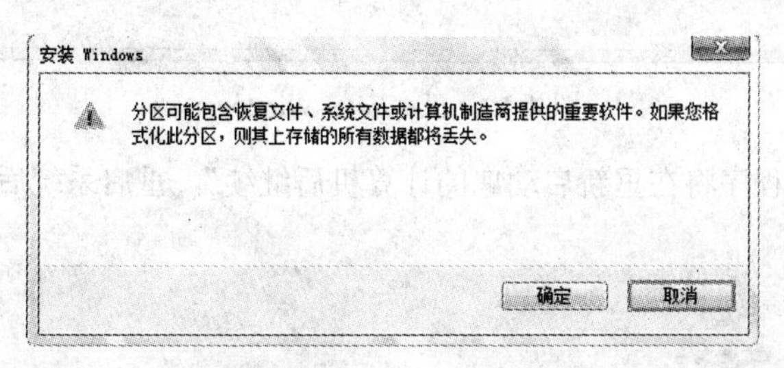

图 4-8　格式化警告信息

（9）选择准备安装 Windows Server 2008 的分区，这里选择“磁盘 0 分区 2”，单击“下一步”

按钮，如图 4-9 所示。

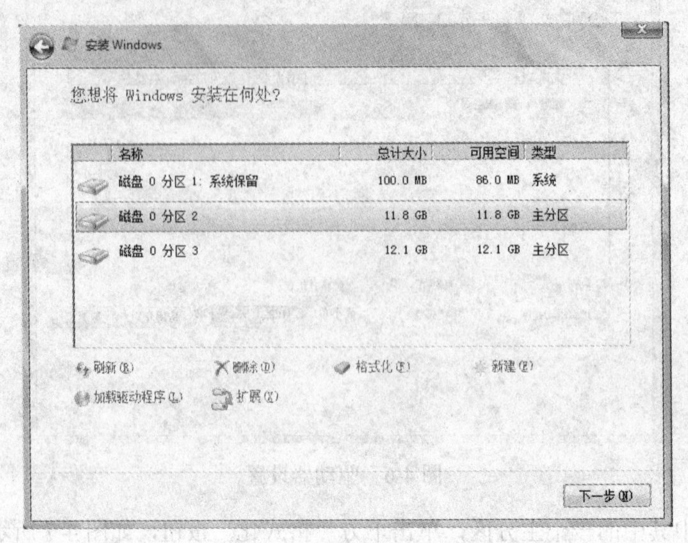

图 4-9　选择安装的分区

（10）开始“安装 Windows”过程，提示正在安装 Windows 共有 5 个步骤，分别是复制 Windows 文件、展开 Windows 文件、安装功能、安装更新和完成安装，每做完一个步骤，程序自动在其前面打钩，如图 4-10 所示。

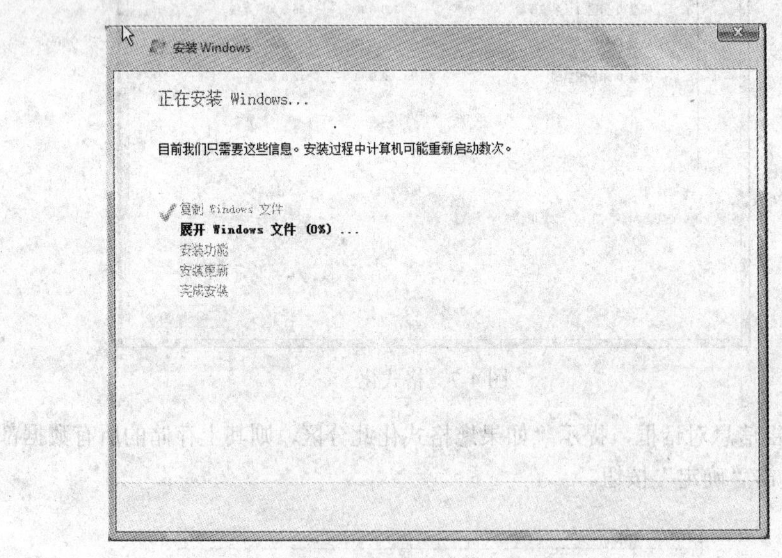

图 4-10　正在安装 Windows

（11）提示“安装程序将在重新启动您的计算机后继续”，重启系统后，完成系统安装。

任务 2　角色的添加与管理

【任务描述】

假设你是 A 公司职员，在×××大学的校园网络工程项目中，需搭建服务器，现选择 Windows

Server 2008 作为服务器操作系统，公司要求你安装完 Windows Server 2008 后，根据×××大学的实际需要，进行角色的添加与管理。

【任务目标】

掌握 Windows Server 2008 服务器角色的管理。

【实施过程】

Windows Server 2008 支持的网络服务虽然多，但默认不会安装任何组件，它是一个仅提供用户登录的独立的网络服务器，用户需要根据自己的实际需要来选择安装相关的网络服务。

Windows Server 2008 的一个亮点就是组件化，所以角色、功能甚至用户账户都可以在“服务器管理器”中进行管理。

1. 添加服务器角色

添加服务器角色之前，必须确保当前登录用户具有管理员权限，或者具备系统管理员凭证（用户名和密码），否则将无法添加任何服务器角色。此处以安装 Web 服务器为例，介绍如何在 Windows Server 2008 中添加服务器角色。

（1）依次单击“开始”→“管理工具”→“服务器管理器”命令，打开“服务器管理器”窗口，在左侧栏中单击“角色”命令，如图 4-11 所示。

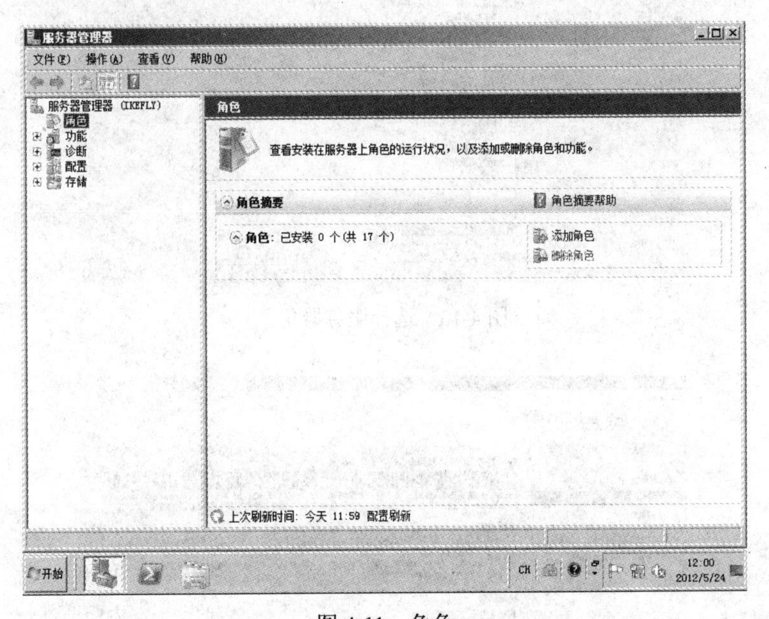

图 4-11 角色

（2）单击“添加角色”链接，启动“添加角色向导”，如图 4-12 所示，提示此向导可以完成的工作，以及操作之前应注意的相关事项。

（3）单击“下一步”按钮，选择希望安装的服务器角色，及其包含的角色服务即可，以 Web 服务器角色为例，如图 4-13 所示，勾选“Web 服务器（IIS）”复选框，单击“下一步”按钮。

（4）弹出“Web 服务器（IIS）”对话框，如图 4-14 所示。

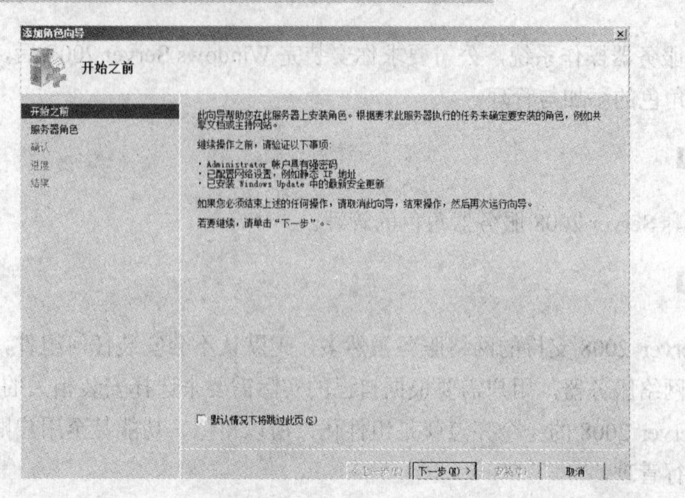

图 4-12　添加角色向导

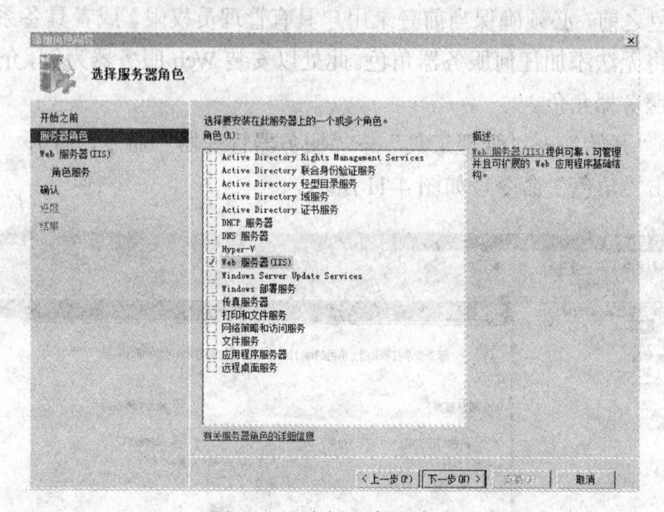

图 4-13　选择服务器角色

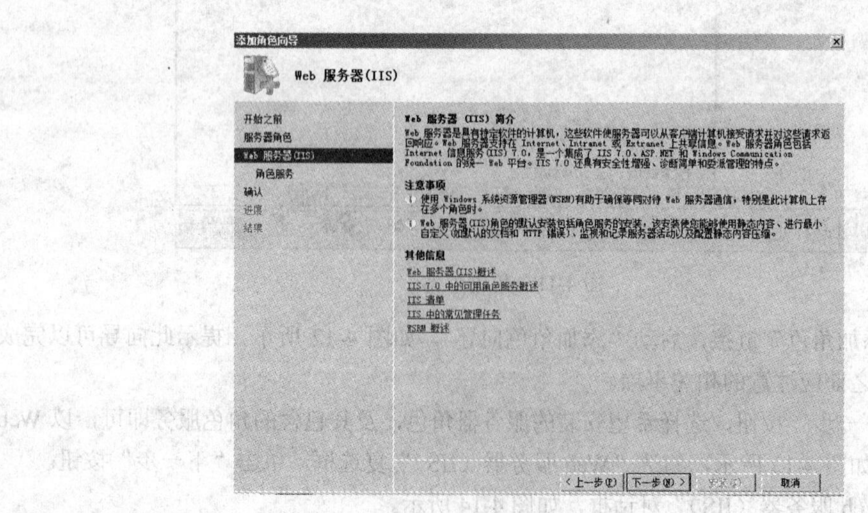

图 4-14　Web 服务器（IIS）简介

（5）单击“下一步”按钮，在“选择角色服务”对话框中选择为“Web 服务器（IIS）”安装的角色服务，如图 4-15 所示。

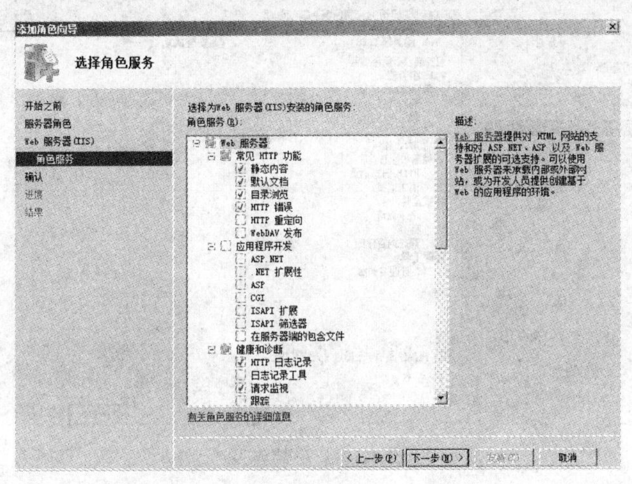

图 4-15 “选择角色服务”对话框

（6）单击“下一步”按钮，弹出“确认安装选择”对话框，确认无误后，单击“安装”按钮，如图 4-16 所示。

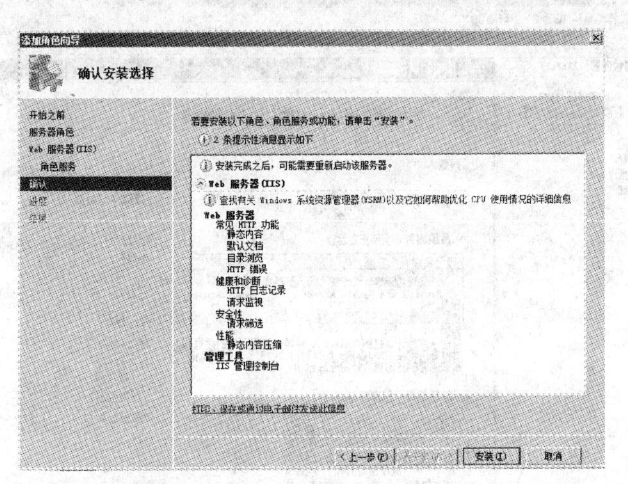

图 4-16 “确认安装选择”对话框

（7）开始进行安装，当“安装结果”对话框中提示“安装成功”时，如图 4-17 所示，单击“关闭”按钮，完成安装。

2. 添加角色服务

服务器角色的模块化是 Windows Server 2008 的一个突出特点，不同的服务器角色可以完成独立的网络功能。但是在安装某些角色时，同时还会安装一些扩展组件，来实现更强大的功能，而普通用户则完全可以根据自己的需要酌情选择。添加角色服务就是安装在先前安装过程中没有选择的子服务。

下面安装的“网络策略和访问服务”角色中包括“网络策略服务器”、“路由和远程访问服务”、“健康注册机构”等，先前已经安装了“路由和远程访问服务”，则可按照如下操作步骤完成其他角色服务的添加。

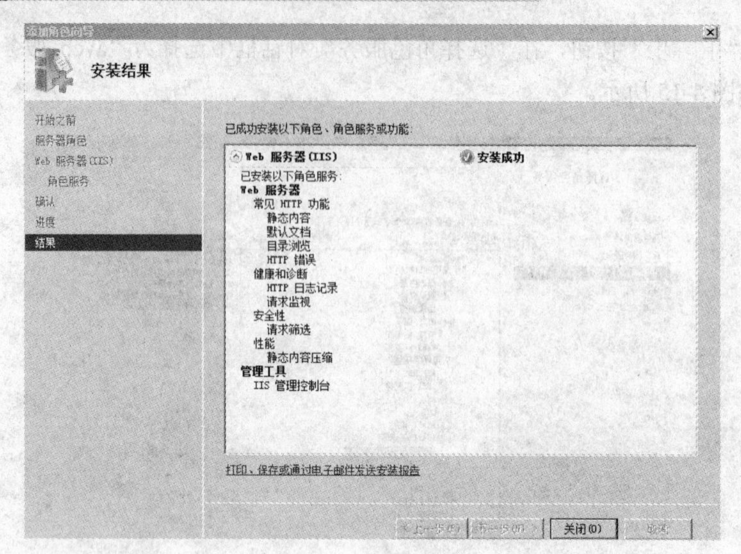

图 4-17 安装结果

（1）打开“服务器管理器”窗口，展开“角色”选项，选择已经安装的网络服务，这里选择“网络策略和访问服务”，如图 4-18 所示。

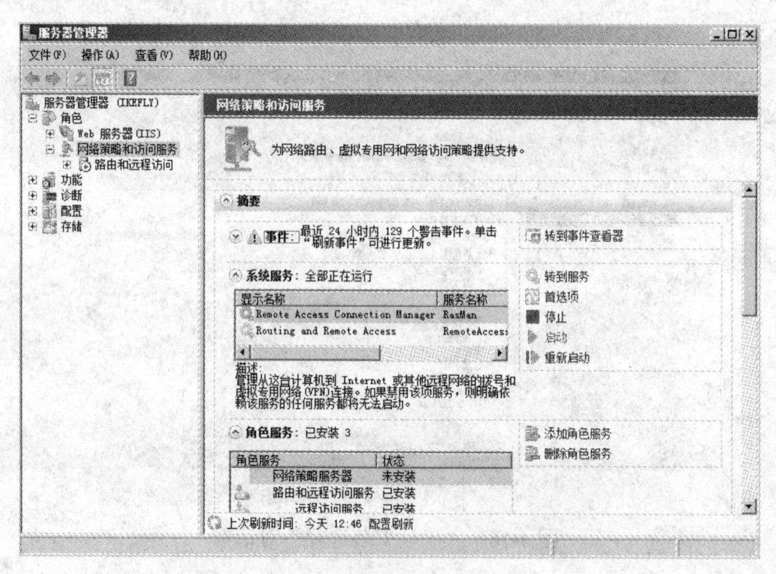

图 4-18 网络策略和访问服务

（2）单击“添加角色服务”链接，打开如图 4-19 所示的“选择角色服务”对话框，选择要添加的角色服务即可，单击“下一步”按钮，即可开始安装。

3. 删除服务器角色

删除服务器角色之前，要确认是否有其他的网络服务或 Windows 功能需要调用当前服务，以免删除之后造成服务器瘫痪。

（1）打开“服务器管理器”窗口，选择“角色”选项，如图 4-20 所示。

（2）单击“删除角色”链接，打开如图 4-21 所示的“删除服务器角色”对话框，取消勾选准备删除的角色前面的复选框并单击“下一步”按钮，即可开始删除。

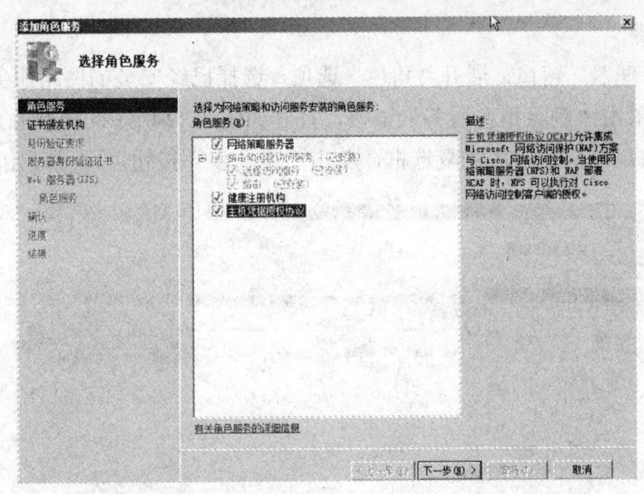

图 4-19　选择为“网络策略和访问服务”安装的角色服务

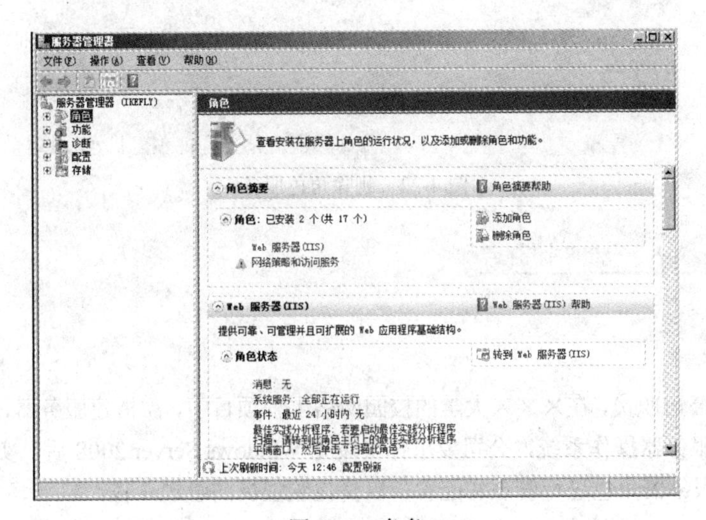

图 4-20　角色

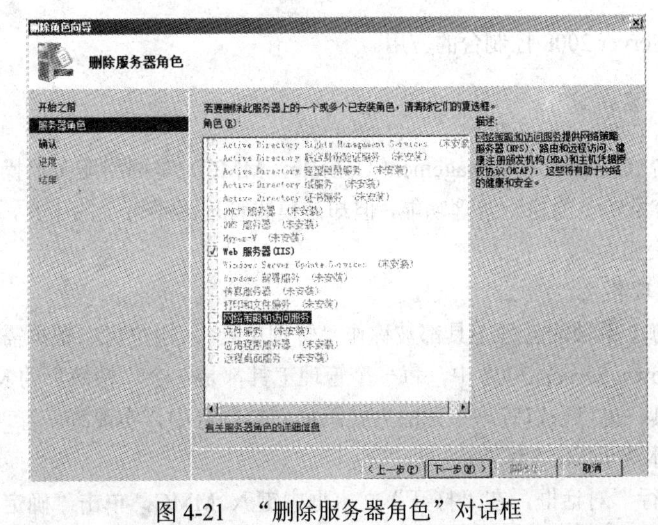

图 4-21　“删除服务器角色”对话框

4. 删除角色服务

打开“服务器管理器”窗口，展开“角色”选项，选择已经安装的网络服务，这里选择“网络策略和访问服务”，单击“删除角色服务”链接，打开如图 4-22 所示的“删除角色服务”对话框，取消勾选想要删除的角色服务前面的复选框，单击“下一步”按钮，即可开始删除。

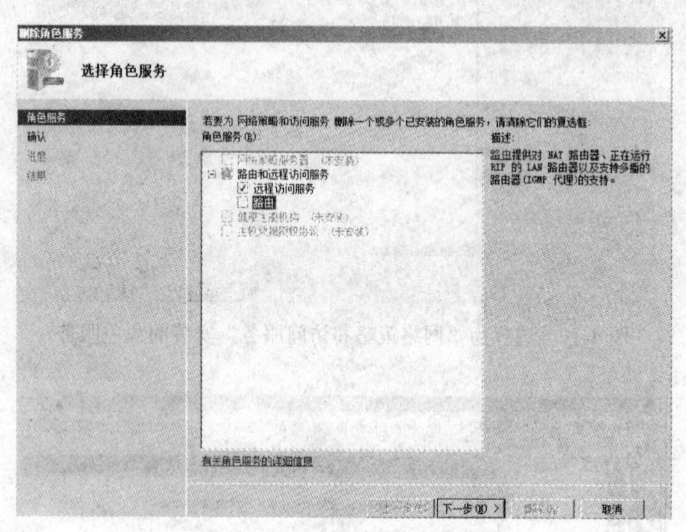

图 4-22　删除角色服务

任务 3　Windows Server 2008 控制台

【任务描述】

假设你是 A 公司职员，在×××大学的校园网络工程项目中，需搭建服务器，现选择 Windows Server 2008 作为服务器操作系统，公司要求你安装完 Windows Server 2008 后，实现用“控制台”窗口对本地所有服务器角色进行管理和配置，以简化管理员的管理工作。

【任务目标】

掌握 Windows Server 2008 控制台的应用。

【实施过程】

微软管理控制台（Microsoft Management Console，MMC）是网络服务器操作系统中必不可少的功能组件。控制台虽然不能执行管理功能，但却是集成管理必不可少的工具，这一点在 Windows Server 2008 中尤为突出。

1. 添加/删除管理单元

在 MMC 中，每个单独的管理工具都被称作“管理单元”，用户可以根据需要同时添加许多的管理单元。在 Windows Server 2008 中，每一个管理工具都是一个“精简”的 MMC，并且许多非系统内置的管理工具，也可以以管理单元的方式添加到控制台中，实现统一管理。Windows Server 2008 中的控制台版本为 MMC 3.0。

（1）打开“运行”对话框，在“打开”文本框中键入 MMC，单击“确定”按钮，打开“控制台 1”窗口，如图 4-23 所示。

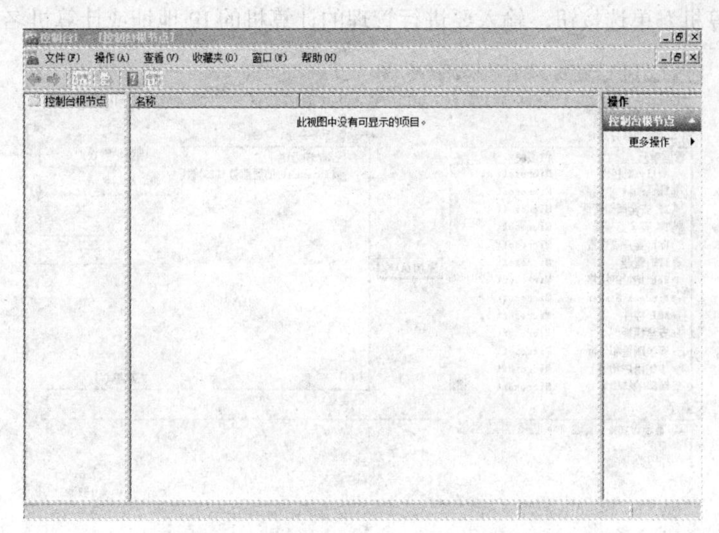

图 4-23 “控制台 1”窗口

（2）单击“文件”菜单中的“添加或删除管理单元”选项，或者按 Ctrl+M 组合键，打开“添加或删除管理单元”对话框，如图 4-24 所示。

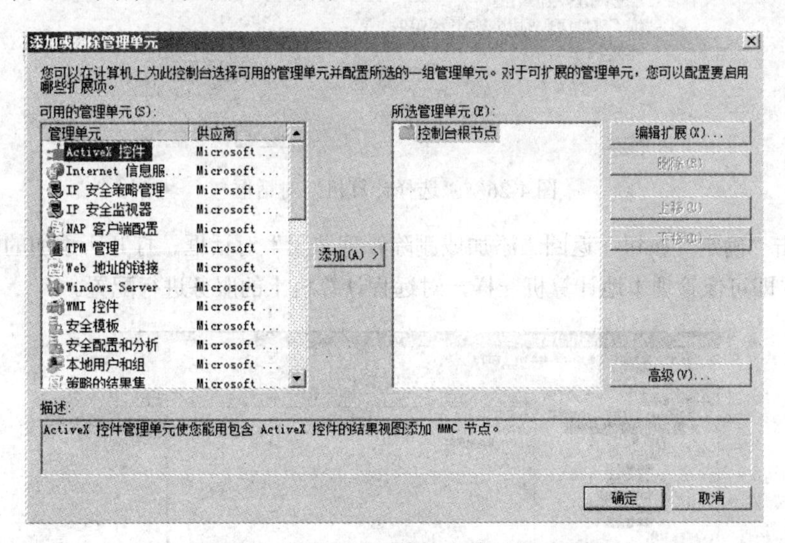

图 4-24 “添加或删除管理单元”对话框

（3）在“可用的管理单元”列表中，选择想要添加的管理单元，单击“添加”按钮将它添加到“所选管理单元”列表中，如图 4-25 所示。

（4）单击“确定”按钮，即可在控制台中打开该管理单元。为了便于下次打开该管理单元，可将其保存在控制台。单击“文件”菜单中的“保存”选项，将其保存在某个目录下即可。

2. 使用 MMC 管理远程服务

使用 MMC 还可以管理网络上的远程服务器。实现远程管理的前提是拥有欲管理计算机的相应权限，并且在本地计算机上有相应的 MMC 插件。

（1）在 MMC 控制台窗口中，打开“添加或删除管理单元”对话框。在“可用的管理单元”

列表中，选择“计算机管理”，单击“添加”按钮，打开如图 4-26 所示的“选择计算机”对话框，选择“另一台计算机”单选按钮，输入要进行管理的计算机的 IP 地址或计算机名。

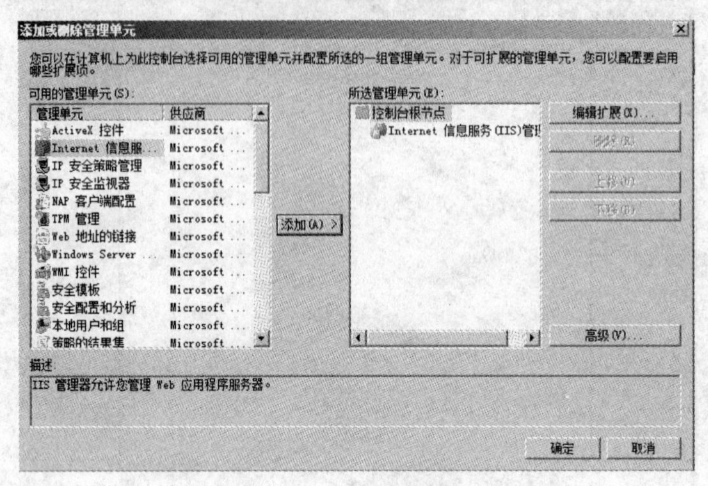

图 4-25　添加管理单元

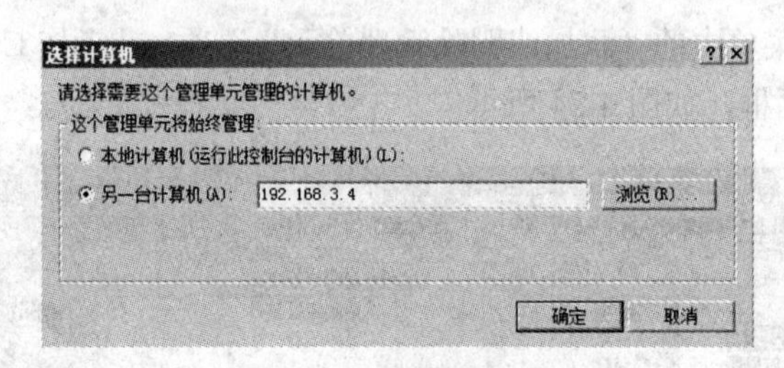

图 4-26　“选择计算机”对话框

（2）单击“确定”按钮，返回“添加或删除管理单元”对话框。打开所添加的管理工具，如图 4-27 所示，即可像管理本地计算机一样，对远程计算机上的服务进行配置。

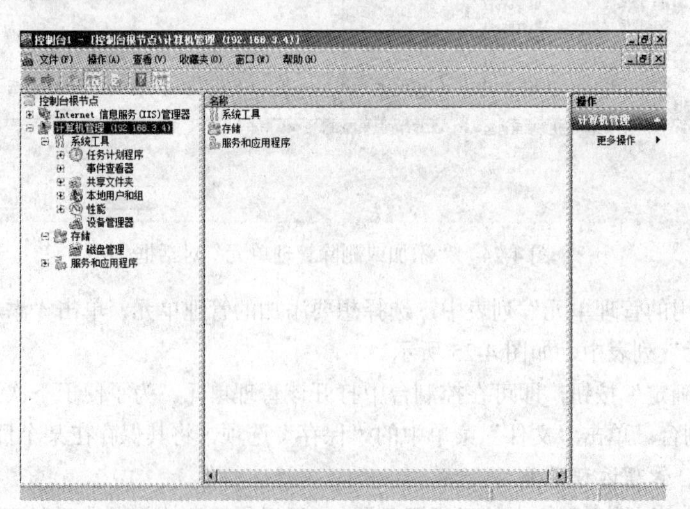

图 4-27　计算机管理

（3）单击“文件”菜单中的“保存”选项，可将控制台保存为文件，以方便日后再次打开。

如果在管理远程计算机时，出现“拒绝访问”或“没有访问远程计算机的权限”提示框，说明当前登录的账户没有管理远程计算机的权限。此时，可以找到保存的控制台文件，右击并选择快捷菜单中的“以管理员身份运行”即可。

【知识链接】

1. Windows Server 2008 简介

Microsoft Windows Server 2008 是新一代 Windows Server 操作系统，可以帮助信息技术（IT）专业人员最大限度地控制其基础结构，同时提供空前的可用性和管理功能，建立比以往更加安全、可靠和稳定的服务器环境。Windows Server 2008 可确保任意位置的所有用户都能从网络获取完整的服务，从而为组织带来新的价值。

Windows Server 2008 建立在优秀的 Windows Server 2003 操作系统的成功和实力，以及 Service Pack 1 和 Windows Server 2003 R2 中采用的创新技术的基础之上。但是，Windows Server 2008 不仅仅是先前各操作系统的提炼。Windows Server 2008 旨在为组织提供最具生产力的平台，它为基础操作系统提供了令人兴奋的重要的新功能和强大的功能改进，促进应用程序、网络和 Web 服务从工作组转向数据中心。

除了新功能之外，与 Windows Server 2003 相比，Windows Server 2008 还提供了强大的功能改进。值得注意的功能改进包括：对网络、高级安全功能、远程应用程序访问、集中式服务器角色管理、性能和可靠性监视工具，故障转移群集、部署以及文件系统的改进。上述功能改进和其他改进可帮助组织最大限度地提高灵活性、可用性和对其服务器的控制能力。

2. Windows Server 2008 的优势

Windows Server 2008 的优势主要体现在以下四个方面：

（1）Web。

Windows Server 2008 能够有效地提供基于 Web 的丰富体验，获得改进的管理和诊断功能、开发和应用程序工具、较低的基础结构成本。

1）Internet Information Services 7.0 是一个强大的应用程序和 Web 服务平台，简化了 Web 服务器管理。该模块化平台提供了简化的、基于任务的管理界面、更好的跨站点控制、增强的安全性能以及集成的 Web 服务健康管理。

2）基于任务的界面简化了通用的 Web 服务器管理任务。

3）跨站点复制使用户能够跨多个 Web 服务器轻松复制 Web 站点设置，不需要进行额外配置。

4）应用程序和站点的委派管理使用户能够将 Web 服务器不同部分的控制权委派给需要的人员。

5）交付灵活而全面的应用程序，保持用户与用户以及用户与数据的连接，使他们能够看见、共享和处理信息。

（2）虚拟化。

通过 Windows Server 2008 内置的服务器虚拟技术，可以降低成本、提高硬件使用率、优化基础结构并提高服务器可用性。

1）内置虚拟技术可以在单个服务器上虚拟 Windows、Linux 等多个操作系统。通过操作系统内置的虚拟技术和更加简单、灵活的授权策略，可以更容易地利用虚拟化的各种优势并节省成本。

2）集中式应用程序访问和远程发布应用程序的无缝集成。功能改进还使系统可以跨越防火墙连接到远程应用程序，无需使用 VPN，因此可以快速响应位于任何位置的用户的需求。

3）新的部署选项提供最适合用户环境的方法。

4）与现有环境互操作。

5）活跃的技术社区可在整个产品生命周期内提供丰富体验。

（3）安全性。

Windows Server 2008 是目前为止最安全的 Windows Server。其稳定的操作系统和安全创新技术，包括 Network Access Protection、Federated Rights Management、Read-Only Domain Controller，对网络、数据和业务提供了有史以来最安全的保护。

1）安全创新技术减少了内核的攻击面，创建了更加稳定和安全的服务器环境，以此保护用户的服务器。

2）Network Access Protection 使用户能够隔离不遵从安全策略的计算机，因此能保护用户的网络访问。强制实施安全要求是保护网络的有效方法。

3）智能规则和策略创建的增强型解决方案，可加强对网络功能的控制和保护，使用户拥有一个策略驱动型的网络。

4）数据保护可确保数据只能被具有正确安全上下文的用户访问，并且在硬件发生故障时确保数据可用。

5）新的身份验证体系结构使用 User Account Control 保护系统免受恶意软件攻击。

6）Expanded Group Policy 提高了对用户设置的控制。

（4）业务工作负载的坚实基础。

Windows Server 2008 是迄今为止最灵活、最稳定的 Windows Server 操作系统。通过新的技术和功能，如 Server Core、PowerShell、Windows Deployment Services 以及增强的网络和群集技术，Windows Server 2008 提供了功能最全面、最可靠的 Windows 平台，可满足所有工作负载和应用程序的要求。

1）高级可靠性功能减少了访问、工作、时间、数据和控制方面的损失，提高了可靠性。

2）通过使用为服务器配置和监视提供一站式界面的新工具以及日常任务的自动化处理，简化了 IT 基础结构的管理。

3）通过按需安装角色和功能，简化了 Windows Server 2008 的安装和管理。自定义服务器配置可以最大限度地减少攻击面并能减少软件更新要求，简化了当前的维护工作。

4）强大的诊断工具能够有效查明和解决问题点，这些工具使用户能够在物理和虚拟两方面持续洞察服务器环境。

5）加强了对位于远程位置（如分支办公室）的服务器的控制。通过优化的服务器管理和数据复制功能，为用户提供更好的服务，并可使管理工作变得轻松起来。

【拓展训练】

读者根据以上知识，独立完成以下任务：

为×××大学网络工程项目的服务器安装 Windows Server 2008 操作系统，并进行相关角色的添加和管理。

【分析和讨论】

（1）如何在 Windows Server 2008 中安装所需的服务器角色？

（2）如何使用 Windows Server 2008 中的控制台？

模块二 AD DS 域服务和活动目录

AD DS 域服务是 Windows Server 2008 的新增功能之一，其中包含了先前版本的活动目录所没有的新特性，使管理员能够更简单更安全地部署各种服务，并更有效地进行管理。本模块通过完成 Windows Server 2008 服务器 AD DS 域服务和活动目录的安装和配置，掌握网络服务器的部署。

任务 1 安装 Active Directory 域服务

【任务描述】

假设你是 A 公司职员，需在×××大学的校园网络工程项目中配置服务器，安装 Active Directory 域服务组件。

【任务目标】

掌握 Active Directory 域服务的安装。

【实施过程】

在 Windows Server 2008 系统中部署目录服务时，首先要安装 Active Directory 域服务组件，然后通过“服务器管理器”安装活动目录。而如果通过运行 dcpromo.exe 命令安装活动目录，则将在后台自动完成 Active Directory 域服务的安装。

（1）以管理员用户身份登录到 Windows Server 2008，依次单击“开始”→“管理工具”，打开“服务器管理器”窗口，如图 4-28 所示。

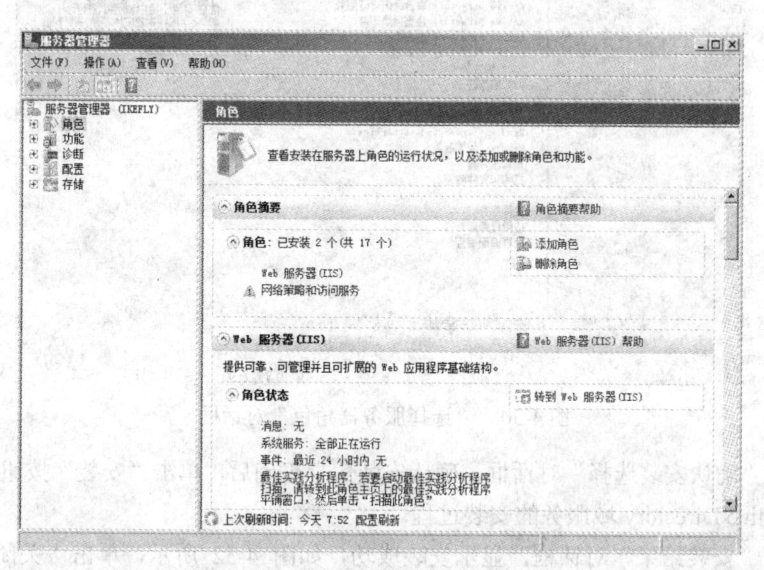

图 4-28 “服务器管理器”窗口

（2）单击“角色”区域中的“添加角色”链接，运行“添加角色向导”，弹出“开始之前”对话框，如图 4-29 所示。

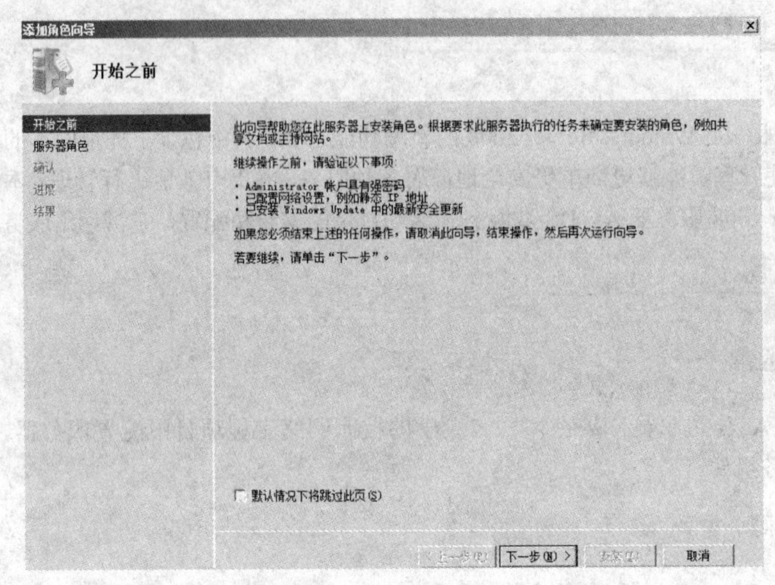

图 4-29 “开始之前”对话框

（3）单击“下一步”按钮，弹出“选择服务器角色”对话框，选中“Active Directory 域服务”复选框，如图 4-30 所示，单击“下一步”按钮。

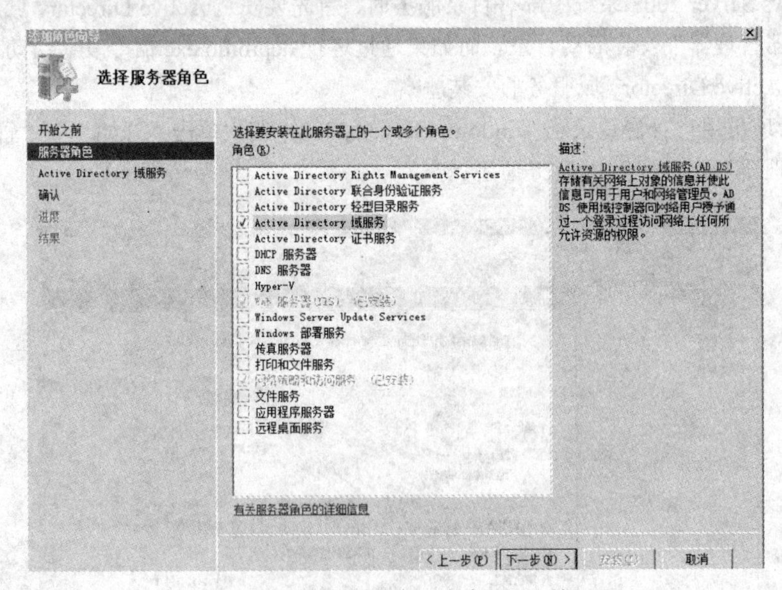

图 4-30 “选择服务器角色”对话框

（4）弹出“确认安装选择”对话框，确认安装信息正确后，单击“安装”按钮，如图 4-31 所示，即开始 Active Directory 域服务的安装过程。

（5）弹出“安装结果”对话框，显示安装成功，如图 4-32 所示，单击“关闭”按钮即完成 Active Directory 域服务的安装。

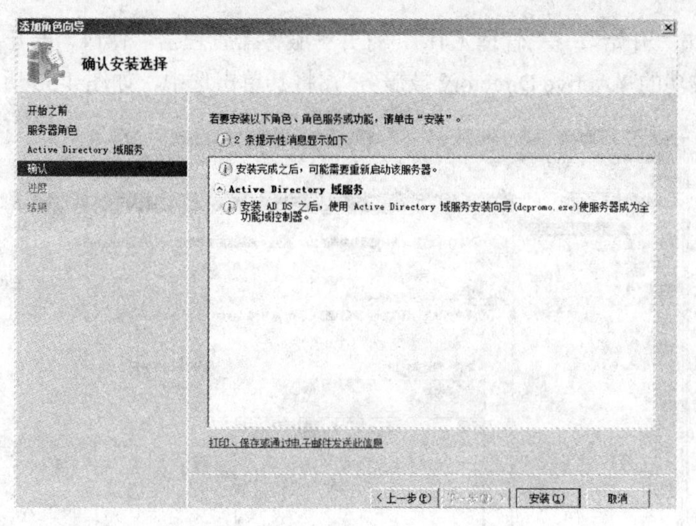

图 4-31 “确认安装选择”对话框

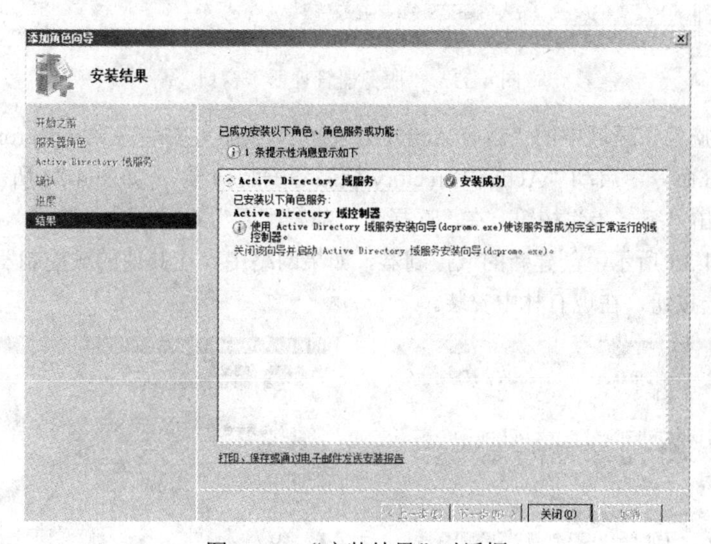

图 4-32 “安装结果”对话框

任务 2 安装活动目录

【任务描述】

假设你是 A 公司职员，需在×××大学的校园网络工程项目中配置服务器，安装活动目录。

【任务目标】

掌握活动目录的安装。

【实施过程】

安装完 Active Directory 域服务之后，即可开始安装 Active Directory。

（1）依次单击“开始”→“管理工具”，打开“服务器管理器”窗口，展开“角色”选项，即可看到已经安装成功的“Active Directory 域服务”，将其单击选中，如图 4-33 所示。

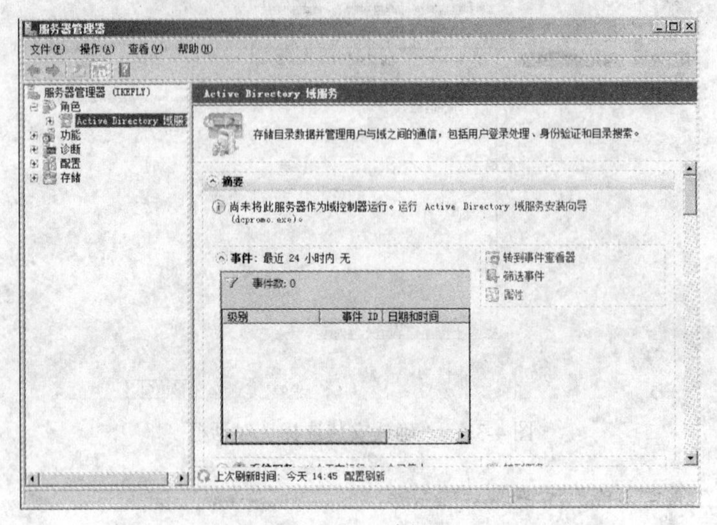

图 4-33 “服务器管理器”窗口

（2）单击“摘要”区域中的“运行 Active Directory 域服务安装向导（dcpromo.exe）”链接，或者运行 dcpromo 命令，启动“Active Directory 域服务安装向导”，如图 4-34 所示。

（3）连续单击“下一步”按钮，在“选择某一部署配置”对话框中，选择“在新林中新建域”单选按钮，如图 4-35 所示，创建新的域控制器。如果网络中存在其他的域控制器或林，则可以选择“现有林”单选按钮，在现有林中安装。

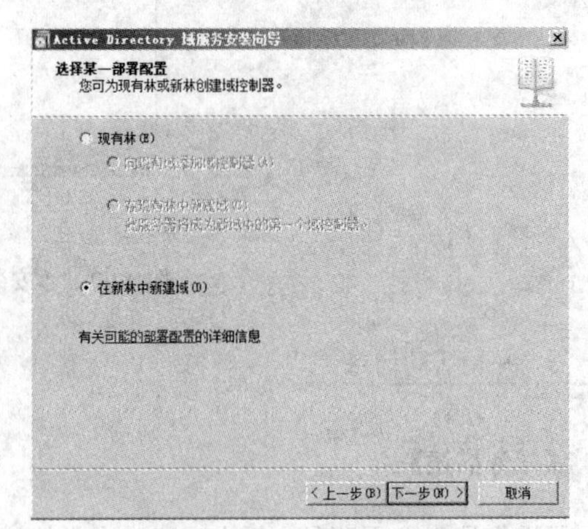

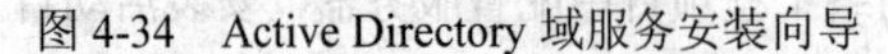

图 4-34 Active Directory 域服务安装向导　　图 4-35 “选择某一部署配置”对话框

（4）单击“下一步”按钮，在“目录林根级域的 FQDN”文本框中，输入林根域的域名，如 ike.net，如图 4-36 所示。林中第一台域控制器是根域，在根域下可以创建从属于根域的子域控制器。

（5）单击“下一步”按钮，设置林功能级别，选择“Windows Server 2003”，如图 4-37 所示，以提供 Windows Server 2003 平台以上的所有 Active Directory 功能。

（6）单击“下一步”按钮，设置域功能级别，选择“Windows Server 2003”，如图 4-38 所示，以提供 Windows Server 2003 平台以上的所有 Active Directory 功能。

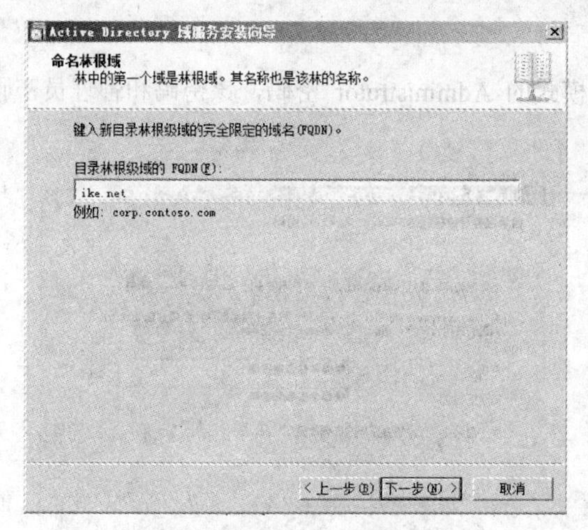

图 4-36　命名林根域

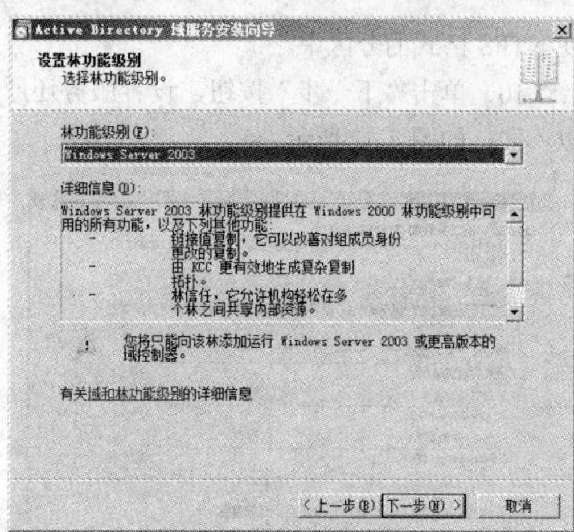

图 4-37　设置林功能级别

（7）单击“下一步”按钮，显示“其他域控制器选项”对话框。勾选“DNS 服务器”复选框，如图 4-39 所示，则在域控制器上同时安装 DNS 服务。

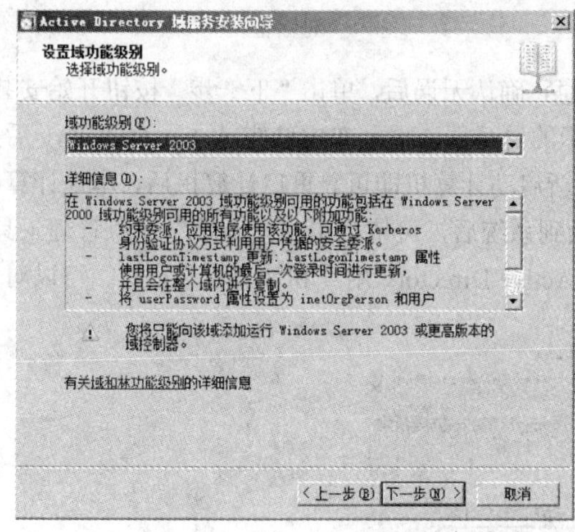

图 4-38　设置域功能级别

Active Directory 域服务安装向导
其他域控制器选项
为此域控制器选择其他选项。
DNS 服务器(D)
全局编录(G)
只读域控制器(RODC)(R)
其他信息(A):
林中的第一个域控制器必须是全局编录服务器且不能是 RODC。
建议您将 DNS 服务器服务安装在第一个域控制器上。
有关其他域控制器选项的详细信息
<上一步(B)
下一步(N)>
取消

图 4-39　“其他域控制器选项”对话框

（8）单击“下一步”按钮，开始检查 DNS 配置，并显示如图 4-40 所示的警告框，提示无法创建 DNS 区域的委派，单击“是”按钮即可。

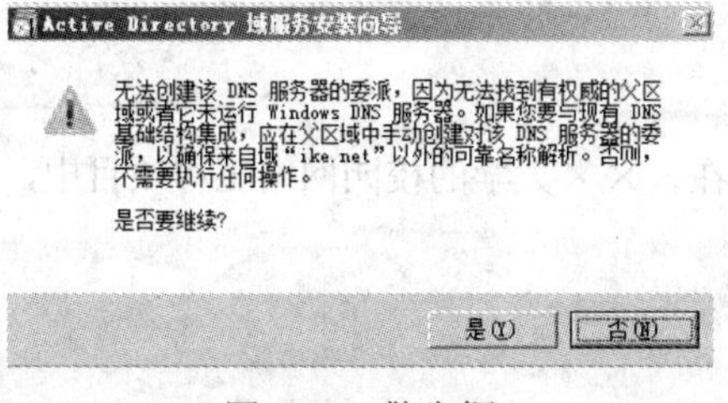

图 4-40　警告框

（9）弹出“数据库、日志文件和 SYSVOL 的位置”对话框，如图 4-41 所示，文件默认放置于 C:\Windows 文件夹下，不用修改，单击“下一步”即可。需要注意的是 SYSVOL 文件夹必须保存在 NTFS 格式的分区中。

（10）单击“下一步”按钮，设置服务还原模式的 Administrator 密码，该密码和管理员密码可以不同，如图 4-42 所示。

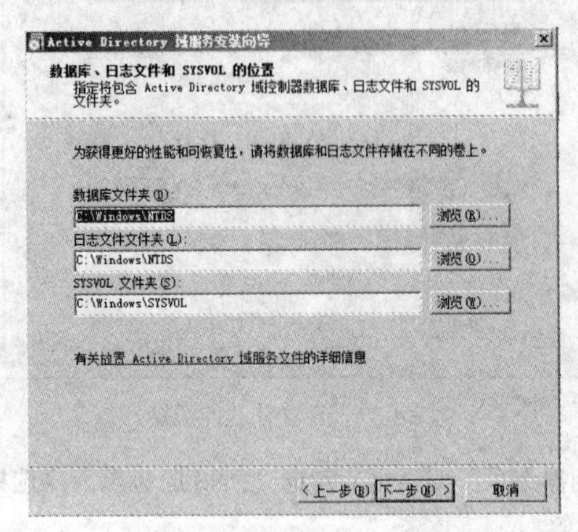

图 4-41 “数据库、日志文件和 SYSVOL 的位置”对话框

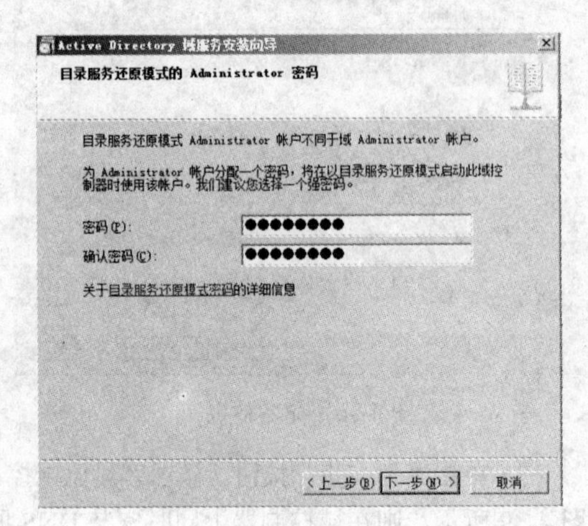

图 4-42 “目录服务还原模式的 Administrator 密码”对话框

（11）单击“下一步”按钮，提示安装摘要信息，确认无误后，单击“下一步”按钮开始安装。安装完成后单击“完成”按钮，显示如图 4-43 所示的对话框，提示在安装完 Active Directory 后必须重新启动服务器。单击“立即重新启动”按钮重新启动计算机即可。重启计算机后，本地计算机系统管理员账户将直接升级为域管理员账户。登录到系统后，可依次单击“开始”→“管理工具”→“Active Directory 用户和计算机”选项，打开“Active Directory 用户和计算机”窗口，可以对域中的所有用户账户进行管理。

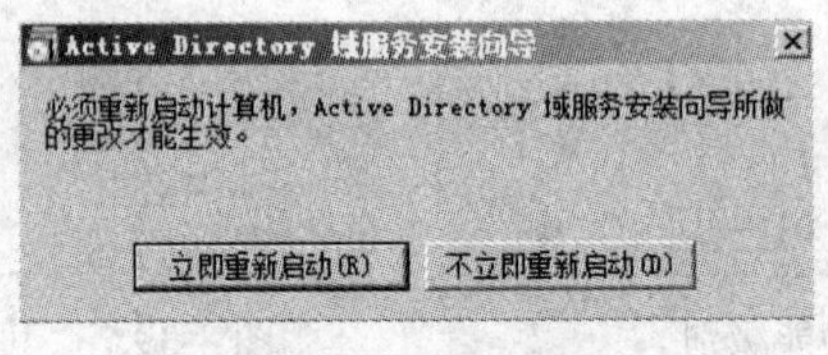

图 4-43 重启计算机

任务 3 活动目录的备份与恢复

【任务描述】

假设你是 A 公司职员，在×××大学的校园网络工程项目中，负责对学校网络管理员进行活动目录的备份和恢复的培训。

【任务目标】

掌握活动目录的备份和恢复。

【实施过程】

Active Directory 数据库是一个事务处理数据库系统。如果活动目录崩溃，对网络最直接的影响是网络用户不能直接登录、需要使用域用户方式验证访问的应用系统服务不能进行数据访问等。因此，网络管理需要定期备份活动目录数据库，当活动目录数据库出现问题时，可以通过备份的数据还原活动目录数据库。

1. 安装 Windows Server Backup 功能

（1）打开“服务器管理器”窗口，展开“功能”选项，单击“功能”窗口中的“添加功能”链接，如图 4-44 所示。

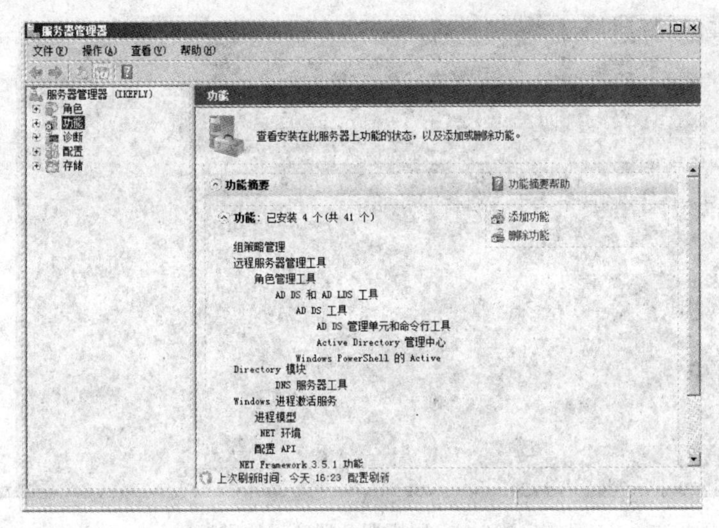

图 4-44 “服务器管理器”窗口

（2）在“选择功能”对话框中，勾选“Windows Server Backup 功能”复选框，如图 4-45 所示。系统默认没有勾选“命令行工具”复选框，需要手动勾选。单击“下一步”→“安装”按钮即可开始安装。

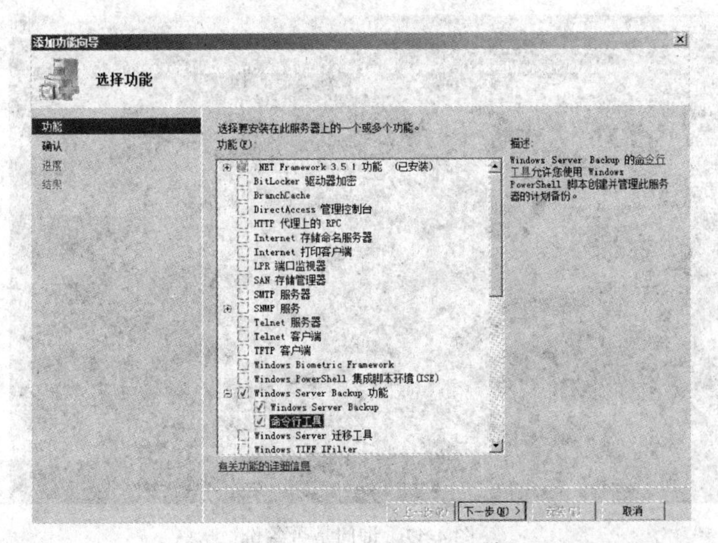

图 4-45 “选择功能”对话框

2. 备份和恢复活动目录数据库

活动目录是一种实时性数据库，其中包括 Ntds.dit（活动目录数据库）、Edb.log（事件日志）、

Temp.edb（记录数据库最后一个缓冲区的检查点文件和暂时性的数据库文件）等几个文件。

（1）备份。

步骤如下：

1）单击“开始”→“命令提示符”选项，打开“命令提示符”对话框，键入如下命令：

```
wbadmin get disks
```

按 Enter 键执行，显示服务器已经联机的磁盘，如图 4-46 所示。

图 4-46　显示服务器联机的磁盘

2）在命令提示符下键入如下命令：

```
wbadmin start systemstatebackup -backuptarget:d:
```

按 Enter 键执行，询问是否要将系统状态从 C 盘备份到 D 盘，如图 4-47 所示。

图 4-47　询问是否备份

3）键入 Y，按 Enter 键，创建需要备份的卷的卷影副本并搜索系统状态文件。搜索完成后，开始启动文件备份并显示备份进度，如图 4-48 所示，直到备份完成并创建备份文件日志。

```
管理员: 命令提示符 - wbadmin start systemstatebackup -backuptarget:d:
C:\Users\Administrator>wbadmin start systemstatebackup -backuptarget:d:
wbadmin 1.0 - 备份命令行工具
(C) 版权所有 2004 Microsoft Corp.

正在开始备份系统状态[2012/6/2 16:48]...
正在检索卷信息...
这会将系统状态从卷 系统保留 (100.00 MB),本地磁盘(C:) 备份到卷 d:。
是否要开始备份操作?
[Y] 是 [N] 否 y

为指定要备份的卷创建卷影副本...
为指定要备份的卷创建卷影副本...
为指定要备份的卷创建卷影副本...
正在识别要备份的系统状态文件，请稍候。
这可能需要几分钟时间...
找到(5305)文件。
找到(7978)文件。
找到(13266)文件。
找到(29276)文件。
找到(34018)文件。
找到(40150)文件。
找到(46641)文件。
找到(50653)文件。
找到(57984)文件。
```

图 4-48 开始备份

（2）恢复。

步骤如下：

1）重新启动系统，选择“目录还原模式”启动，并以系统管理员账户登录到本地计算机。打开“命令提示符”对话框，键入如下命令：

```
wbadmin get versions
```

按 Enter 键执行，显示 Active Directory 服务器的备份列表及版本标识符。

2）在命令行提示符下，键入如下命令：

```
wbadmin start systemstaterecovery -version: 版本标识符
```

执行系统状态恢复。当系统状态还原完成重启系统即可。

【知识链接】

1. 域的相关概念

（1）域（Domain）。

域既是 Windows Server 2008 网络系统的逻辑组织单元，也是 Internet 系统的逻辑组织单元。在 Windows Server 2008 中，域是安全边界，域管理员只能管理域的内部，除非其他的域显式地赋予它管理权限，才能够访问或管理其他的域。每个域都有自己的安全策略，以及它与其他域的安全信任关系。

实际上可以把域和工作组联系起来理解，在工作组上一切的设置（包括各种策略）必须在本机上进行，用户也需在本机上登录，密码是放在本机的数据库来验证的。而如果计算机加入域的话，各种策略是域控制器统一设定，用户名和密码也是放到域控制器去验证，也就是说用户账号密码可以在同一域的任意一台计算机登录。工作组是一群计算机的集合，它仅仅是一个逻辑的集合，计算机是各自管理的，要访问其中的计算机，还需到被访问的计算机才能实现用户验证。而域不同，域是一个有安全边界的计算机集合，在同一个域中的计算机彼此之间已经建立了信任关系，在域内访问其他机器，不再需要被访问机器的许可了。因为在加入域的时候，管理员为每个计算机在域中（可和用户不在同一域中）建立了一个计算机帐户，这个帐户和用户帐户一样，也有密码保护。计算机帐户的密码在域中被称为登录票据，它是由 DC（域控制器）上的 KDC 服务来颁发和维护的。为了保证系统的安全，KDC服务每30天会自动更新一次所有的票据，并把上次使用的票据记录下来，周而复始。也就是说服务器始终保存着2个票据，其有效时间是60天，60天后，上次使用的票据就会被系统丢弃。

（2）域控制器（Domain Controller，DC）。

在"域"模式下，至少有一台服务器负责每一台联入网络的电脑和用户的验证工作，相当于一个单位的门卫一样，这台服务器被称为域控制器。域控制器中包含了由这个域的账户、密码、属于这个域的计算机等信息构成的数据库。当电脑联入网络时，域控制器首先要鉴别这台电脑是否是属于这个域的，用户使用的登录账号是否存在、密码是否正确。如果以上信息有一样不正确，那么域控制器就会拒绝这个用户从这台电脑登录。不能登录，用户就不能访问服务器上有权限保护的资源，他只能以对等网用户的方式访问 Windows 共享出来的资源，这样就在一定程度上保护网络上的资源。要把一台电脑加入域，仅仅使它和服务器在"网上邻居"中能够相互"看"到是远远不够的，必须要由网络管理员进行相应的设置，把这台电脑加入到域中。

（3）域树。域树由多个域组成，这些域共享同一表结构和配置，形成一个连续的名字空间。树中的域通过信任关系连接起来，活动目录包含一个或多个域树。域树中的域层次越深级别越低，一个"."代表一个层次，如同一域树中域 Child.Microsoft.com 就比 Microsoft.com 这个域级别低，因为它有两个层次关系，而 Microsoft.com 只有一个层次。而域 Grandchild.Child.Microsoft.com 又比 Child.Microsoft.com 级别低。他们都属于同一个域树，Child.Microsoft.com 就是属于 Microsoft.com 的子域。

（4）域林。域林由一个或多个没有形成连续名字空间的域树组成，它与域树最明显的区别就在于域林之间没有形成连续的名字空间，而域树则由一些具有连续名字空间的域组成。但域林中的所有域树仍共享同一个表结构、配置和全局目录。域林中的所有域树通过 Kerberos 信任关系建立起来，所以每个域树都知道 Kerberos 信任关系，不同域树可以交叉引用其他域树中的对象。域林都有根域，域林的根域是域林中创建的第一个域，域林中所有域树的根域与域林的根域建立可传递的信任关系。比如可以创建与 benet.com.cn 同属于一个林的 accp.com.cn，它们就在同一个域林里。当创建第一个域控制器的时候，就创建了第一个域（也称林根域）和第一个林。林，是由一个或多个共享公共架构和全局编录的域组成，每个域都有单独的安全策略和与其他域的信任关系。一个单位可以有多个林。

2. Active Directory 域服务

Active Directory 域服务（AD DS）主要用于管理本地网络的活动目录。Windows Server 2008 系统中的 Active Directory 域服务功能更加强大，并增加了 Active Directory RMS 服务、Active Directory 联合身份验证服务、Active Directory 轻型目录服务和 Active Directory 证书服务等实用功能组件。

（1）管理员可以在系统运行状态下，停止或启动活动目录，以执行活动目录数据库脱机碎片整理等任务。同时，该功能使管理员能够在当前服务器上运行其他不依赖 AD DS 就能工作的其他服务，如 DHCP 等，在进行安全升级或脱机碎片整理时仍可用来应答客户端请求。默认情况下，AD DS 在运行 Windows Server 2008 的所有域控制器上都可用，使用此功能不存在任何功能级别的要求或其他任何先决条件。

（2）域控制器用于管理所有的网络访问，包括登录服务器、访问共享目录和资源等。域控制器中存储了域内的账户和策略信息，包括安全策略、用户身份验证信息和账户信息等。

在网络中，既可以有一个域服务器，也可以有多个域服务器。多个域服务器可以一起工作，分担用户的登录和访问，自动备份用户账户和活动目录数据，即使部分域控制器瘫痪仍然不会影响网络访问，从而提高网络的安全性和稳定性。除了提供容错功能外，因为多台域控制器可以分担审核用户登录身份的工作，因此，当网络中用户数量较多时，应当安装多台域控制器。

活动目录存储在域控制器内，当一台域控制器的活动目录发生变动后，这些变动的数据会被自动复制到其他域控制器的活动目录内。当用户登录域内的某台计算机时，由域控制器根据其活动目录内的账户数据来审核所输入的账户和密码是否正确。如果正确，用户就可以成功登录，否则将被拒绝登录。

3. 部署活动目录的意义

在网络中部署活动目录具有以下意义。

（1）简化管理。

域管理方式通常适用于大、中型企业网络或园区网，域管理员可以通过域控制器，将网络中的所有资源分门别类、有层次地组织在一起，进行统一管理和部署。域中的所有域控制器都是对等的，可以在任意一台域控制器上修改，更新的内容将被复制到该域中的所有其他域控制器。活动目录为管理网络上的所有资源提供一个单一入口，因而进一步简化了管理。

（2）提示安全性。

安全性通过登录身份验证及目录对象的访问控制集成在活动目录之中。通过单点网络登录，管理员可以管理分散在网络各处的目录数据和组织单元，经过授权的网络用户可以访问网络任意位置的资源。基于策略的管理简化了网络的管理，即便是那些最复杂的网络也是如此。

活动目录通过对象访问控制列表及用户凭据保护其存储的用户账户和组信息，因为活动目录不但可以保存用户凭据，而且可以保存访问控制信息，所以登录到网络上的用户既能获得身份验证，也可以获得访问系统资源所需要的权限。

（3）改进的性能与可靠性。

Windows Server 2008 能够更加有效地管理活动目录的复制与同步，不管是在域内还是在域间，管理员都可以更好地控制要在域控制器间进行同步的信息类型。

4. 安装活动目录前的准备

活动目录与许多协议和服务有着紧密的关系，并涉及到整个操作系统的结构和安全。

（1）文件系统和网络协议。

活动目录必须安装在 NTFS 分区，因此，要求 Windows Server 2008 所在的分区必须是 NTFS 系统。并且，必须正确安装网卡驱动程序，安装并启用 TCP/IP 协议，同时配置静态 IP 地址，如果希望把此域控制器发布到 Internet，则还必须指定有效的公网静态 IP 地址。

（2）规划域结构。

活动目录它可包含一个或多个域，只有合理地规划目录结构，才能充分发挥活动目录的优越性。选择根域最为关键，根域名字的选择可以有以下几种方案：

1）使用一个已经注册的 DNS 域名作为活动目录的根域名，使得企业的公共网络和私有网络使用同样的 DNS 名字。由于使用活动目录的意义之一就在于使内、外网络使用统一的目录服务，采用统一的命名方案，以方便网络管理和商务往来。

2）使用一个已经注册的 DNS 域名的子域名作为活动目录的根域名。

3）将需要发布到 Internet 的域控制器的 IP 地址，上传到域名管理机构，建立该 IP 地址与所使用域名的关联。

4）活动目录使用与已经注册的DNS域名完全不同的域名，使企业网络在内部和互联网上呈现两种完全不同的命名结构。

（3）域名策划。

目录域名通常是该域的完整DNS名称，如“ike.net”。同时，为了确保向下兼容，每个域应当有一个与以前版本相兼容的名称，如“ike”。

【拓展训练】

读者根据以上知识，独立完成以下任务：

为×××大学网络工程项目的服务器安装Windows Server 2008操作系统，并安装域服务和活动目录。

【分析和讨论】

（1）如何在Windows Server 2008中安装域服务？

（2）如何在Windows Server 2008中安装活动目录？

模块三 用户账户与组策略

用户账户是域中最基本的管理对象之一，通常与网络中的用户一一对应，可以被包含在组、组织单位等容器中，是进行权限分配、策略部署等网络统一管理的重要基础。组策略是管理员最常用的管理工具之一，是集中控制网络中用户和计算机的工作模式。本模块通过完成Windows Server 2008服务器用户账户和组策略的配置，掌握网络服务器的部署。

任务1 创建并设置域用户账户

【任务描述】

A公司承建×××大学校园网络工程项目，安装完服务器后，需要增加域用户账户。

【任务目标】

掌握创建域用户账户并进行设置。

【实施过程】

用户账户用于验证、授权或拒绝对资源的访问，并用于审核网络上个别用户的活动。用户账户与网络中的用户身份是一一对应的，当增加新用户或者用户身份发生变动时，就需要新建用户账户，或者对用户账户进行相应的修改。

1. 创建域用户账户

（1）以管理员用户账户登录服务器，依次选择“开始”→“管理工具”→“Active Directory用户和计算机”选项，在“Active Directory用户和计算机”窗口中的“ike.net（域名）”下的Users中保存域中的用户组和原来的用户名，如图4-49所示。

（2）右击 Users，在弹出的快捷菜单中依次选择“新建”→“用户”选项，显示如图 4-50 所示的“新建对象—用户”对话框。在此对话框中键入用户的基本信息，其中“姓名”及“用户登录名”文本框中必须输入内容。

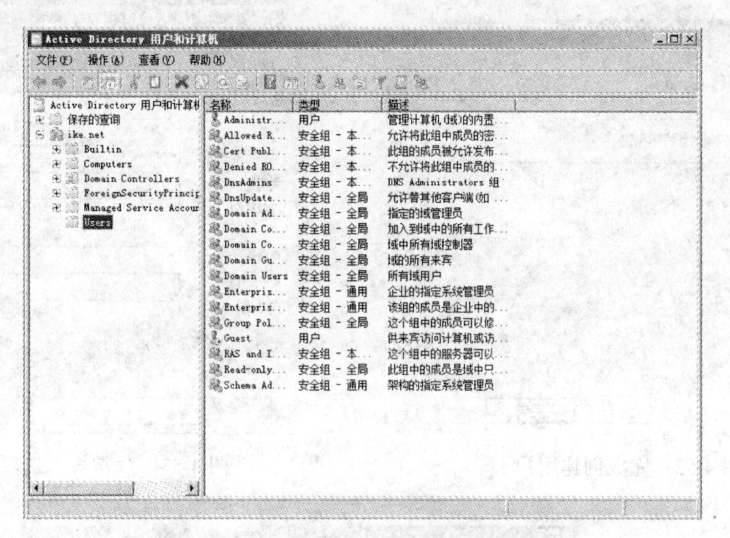

图 4-49　“Active Directory 用户和计算机”窗口

（3）单击“下一步”按钮，显示设置密码与登录属性对话框，注意用户密码必须符合 Windows 强密码的要求，根据实际情况设置用户的登录属性，如图 4-51 所示。

图 4-50　“新建对象—用户”对话框

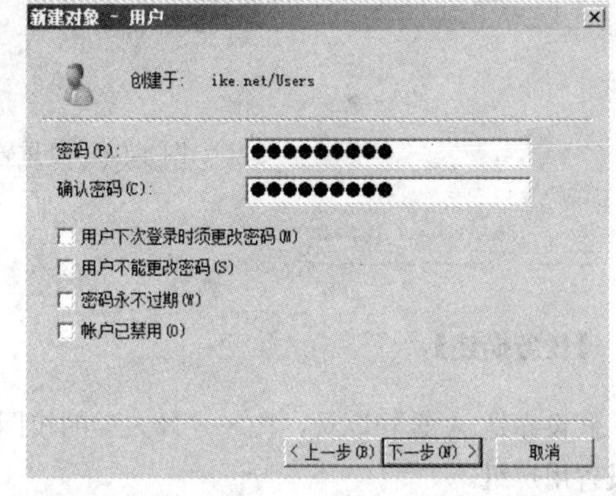

图 4-51　设置用户密码

（4）单击“下一步”→“完成”按钮，完成创建用户，如图 4-52 所示。

2. 设置用户账户属性

在 Users 容器中双击需要修改的用户名称，例如 wangdengke 用户，即可打开“wangdengke 属性”对话框，默认显示如图 4-53 所示的“常规”选项卡，根据需要可设置该账户的其他信息，如账户描述、办公室位置、电话号码、电子邮件地址和 Web 主页等。还可选择其他选项卡，对其他信息进行设置。

3. 修改登录密码

在 Users 容器中右击用户名称，在弹出的快捷菜单中选择“重设密码”选项，显示如图 4-54

所示的“重置密码”对话框，在文本框中输入新的密码即可。

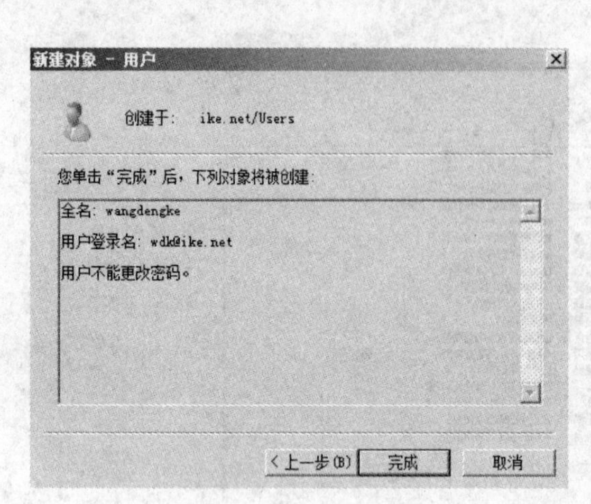

图 4-52　完成创建用户

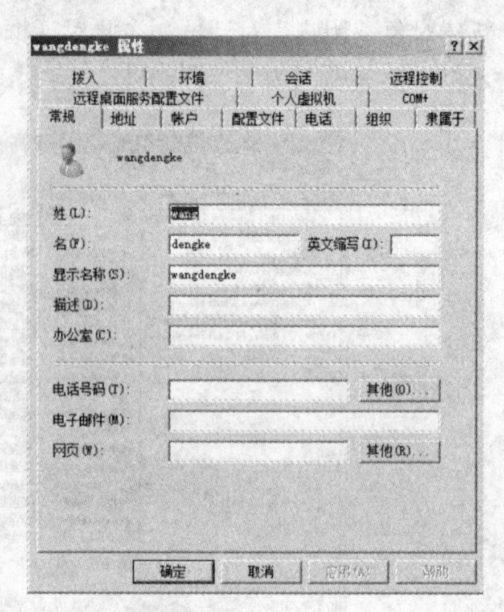

图 4-53　“常规”选项卡

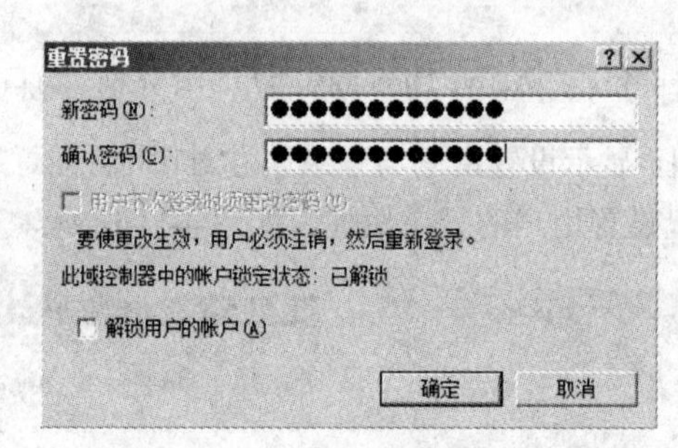

图 4-54　“重置密码”对话框

任务 2　创建并设置用户组

【任务描述】

假设你是 A 公司职员，在×××大学的校园网络工程项目中，在安装完服务器后，为其增加并设置用户组。

【任务目标】

掌握创建用户组并进行设置。

【实施过程】

创建用户组的主要目的是可以同时为多个用户设置相同权限，便于对用户账户进行管理。当为用户组设置权限时，所设置的权限将同时应用于用户组中的所有用户账户。

Active Directory 安装完成之后，会自动创建一些具有特殊权限的用户组，存储在 Builtin 容器和 Users 容器中。

（1）在“Active Directory 用户和计算机”窗口中，右击 Users，依次选择快捷菜单中的“新建”→“组”选项，打开“新建对象－组”对话框，如图 4-55 所示。在“组名”文本框中输入新用户组的名称；在“组作用域”选项区域中设置组的作用域；在“组类型”选项区域中选择组类型。

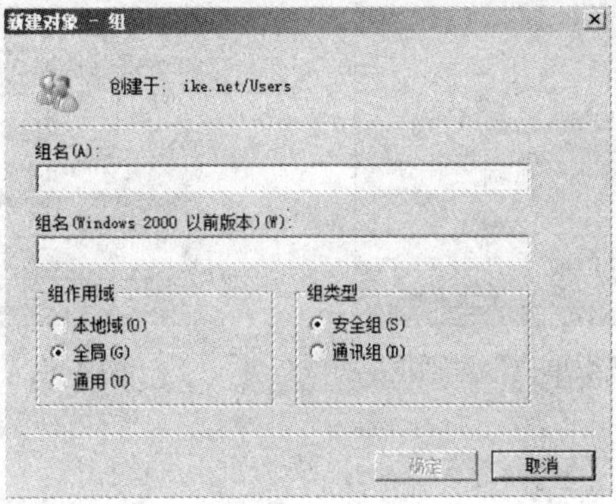

图 4-55 “新建对象－组”对话框

（2）单击“确定”按钮，用户组即创建完成。

任务 3 创建并设置 OU

【任务描述】

假设你是 A 公司职员，在×××大学校园网络工程项目中，为服务器安装域服务和活动目录后，为各部门增加并设置 OU。

【任务目标】

掌握创建 OU 并进行设置。

【实施过程】

OU（Organizational Unit，组织单位）是活动目录中，可以容纳用户账户、用户组、计算机、打印机等对象的一种特殊容器，是部署组策略或委派管理权限的最小控制单位。

创建新的 OU 主要是为了扩展网络规模，细化网络管理。在 OU 中可以同时包括其他 OU、计算机、用户、组等对象，在一个域中，这些 OU 及子 OU 组成一种层次结构。为了区分不同的 OU，不仅需要设置特定的名称，必要时还需要设置更为详细的相关信息。

（1）创建 OU。

以管理员用户账户登录服务器，依次选择“开始”→“管理工具”→“Active Directory 用户和计算机”选项，打开“Active Directory 用户和计算机”窗口，右击指定域控制器名称 ike.net 并依次选择快捷菜单中的“新建”→“组织单位”选项，打开如图 4-56 所示的“新建对象－组织单位”对话框。在“名称”文本框中键入 OU 名称“数学教研室”，单击“确定”按钮即可。

（2）设置 OU 属性。

右击要设置属性的 OU（数学教研室），选择快捷菜单中的“属性”选项，显示如图 4-57 所示的“数学教研室属性”对话框的“常规”选项卡，可以为 OU 设置详细的说明信息。

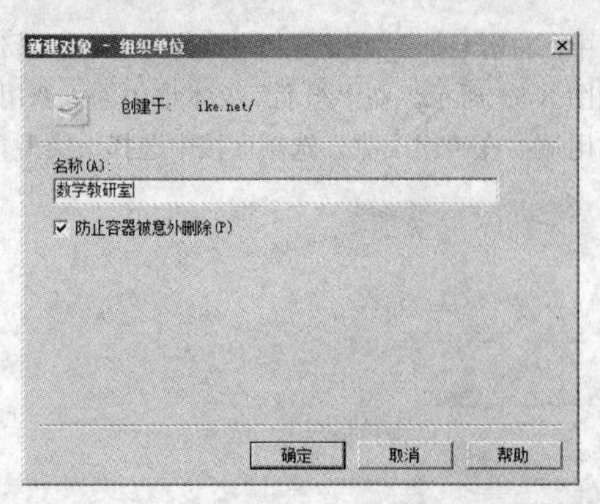

图 4-56 “新建对象－组织单位”对话框

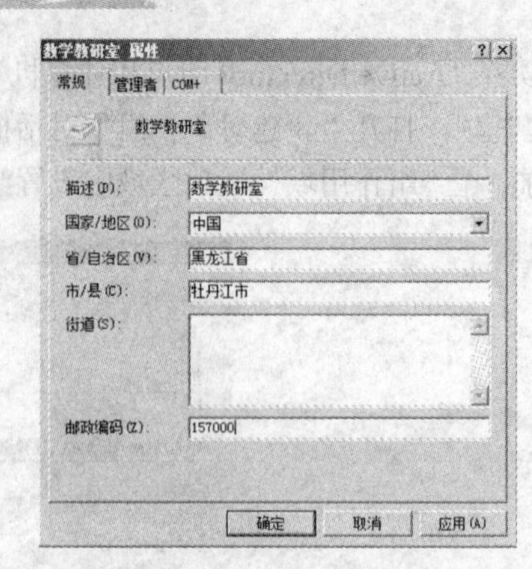

图 4-57 “常规”选项卡

任务 4 将 Windows 客户端加入域

【任务描述】

假设你是 A 公司职员，在×××大学的校园网络工程项目中，在安装完服务器后，对服务器进行设置，并将客户端加入域，接受域的统一管理。

【任务目标】

将 Windows XP 添加到域。

【实施过程】

（1）使用具有管理员权限的账户登录系统，右击“我的电脑”图标，选择快捷菜单中的“属性”选项，显示“系统属性”对话框，打开“计算机名”选项卡，如图 4-58 所示。

（2）单击“更改”按钮，显示如图 4-59 所示的“计算机名称更改”对话框。选择“域”单选按钮，并在文本框中输入域控制器名称 ike.net。

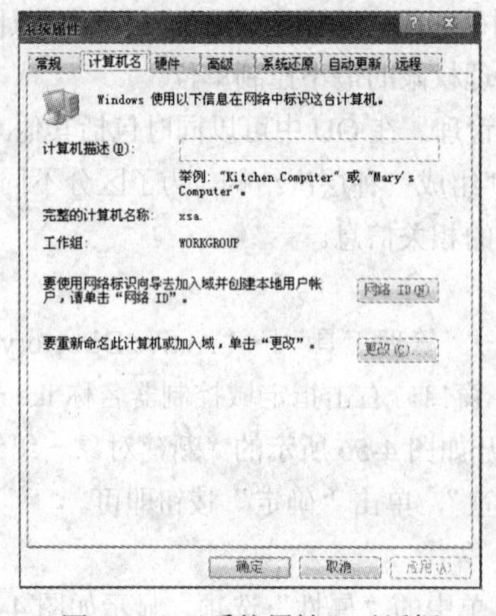

图 4-58 “系统属性”对话框

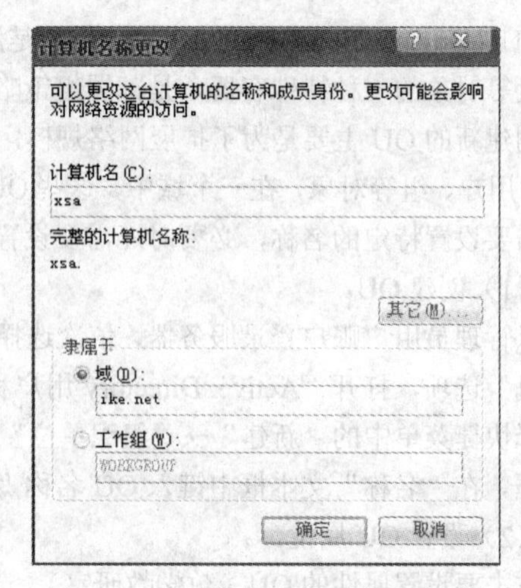

图 4-59 “计算机名称更改”对话框

（3）单击“确定”按钮，显示如图 4-60 所示的登录对话框，键入具有加入域权限的用户名和密码。

（4）单击“确定”按钮，显示如图 4-61 所示的对话框，提示加入域成功。

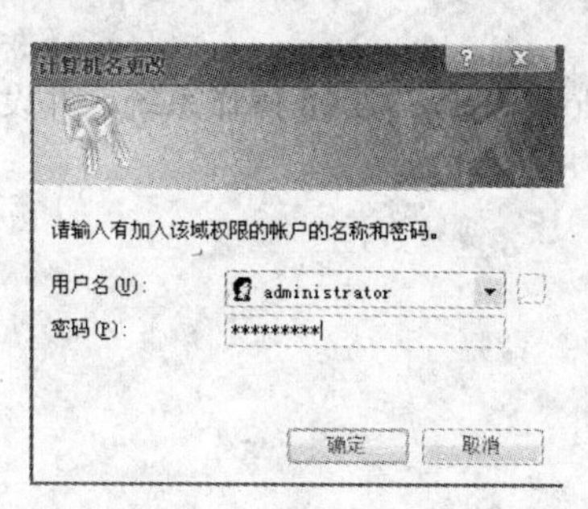

图 4-60 “计算机名更改”对话框

图 4-61 加入域成功

【知识链接】

1. 系统默认组

系统默认组是创建 Active Directory 域时自动创建的安全组。使用这些预定义的组可以帮助用户控制对共享资源的访问，并委派特定的域范围的管理角色。

许多默认组被自动指派一组用户权利，授权组中的成员执行域中的特定操作，例如登录到本地系统或备份文件和文件夹。例如，Backup Operators 组的成员有权对域中的所有域控制器执行备份操作。当将用户添加到组中时，用户将接受指派给该组的所有用户权利以及指派给该组的有关共享资源的所有权限。

可以通过使用 Active Directory 用户和计算机来管理组。默认组位于 Builtin 容器和 Users 容器中。Builtin 容器包含用本地域作用域定义的组。Users 容器包含通过全局作用域定义的组和通过本地域作用域定义的组。可将这些容器中的组移动到域中的其他组或组织单位，但不能将它们移动到其他域。

作为安全性的最佳操作，建议具有广泛的管理访问权限的默认组成员使用“运行方式”执行管理任务。

2. OU（Organizational Unit，组织单位）

OU 是可以将用户、组、计算机和其他组织单位放入其中的 AD 容器，是可以指派组策略设置或委派管理权限的最小作用域或单元。通俗一点说，如果把 AD 比作一个公司的话，那么每个 OU 就是一个相对独立的部门。

为了有效地组织活动目录对象，根据公司业务模式的不同来创建不同的 OU 层次结构。以下是几种常见的设计方法。

（1）基于部门的 OU，为了和公司的组织结构相同，OU 可以基于公司内部的各种各样的业务功能部门创建，如行政部、人事部、工程部、财务部等。

（2）基于地理位置的 OU，可以为每一个地理位置创建 OU，如北京、上海、广州等。

（3）基于对象类型的 OU，在活动目录中可以将各种对象分类，为每一类对象建立 OU，如根据用户、计算机、打印机、共享文件夹等。同时在单域结构里一个 OU 下还可以创建子 OU，其权限也继承于其父 OU，如在父 OU 下设置屏蔽“搜索”，子 OU 下设置屏蔽“运行”，则子 OU 的用户“运行”和“搜索”都被屏蔽了。

【拓展训练】

读者根据以上知识，独立完成以下任务：

在×××大学网络工程项目中，为服务器安装 Windows Server 2008 操作系统，并设置用户账户和组策略。

【分析和讨论】

（1）如何在 Windows Server 2008 中创建 OU？

（2）如何将 Windows 客户端加入域？

模块四　DNS 服务的搭建和配置

DNS 服务系统的主要功能就是将复杂抽象的 IP 地址，用一个形象的域名来代替，用户访问主机时，只需输入域名，而不用输入繁琐的 IP 地址，从而方便用户的访问。如今，大部分发布到 Internet 中的服务器，如 Web、FTP、E-mail 等都是使用 DNS 域名。本模块通过完成 Windows Server 2008 服务器 DNS 服务的搭建和配置，掌握网络服务器的部署。

任务 1　安装 DNS 服务器

【任务描述】

假设你是 A 公司职员，在×××大学的校园网络工程项目中，在安装完一台服务器后，将其配置为 DNS 服务器。

【任务目标】

掌握 DNS 服务器的安装。

【实施过程】

在配置 DNS 服务器前，首先要确定计算机是否满足 DNS 服务器对硬件配置的最低需求。

在网络中部署安装活动目录的任务过程中，我们已经选择将活动目录和 DNS 服务器同时安装。如果需要单独安装 DNS 服务器，可以手动添加。

操作步骤：

（1）确定网络中需要的 DNS 服务器的数量及其各自的作用。根据通信负载、容错问题，确定在网络中放置 DNS 服务器的位置。

（2）以管理员账号登录到 Windows Server 2008 系统，运行“添加角色向导”。在“选择服务器角色”对话框中，从“角色”列表框中勾选“DNS 服务器”复选框。依次单击“下一步”，即可完成 DNS 服务器的安装。

任务 2 添加正向查找区域

【任务描述】

假设你是 A 公司职员，在×××大学的校园网络工程项目中，配置 DNS 服务器，添加正向查找区域。

【任务目标】

掌握 DNS 的配置。

【实施过程】

为使 DNS 服务器能够将域名解析成 IP 地址，必须先向 DNS 区域中添加正向查找区域，具体步骤介绍如下。

（1）单击“开始”→“管理工具”→DNS，打开“DNS 管理器”窗口，如图 4-62 所示，展开左侧目录树，选择“正向查找区域”选项。

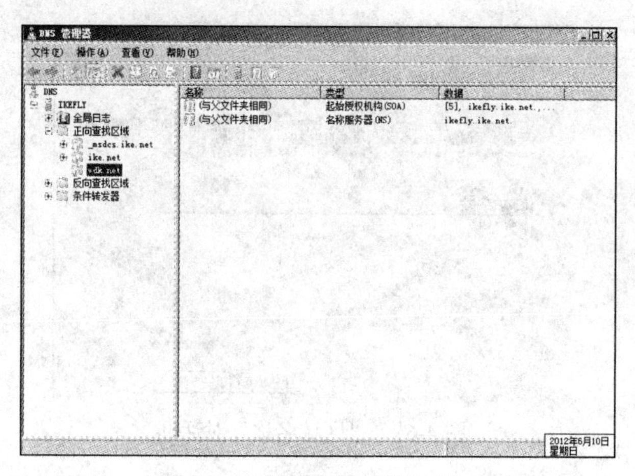

图 4-62 “DNS 管理器”窗口

（2）右击“正向查找区域”，在弹出的快捷菜单中选择“新建区域”选项，运行“新建区域向导”，如图 4-63 所示。

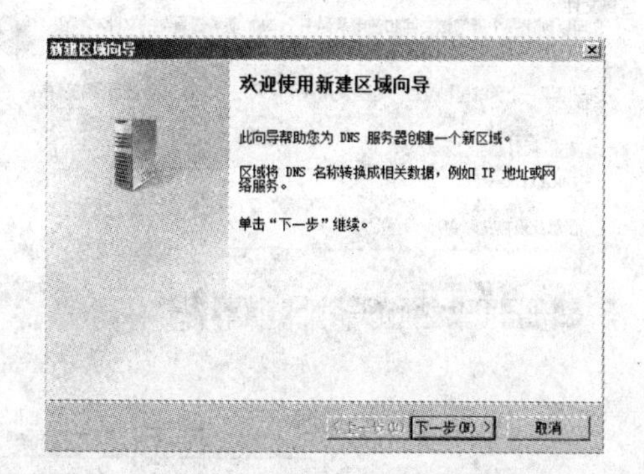

图 4-63 新建区域向导

（3）单击“下一步”按钮，在弹出的“区域类型”对话框中选择要创建的区域类型。这里选择“主要区域”单选按钮，如图 4-64 所示。

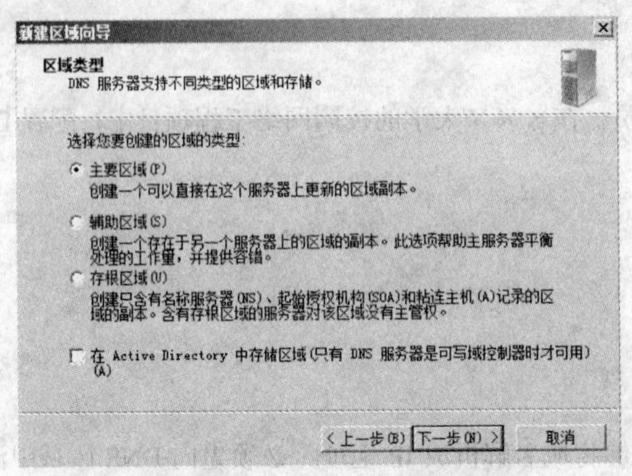

图 4-64　“区域类型”对话框

（4）单击“下一步”按钮，在弹出的“区域名称”对话框中输入创建区域的名称，如图 4-65 所示。

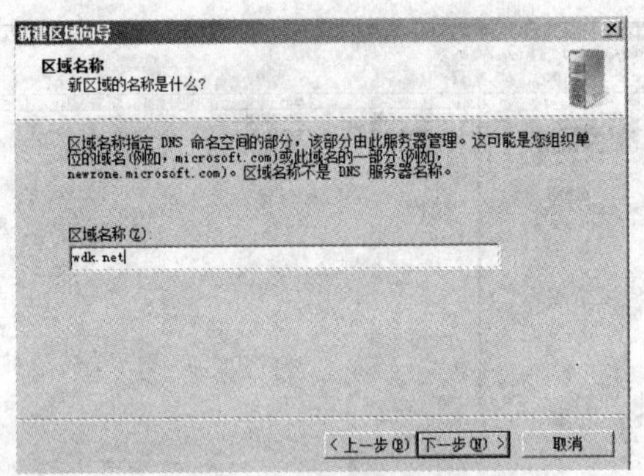

图 4-65　“区域名称”对话框

（5）单击“下一步”按钮，在弹出的“区域文件”对话框中，选择“创建新文件，文件名为:”单选按钮，文件名默认即可，如图 4-66 所示。

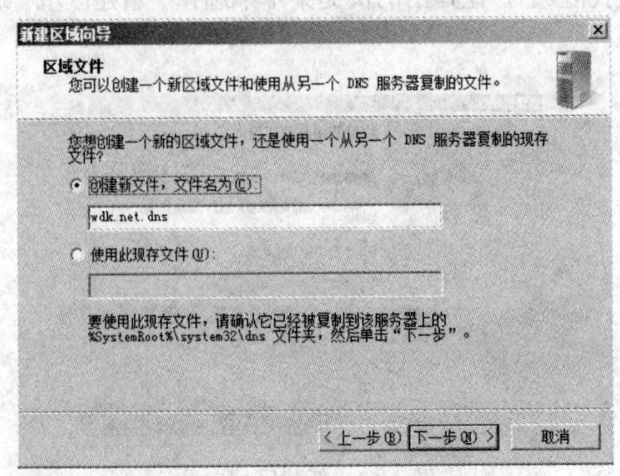

图 4-66　“区域文件”对话框

（6）单击“下一步”按钮，弹出“动态更新”对话框，选择“不允许动态更新”单选按钮，如图 4-67 所示。

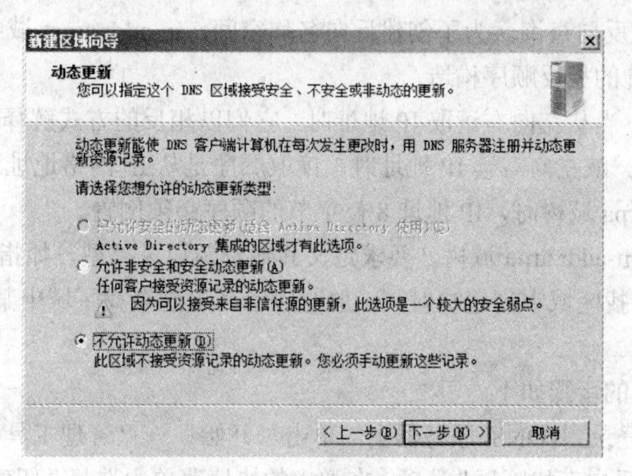

图 4-67 “动态更新”对话框

（7）单击“下一步”→“完成”按钮，即可完成新建区域向导，如图 4-68 所示。

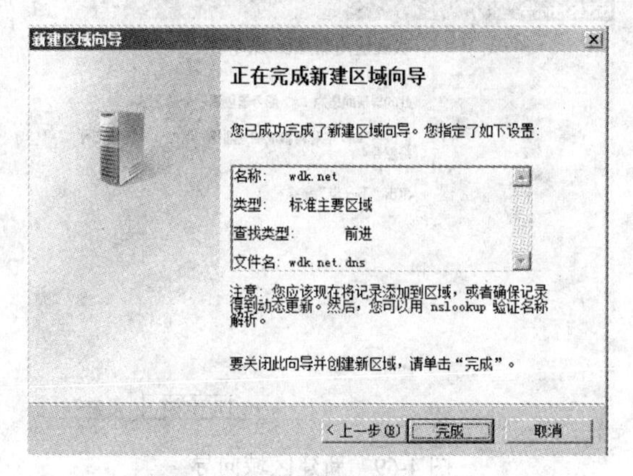

图 4-68 完成新建区域向导

任务 3 添加反向查找区域

【任务描述】

假设你是 A 公司职员，在×××大学的校园网络工程项目中，配置 DNS 服务器，添加反向查找区域。

【任务目标】

掌握 DNS 的配置。

【实施过程】

在大部分的 DNS 查找中，客户端一般执行正向查找。正向查找是基于存储在地址资源记录中的另一台计算机的 DNS 名称的搜索。这类查询希望将 IP 地址作为应答的资源数据。DNS 也提供反向查找过程，允许客户端在名称查询期间使用已知的 IP 地址查找计算机名。

在 DNS 标准中定义了特殊域“in-addr.arpa”，并将其保留在 Internet DNS 名称空间中，以便提供切实可靠的方式执行反向查询。为了创建反向名称空间，in-addr.arpa 域中的子域按照点分十进制表示法编号的 IP 地址的相反顺序构造。

与 DNS 名称不同，当从左向右读取 IP 地址时，它们以相反的方式解释，所以需要将域中的每 8 位字节数值反序排列。从左向右读 IP 地址时，读取顺序是从 IP 网络地址到最后的 IP 主机地址。因此，在创建 in-addr.arpa 域树时，IP 地址 8 位字节的顺序必须倒置。

在 DNS 中建立的 in-addr.arpa 域树，要求定义其他资源记录类型，如指针（PTR）资源记录。这种记录用于在反向查找区域中创建映射，一般对应于其正向查找区域中某一主机的 DNS 计算机名的主机命名资源记录。

添加反向查找区域的步骤如下。

（1）以管理账号登录到 DNS 服务器上，单击“开始”→“管理工具”→DNS，打开“DNS 管理器”窗口，右击“反向查找区域”选项，在弹出的快捷菜单中选择“新建区域”选项，运行“新建区域向导”，如图 4-69 所示。

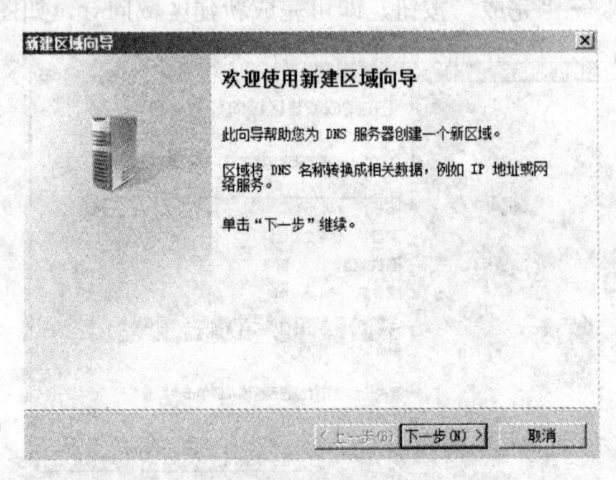

图 4-69　新建区域向导

（2）单击“下一步”按钮，弹出“区域类型”对话框，指定区域的类型为“主要区域”，取消勾选“在 Active Directory 中存储区域（只有 DNS 服务器是可写域控制器时才可用）”，这样 DNS 就不和 AD 集成使用，如图 4-70 所示。

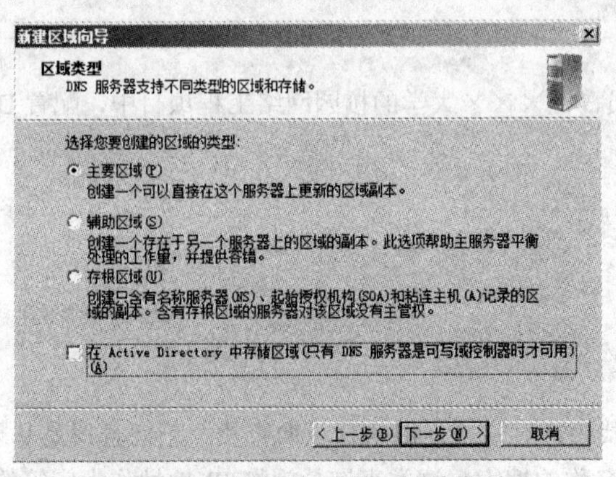

图 4-70　选择要创建的区域的类型

（3）单击“下一步”按钮，打开“反向查找区域名称”对话框，选择是否要为 IPv4 或 IPv6 地址创建反向查找区域，这里选择“IPv4 反向查找区域”单选按钮，如图 4-71 所示。

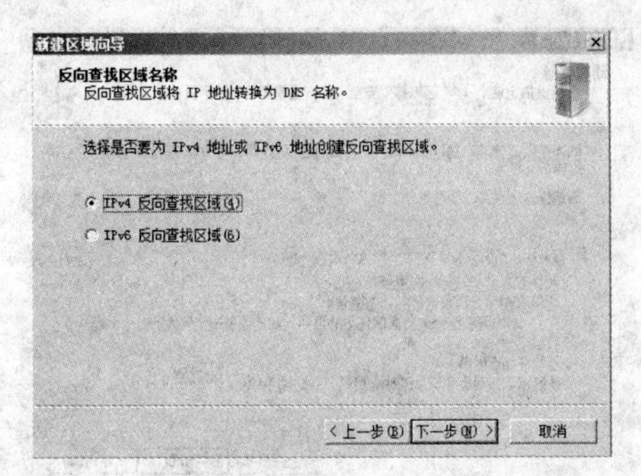

图 4-71　选择是否要为 IPv4 或 IPv6 创建反向查找区域

（4）单击“下一步”按钮，输入反向查找区域的网络 ID，这里输入“192.168.3”，如图 4-72 所示。

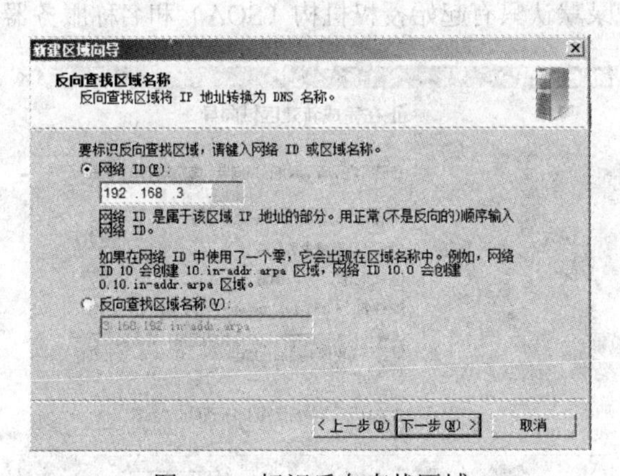

图 4-72　标识反向查找区域

（5）单击“下一步”按钮，打开“区域文件”对话框，如图 4-73 所示。这里默认选择“创建新文件，文件名为:”单选按钮，并在下方的文本框中输入 3.168.192.in-addr.arpa.dns。

新建区域向导
区域文件
您可以创建一个新区域文件和使用从另一个 DNS 服务器复制的文件。
您想创建一个新的区域文件，还是使用一个从另一个 DNS 服务器复制的现存文件?
创建新文件，文件名为(C):
3.168.192.in-addr.arpa.dns
使用此现存文件(U):
要使用此现存文件，请确认它已经被复制到该服务器上的 %SystemRoot%\system32\dns 文件夹，然后单击“下一步”。
< 上一步(B)　下一步(N) >　取消

图 4-73　“区域文件”对话框

（6）单击“下一步”按钮，打开“动态更新”对话框，选择“不允许动态更新”单选按钮，如图 4-74 所示。

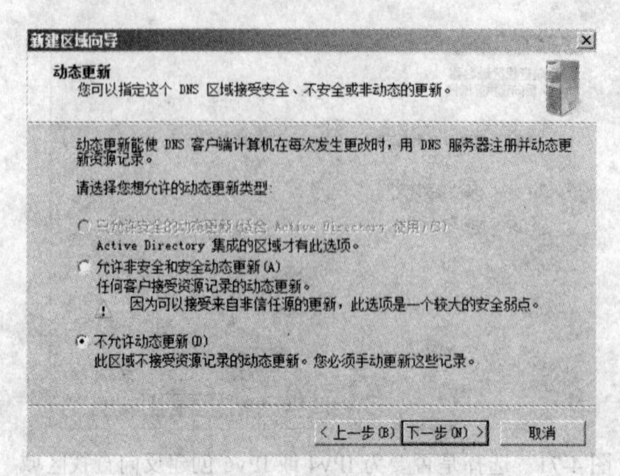

图 4-74　“动态更新”对话框

（7）单击“下一步”按钮，打开如图 4-75 所示对话框。单击“完成”按钮，反向区域创建完成，创建完的区域资源记录默认只有起始授权机构（SOA）和名称服务器（NS）记录。

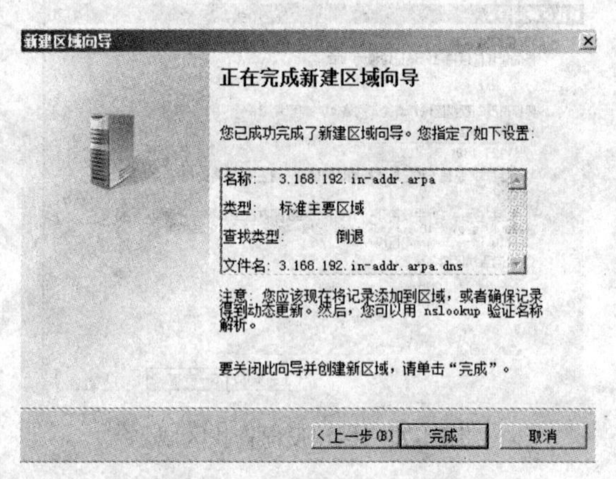

图 4-75　反向区域创建完成

任务 4　添加 DNS 记录

【任务描述】

A 公司承接×××大学校园网络工程，现需要配置 DNS 服务器，添加 DNS 记录。

【任务目标】

掌握 DNS 的配置。

【实施过程】

DNS 服务器配置完成以后，要为所属的域提供域名解析服务，还必须先向 DNS 域中添加各种

DNS 记录，如 Web、FTP 等使用 DNS 域名的网站等，都需要添加 DNS 记录来实现域名解析。

1. 添加主机记录

（1）单击“开始”→“管理工具”→DNS，打开“DNS 管理器”窗口，在“正向查找区域”中选择要创建主机记录的区域，这里选择 wdk.net，如图 4-76 所示。

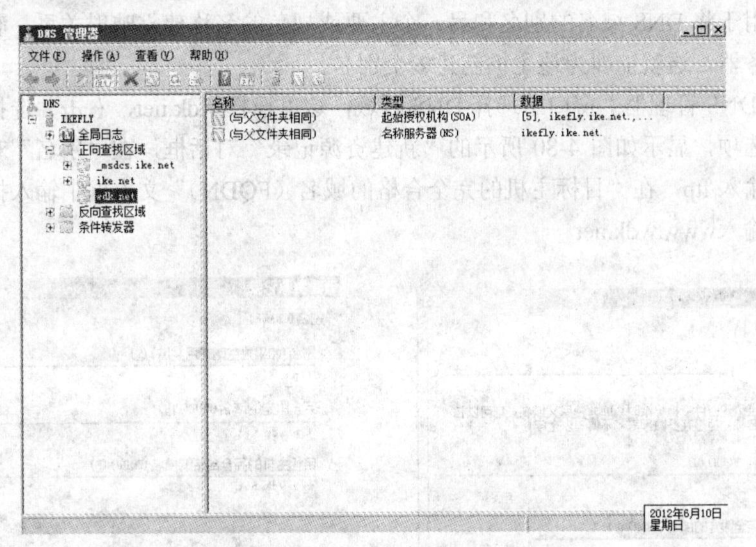

图 4-76 选择区域（wdk.net）

（2）右击 wdk.net 并选择快捷菜单中的“新建主机”选项，显示“新建主机”对话框，输入名称和 IP 地址，如图 4-77 所示。

（3）单击“添加主机”→“确定”按钮，弹出如图 4-78 所示的对话框，完成添加主机记录。

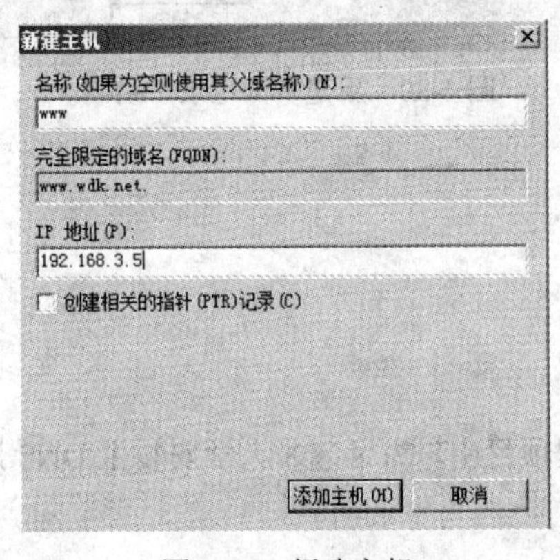

图 4-77 新建主机

图 4-78 成功地创建

2. 添加邮件交换器（MX）记录

邮件交换器（MX）资源记录为电子邮件服务专用，用来表示所属邮件服务器的 IP 地址。用户在使用邮件程序发送邮件时，根据收信人地址后缀，向 DNS 服务器查询邮件交换器资源记录，从而定位到接收邮件的服务器。

（1）在“DNS 管理器”窗口中选择 DNS 区域（wdk.net)，右击并在快捷菜单中选择“新建邮件交换器（MX）”选项，显示如图 4-79 所示的“新建资源记录”对话框。“主机或子域”文本框保留为空。在“邮件服务器的完全限定的域名（FQDN）”文本框中输入 pop.wdk.net。在“邮件服务器优先级”文本框中输入优先级，这里保持默认值 10 即可。

（2）单击“确定”按钮，邮件服务器添加成功。

3. 添加别名记录

别名记录用于将 DNS 域名的别名和另一个主要或规范的名称建立映射关系。有时一台主机可能担当多个服务器，这就需要为该主机创建多个别名。

（1）在“DNS 管理器”窗口中选择 DNS 区域，这里选择 wdk.net，右击并选择快捷菜单中的“新建别名”选项，显示如图 4-80 所示的“新建资源记录”对话框，在“别名”对话框中键入主机别名，这里输入 ftp，在“目标主机的完全合格的域名（FQDN）”文本框中输入指派该别名的主机名称，这里输入www.wdk.net。

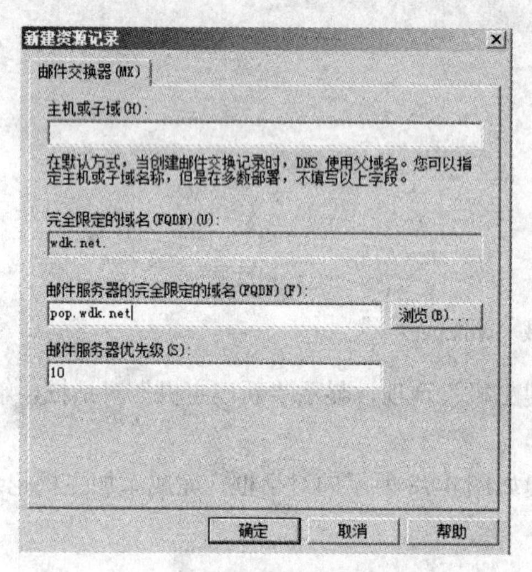

图 4-79 新建资源记录—邮件交换器

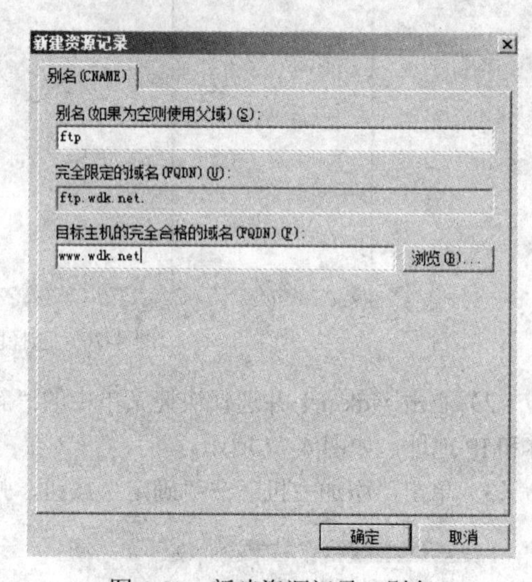

图 4-80 新建资源记录—别名

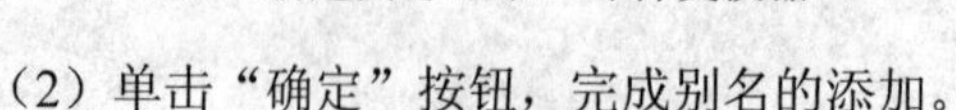

（2）单击“确定”按钮，完成别名的添加。

任务 5 安装辅助 DNS 服务器

【任务描述】

你作为 A 公司职员，在×××大学的校园网络工程项目中，为×××大学安装主 DNS 服务器后，为其安装和配置辅助 DNS 服务器。

【任务目标】

掌握辅助 DNS 服务器的安装和配置。

【实施过程】

为了避免由于 DNS 服务器故障导致 DNS 解析失败，通常安装两台 DNS 服务器。当主 DNS 服务器正常运行时，辅助服务器只起到备份作用，而一旦主 DNS 服务器发生故障，辅助 DNS 服务器便立即承担起 DNS 解析服务，接替主 DNS 服务器的工作。

1. 安装和配置辅助 DNS 服务器

（1）以管理员账户登录辅助 DNS 服务器，安装 DNS 服务，安装步骤见模块四任务 1。

（2）单击“开始”→“管理工具”→DNS，打开辅助 DNS 服务器的“DNS 管理器”窗口，右击“正向查找区域”选项，选择快捷菜单中的“新建区域”选项，运行“新建区域向导”，如图 4-81 所示。

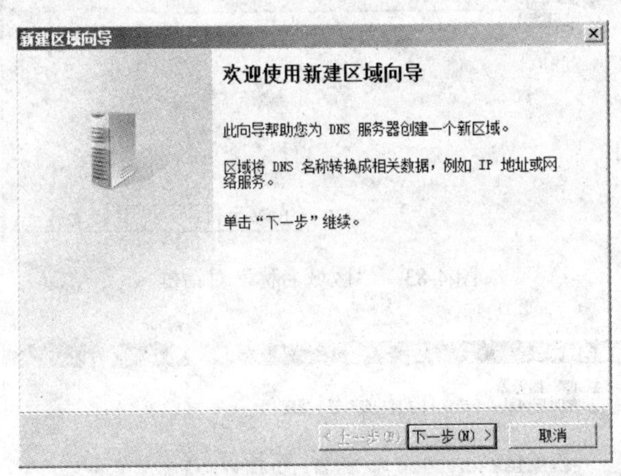

图 4-81　新建区域向导

（3）单击“下一步”按钮，在“区域类型”对话框中选择“辅助区域”单选按钮，如图 4-82 所示。

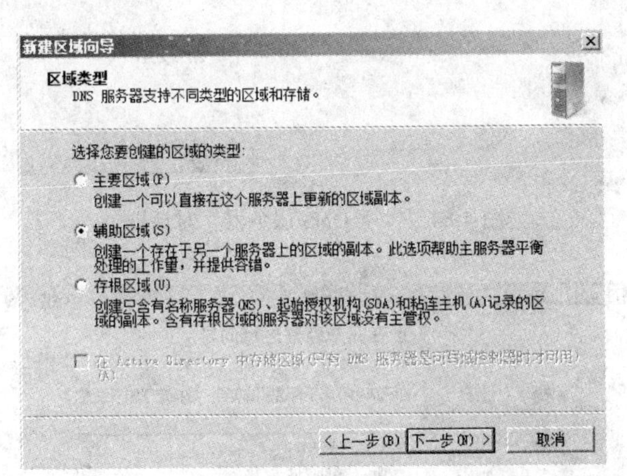

图 4-82　区域类型

（4）单击“下一步”按钮，在“区域名称”文本框中输入创建辅助区域的域名，注意该名称应与主 DNS 服务器上的 DNS 域名相同，如图 4-83 所示。

（5）单击“下一步”按钮，在“主 DNS 服务器”对话框中输入主 DNS 服务器的 IP 地址或名称，如图 4-84 所示。

（6）单击“下一步”→“完成”按钮，如图 4-85 所示，完成辅助 DNS 服务器的设置。

2. 配置主 DNS 服务器

配置辅助 DNS 服务器的同时，需要在主 DNS 服务器上添加允许传送的辅助 DNS 服务器的地址，并设置“通知”，使主 DNS 服务器能够自动通知辅助 DNS 服务器。

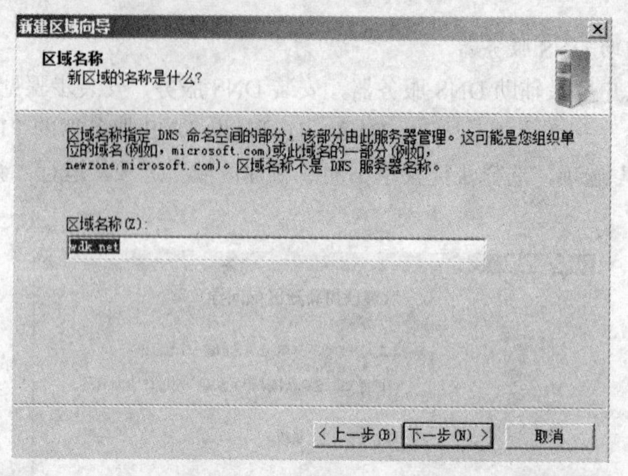

图 4-83 “区域名称”对话框

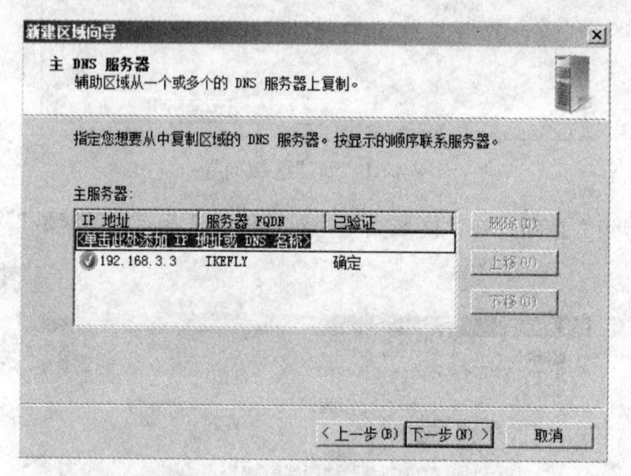

图 4-84 “主 DNS 服务器”对话框

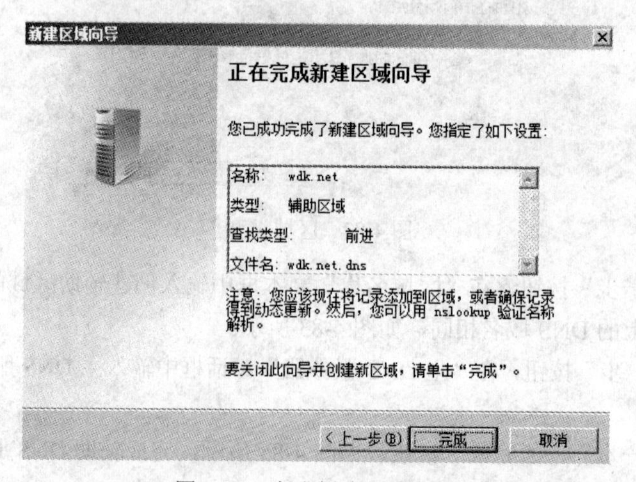

图 4-85 完成新建区域向导

（1）使用管理员账号登录到主 DNS 服务器，打开“DNS 管理器”窗口，打开欲设置的 DNS

区域，这里选择 wdk.net，右击选择“属性”选项，弹出“wdk.net 属性”对话框，如图 4-86 所示。

（2）选择“区域传送”选项卡，勾选“允许区域传送”→“只允许到下列服务器”，单击“编辑”按钮，在如图 4-87 所示的对话框中输入辅助服务器的 IP 地址。

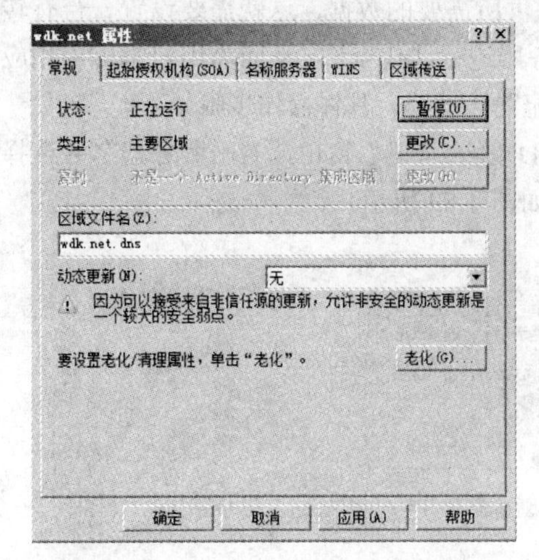

图 4-86 “wdk.net 属性”对话框

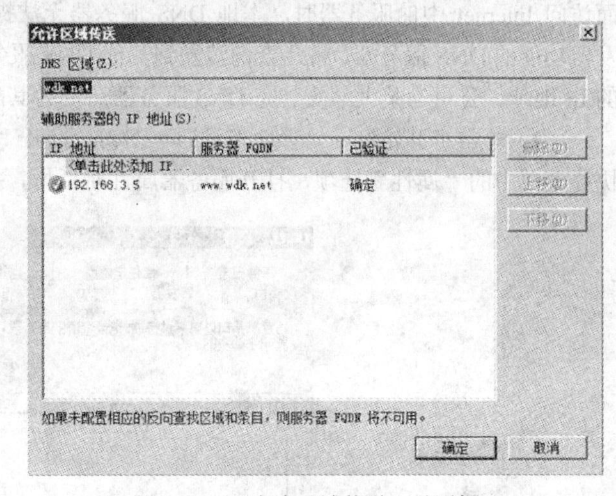

图 4-87 “允许区域传送”对话框

（3）单击“确定”按钮，回到“区域传送”选项卡，如图 4-88 所示，单击“确定”按钮，完成在主 DNS 服务器上的设置。

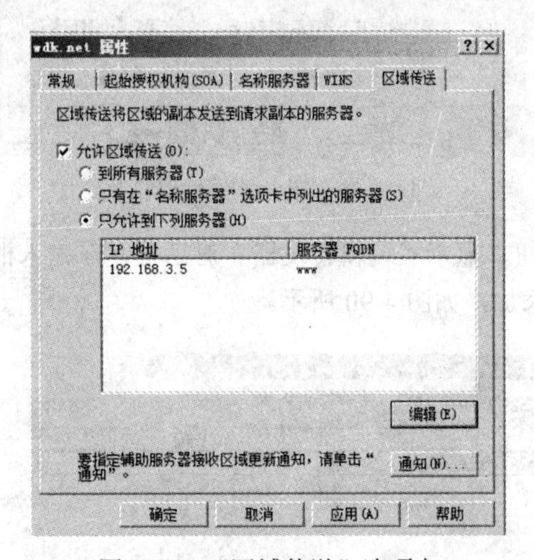

图 4-88 “区域传送”选项卡

任务 6 设置转发器

【任务描述】

A 公司承接×××大学校园网络工程，现配置 DNS 服务器，设置转发器。

【任务目标】

掌握转发器的配置。

【实施过程】

当客户端计算机访问本地网络中的服务器时，可以通过本地网络中的 DNS 服务器解析域名；而访问 Internet 中的服务器时，本地 DNS 服务器无法提供所需要的数据，这就需要设置一台有转发器功能的 DNS 服务器，将此查询转发到其他 DNS 服务器进行迭代查询，从而为用户解析出相应的 IP 地址。公司为某大学安装完 DNS 服务器后，为其配置转发器。具体操作步骤如下。

（1）单击“开始”→“管理工具”→DNS，打开“DNS 管理器”窗口，右击服务器名并选择快捷菜单中的“属性”选项，打开服务器属性对话框，如图 4-89 所示。

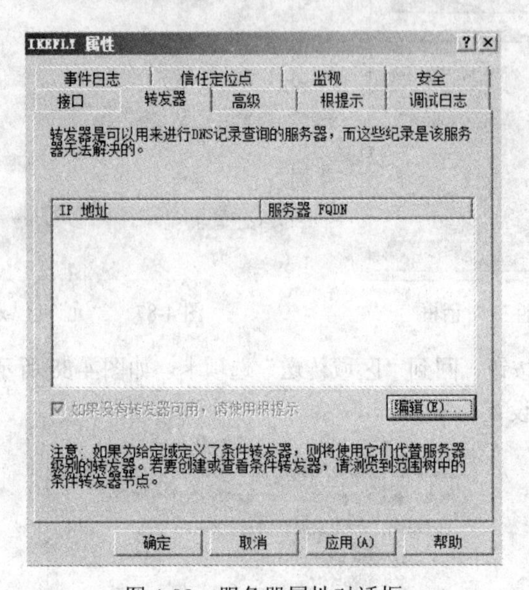

图 4-89　服务器属性对话框

（2）单击“编辑”按钮，显示“编辑转发器”对话框，在输入框中键入转发器的 IP 地址或 DNS 域名，按“回车”键添加，如图 4-90 所示。

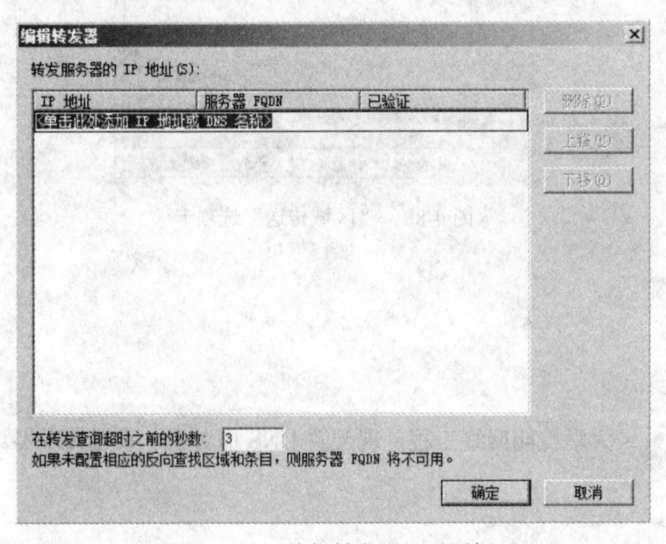

图 4-90　“编辑转发器”对话框

【知识链接】

1. DNS 服务器

DNS 服务器是计算机域名系统（Domain Name System 或 Domain Name Service）的缩写，它是由解析器和域名服务器组成的。域名服务器是指保存有该网络中所有主机的域名和对应 IP 地址，并具有将域名转换为 IP 地址功能的服务器。其中一个域名必须对应一个 IP 地址，而 IP 地址不一定有域名。域名系统采用类似目录树的等级结构。域名服务器为客户机/服务器模式中的服务器方，它主要有两种形式：主服务器和转发服务器。将域名映射为 IP 地址的过程就称为“域名解析”。

2. DNS 原理

DNS 分为 Client 和 Server，Client 扮演发问的角色，也就是问 Server 一个 Domain Name，而 Server 必须要回答此 Domain Name 的真正 IP 地址。而当地的 DNS 会先查询自己的资料库。如果自己的资料库没有，则会往该 DNS 上所设的 DNS 询问，依此得到答案之后，将收到的答案存起来，并回答客户。DNS 服务器会根据不同的授权区（Zone），记录属于该网域下的所有名称资料，这个资料包括网域下的次网域名称及主机名称。

在每一个名称服务器中都有一个快取缓存区（Cache），这个快取缓存区主要用于记录该名称服务器查询出来的名称及相对的 IP 地址，这样当下一次还有另外一个客户端到次服务器上去查询相同的名称时，服务器就不用再到别的主机上去寻找，而可以直接从缓存区中找到该名称的记录资料，传回给客户端，加速客户端对名称查询的速度。例如当 DNS 客户端向指定的 DNS 服务器查询网际网路上的某一台主机名称时，DNS 服务器会在该资料库中找寻用户所指定的名称，如果没有，该服务器会先在自己的快取缓存区中查询有无该记录，如果找到该名称记录，会从 DNS 服务器直接将所对应到的 IP 地址传回给客户端，如果名称服务器在资料记录中查不到而且快取缓存区中也没有时，服务器才会向别的名称服务器查询所要的名称。例如 DNS 客户端向指定的 DNS 服务器查询网际网路上某台主机名称，当 DNS 服务器在该资料记录找不到用户所指定的名称时，会转向该服务器的快取缓存区找寻是否有该资料，当快取缓存区也找不到时，会向最接近的名称服务器去请求帮忙找寻该名称的 IP 地址，在另一台服务器上也有相同动作的查询，查询到后会回复原本要求查询的 DNS 服务器，该 DNS 服务器在接收到另一台 DNS 服务器查询的结果后，先将所查询到的主机名称及对应的 IP 地址记录到快取缓存区中，最后再将查询到的结果回复给客户端。

【拓展训练】

读者根据以上知识，独立完成以下任务：

为×××大学网络工程项目的服务器安装 DNS 服务，并进行基本配置。

【分析和讨论】

（1）如何在 DNS 服务器中添加正向查找区域？

（2）如何在 DNS 服务器中添加反向查找区域？

模块五　DHCP 服务的搭建和配置

配置计算机 IP 地址的方式有两种，一是手动分配静态 IP 地址，二是使用 DHCP 服务器分配动态 IP 地址。如果只有几台计算机，采用手动分配静态 IP 地址，设置比较简单，但是当网络较大时，就很容易出错，并且工作量很大，因此大中型网络需要使用 DHCP 服务器。本模块通过完成 Windows Server 2008 服务器 DHCP 服务的搭建和配置，掌握网络服务器的部署。

任务 1　安装 DHCP 服务器

【任务描述】

A 公司承建×××大学校园网工程，现需要安装 DHCP 服务器。

【任务目标】

掌握 DHCP 服务器的安装。

【实施过程】

（1）打开“服务器管理器”窗口，在“角色”界面中单击“添加角色”链接，如图 4-91 所示。

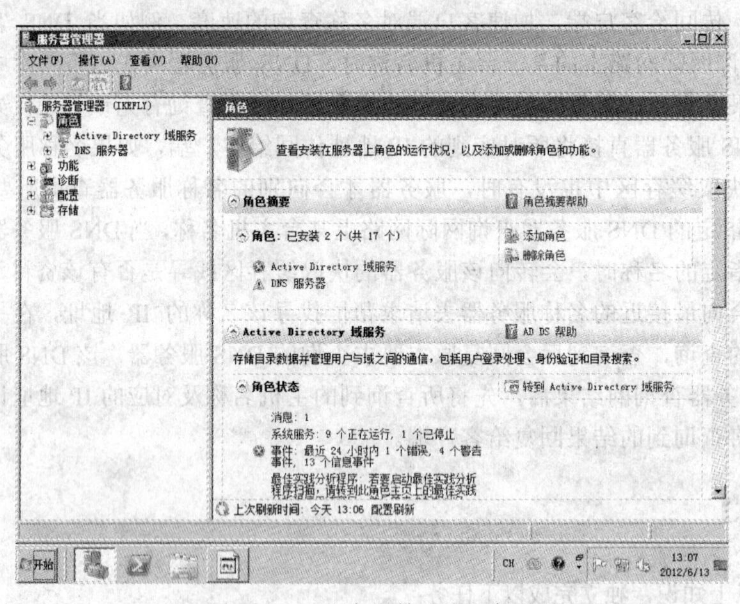

图 4-91　“服务器管理器”窗口

（2）显示“选择服务器角色”对话框，勾选“DHCP 服务器”复选框，如图 4-92 所示。

（3）单击“下一步”按钮，显示 DHCP 服务器的简介和注意事项，如图 4-93 所示。

（4）单击“下一步”按钮，显示“选择网络连接绑定”对话框，如图 4-94 所示。

（5）单击“下一步”按钮，显示“指定 IPv4 DNS 服务器设置”对话框，按如图 4-95 所示界面在相应的文本框中填写信息。

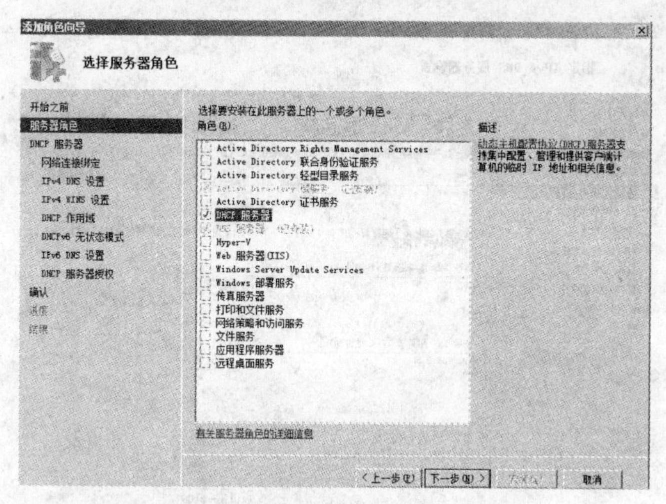

图 4-92 “选择服务器角色”对话框

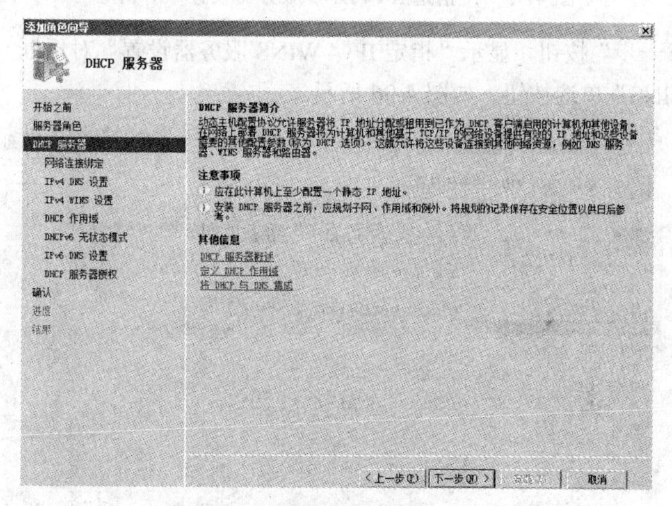

图 4-93 “DHCP 服务器”对话框

添加角色向导
选择网络连接绑定
开始之前
服务器角色
DHCP 服务器
网络连接绑定
IPv4 DNS 设置
IPv4 WINS 设置
DHCP 作用域
DHCPv6 无状态模式
IPv6 DNS 设置
DHCP 服务器授权
确认
进度
结果
已检测到具有静态 IP 地址的一个或多个网络连接。每个网络连接都可用于为单独子网上的 DHCP 客户端提供服务。
请选择此 DHCP 服务器将用于向客户端提供服务的网络连接。
网络连接(E):

IP 地址	类型
192.168.3.3	IPv4

详细信息
名称: 本地连接
网络适配器: 本地连接
物理地址: 00-0C-29-0C-B9-CF
<上一步(P) 下一步(N)> 安装(I) 取消

图 4-94 “选择网络连接绑定”对话框

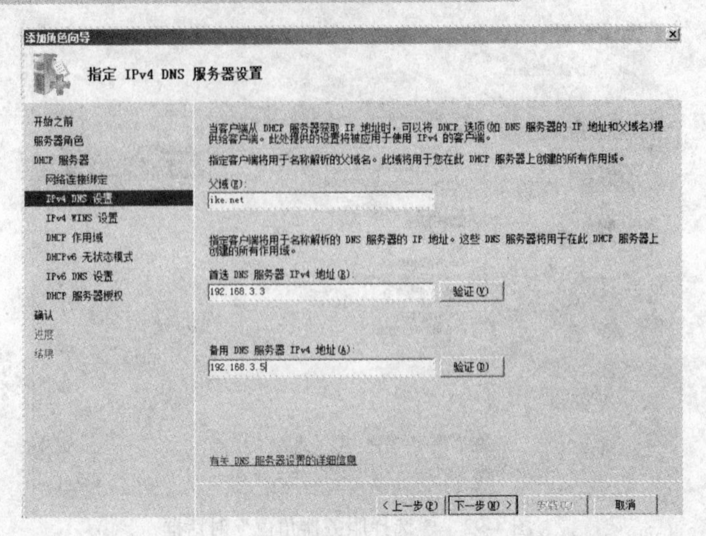

图 4-95　“指定 IPv4 DNS 服务器设置”对话框

（6）单击“下一步”按钮，显示“指定 IPv4 WINS 服务器设置”对话框，选中“此网络上的应用程序不需要 WINS”单选按钮，如图 4-96 所示。

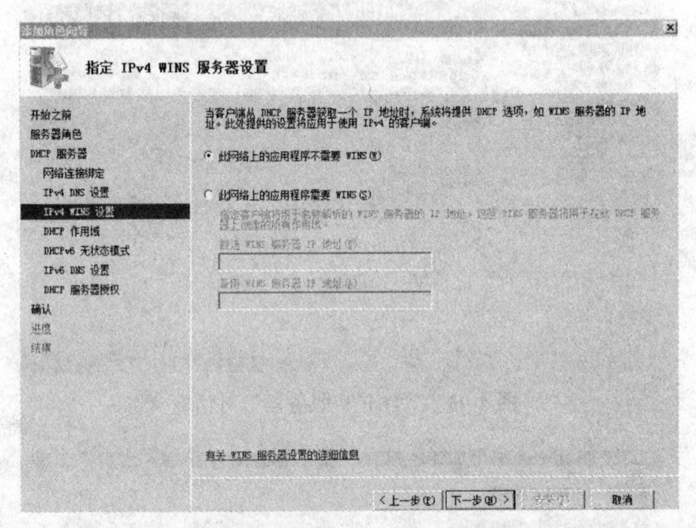

图 4-96　“指定 IPv4 WINS 服务器设置”对话框

（7）单击“下一步”按钮，显示“添加或编辑 DHCP 作用域”对话框，如图 4-97 所示，可以在安装完 DHCP 服务器之后，再进行设置，因此直接单击“下一步”按钮即可。

（8）显示“配置 DHCPv6 无状态模式”对话框，这里选中“对此服务器禁用 DHCPv6 无状态模式”单选按钮，如图 4-98 所示。

（9）单击“下一步”按钮，显示“授权 DHCP 服务器”对话框，选中“使用当前凭据”单选按钮，如图 4-99 所示。

（10）单击“下一步”按钮，显示“确认安装选择”对话框，如图 4-100 所示，单击“安装”按钮。

（11）显示“安装结果”对话框，提示安装成功，如图 4-101 所示。

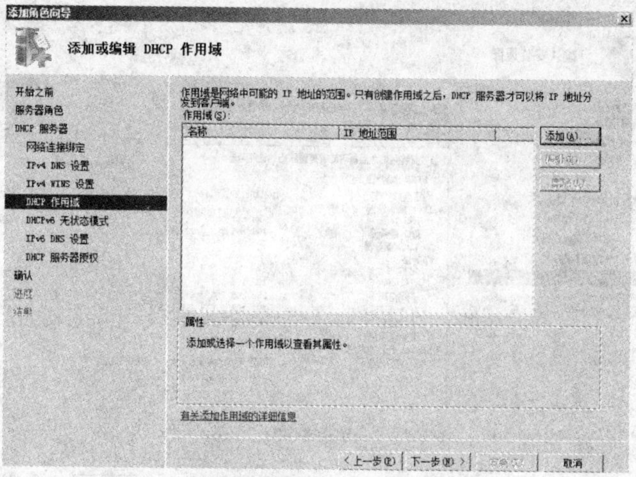

图 4-97　“添加或编辑 DHCP 作用域”对话框

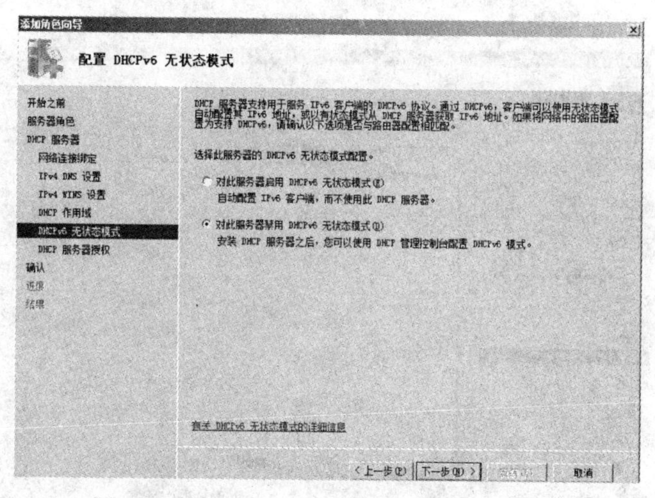

图 4-98　“配置 DHCPv6 无状态模式”对话框

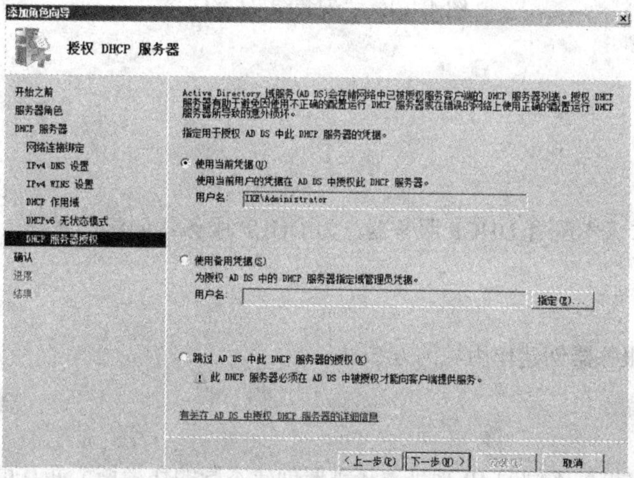

图 4-99　“授权 DHCP 服务器”对话框

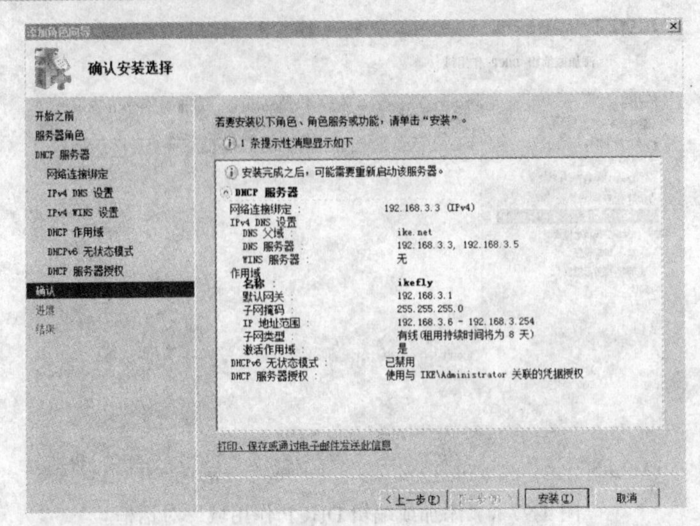

图 4-100　“确认安装选择”对话框

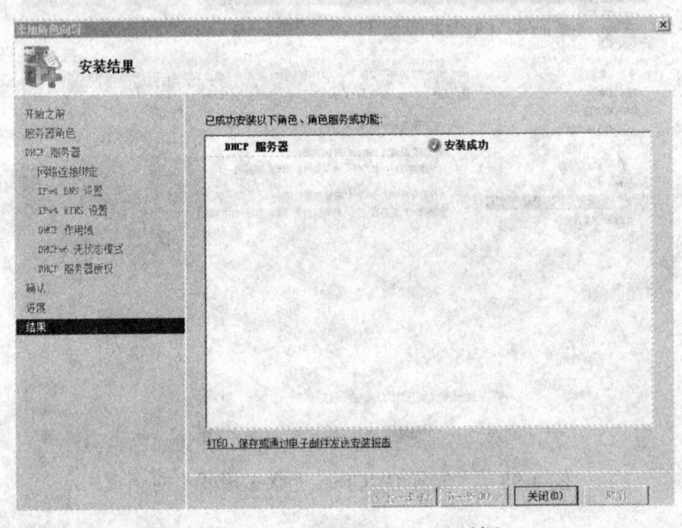

图 4-101　“安装结果”对话框

任务 2　创建作用域

【任务描述】

A 公司为×××大学配置 DHCP 服务器，为 DHCP 服务器创建作用域。

【任务目标】

掌握在 DHCP 服务器创建作用域的方法。

【实施过程】

为了向不同网络提供不同的 IP 地址，还需要创建不同的作用域，并且可以创建超级作用域，以便对多个作用域进行协调管理。

（1）单击“开始”→“管理工具”→DHCP，打开 DHCP 控制台，展开服务器名，如图 4-102 所示。

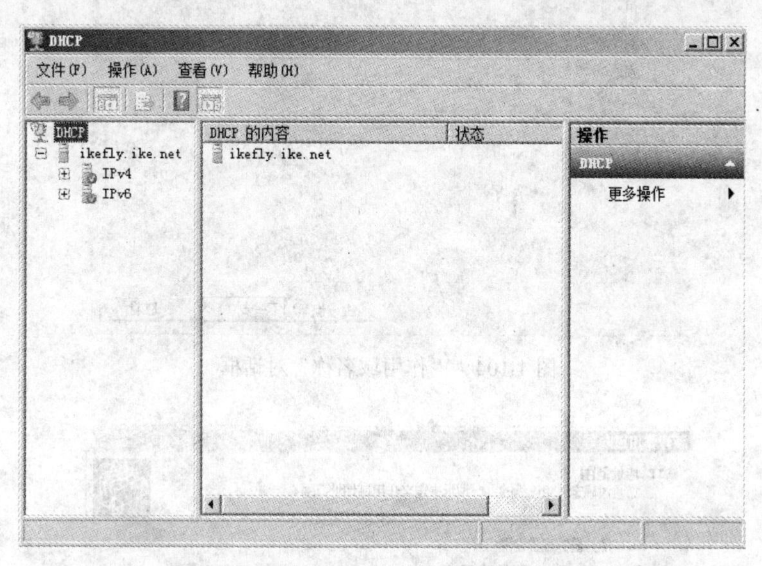

图 4-102　DHCP 控制台

（2）右击 IPv4 选项并选择快捷菜单中的“新建作用域”选项，启动“新建作用域向导”，如图 4-103 所示。

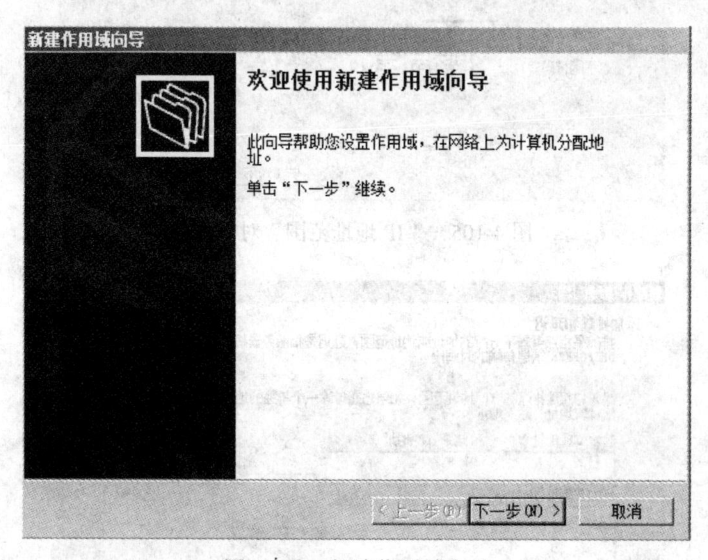

图 4-103　新建作用域向导

（3）单击“下一步”按钮，显示“作用域名称”对话框，输入一个可以标识其功能的作用域名称，如图 4-104 所示。

（4）单击“下一步”按钮，显示“IP 地址范围”对话框，输入地址范围，如图 4-105 所示。

（5）单击“下一步”按钮，显示“添加排除和延迟”对话框，如图 4-106 所示。

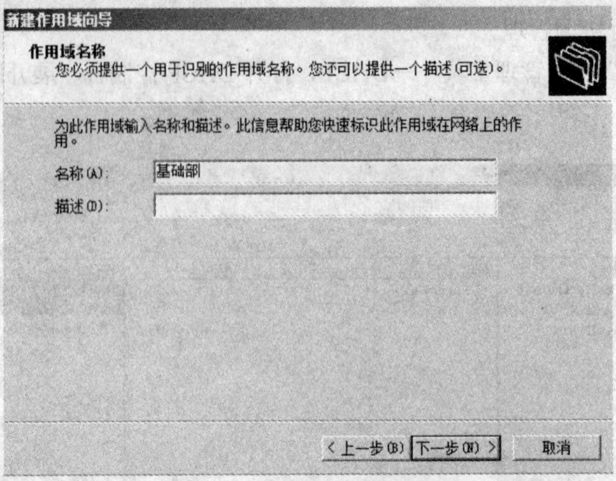

图 4-104 “作用域名称”对话框

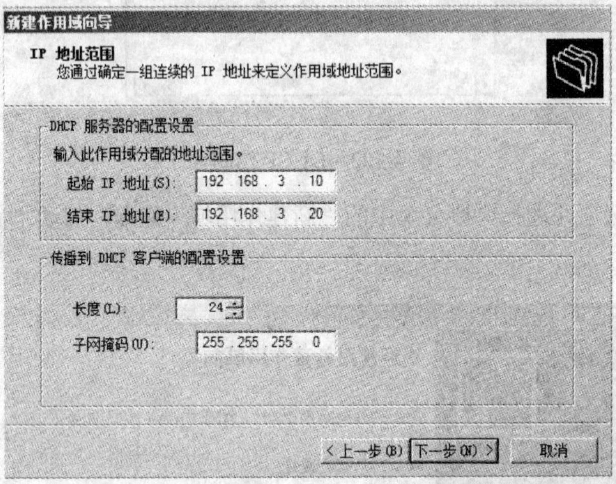

图 4-105 “IP 地址范围”对话框

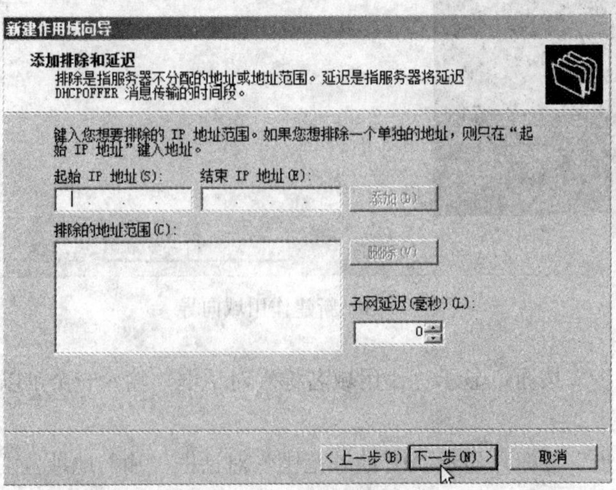

图 4-106 “添加排除和延迟”对话框

（6）单击“下一步”按钮，显示“租用期限”对话框，如图 4-107 所示。

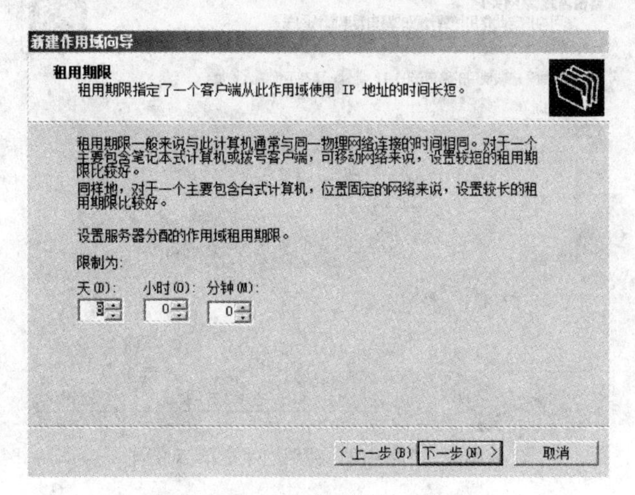

图 4-107　“租用期限”对话框

（7）单击“下一步”按钮，显示“配置 DHCP 选项”对话框，选中“是，我想现在配置这些选项”单选按钮，如图 4-108 所示。

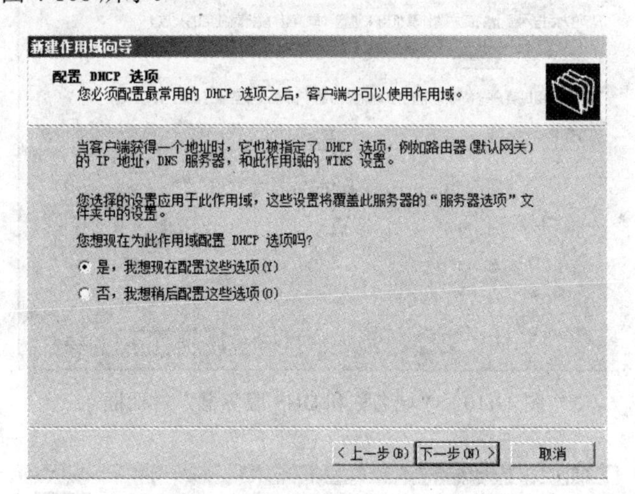

图 4-108　“配置 DHCP 选项”对话框

（8）单击“下一步”按钮，在“路由器（默认网关）”对话框的“IP 地址”文本框中输入 IP 地址，单击“添加”按钮，将此 IP 地址设为默认网关，如图 4-109 所示。

（9）单击“下一步”按钮，显示“域名称和 DNS 服务器”对话框，如图 4-110 所示，指定域名称和域服务器 IP 地址。

（10）单击“下一步”按钮，显示“WINS 服务器”对话框，如图 4-111 所示，这里不需要使用 WINS 服务器将 NetBIOS 计算机名称转换为 IP 地址，直接单击“下一步”按钮。

（11）显示“激活作用域”对话框，选中“是，我想现在激活此作用域”单选按钮，如图 4-112 所示。

（12）单击“下一步”按钮，显示“正在完成新建作用域向导”对话框，如图 4-113 所示，单击“完成”按钮完成新建作用域。

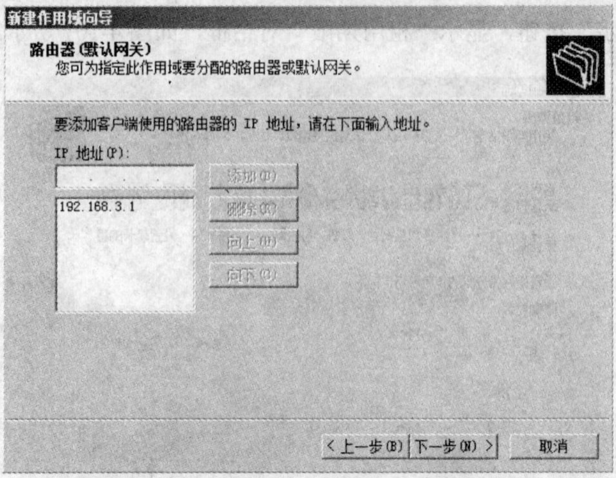

新建作用域向导

路由器（默认网关）
您可为指定此作用域要分配的路由器或默认网关。

要添加客户端使用的路由器的 IP 地址，请在下面输入地址。

IP 地址(P):

添加(D)
删除(R)
向上(U)
向下(O)

192.168.3.1

< 上一步(B) 下一步(N) > 取消

图 4-109 “路由器（默认网关）”对话框

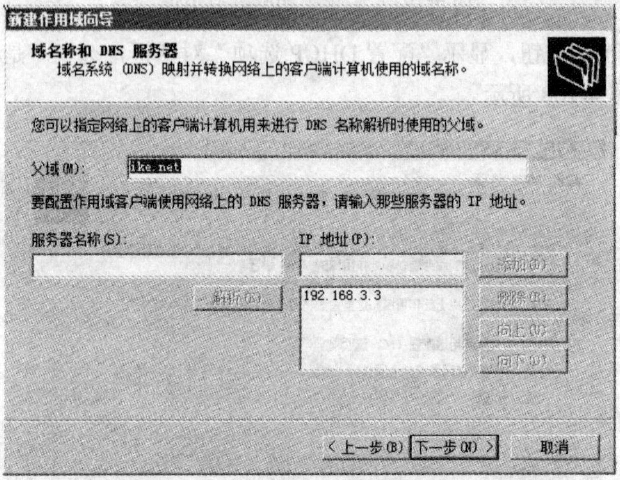

新建作用域向导

域名称和 DNS 服务器
域名系统 (DNS) 映射并转换网络上的客户端计算机使用的域名称。

您可以指定网络上的客户端计算机用来进行 DNS 名称解析时使用的父域。

父域(M): ike.net

要配置作用域客户端使用网络上的 DNS 服务器，请输入那些服务器的 IP 地址。

服务器名称(S):

IP 地址(P):

添加(D)
解析(E)
192.168.3.3
删除(R)
向上(U)
向下(O)

< 上一步(B) 下一步(N) > 取消

图 4-110 “域名称和 DNS 服务器”对话框

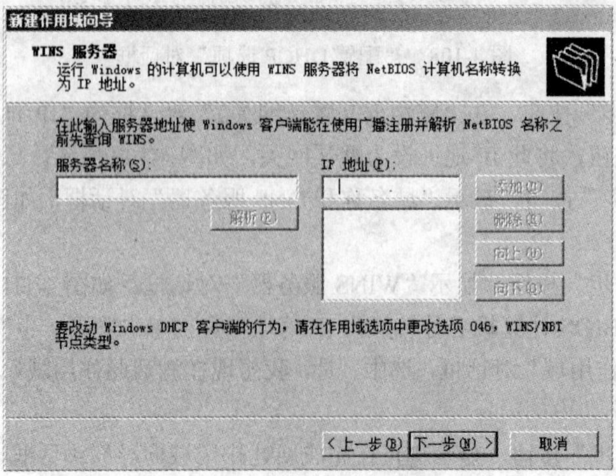

新建作用域向导

WINS 服务器
运行 Windows 的计算机可以使用 WINS 服务器将 NetBIOS 计算机名称转换为 IP 地址。

在此输入服务器地址使 Windows 客户端能在使用广播注册并解析 NetBIOS 名称之前先查询 WINS。

服务器名称(S):

IP 地址(P):

添加(D)
解析(E)
删除(R)
向上(U)
向下(O)

要改动 Windows DHCP 客户端的行为，请在作用域选项中更改选项 046，WINS/NBT 节点类型。

< 上一步(B) 下一步(N) > 取消

图 4-111 “WINS 服务器”对话框

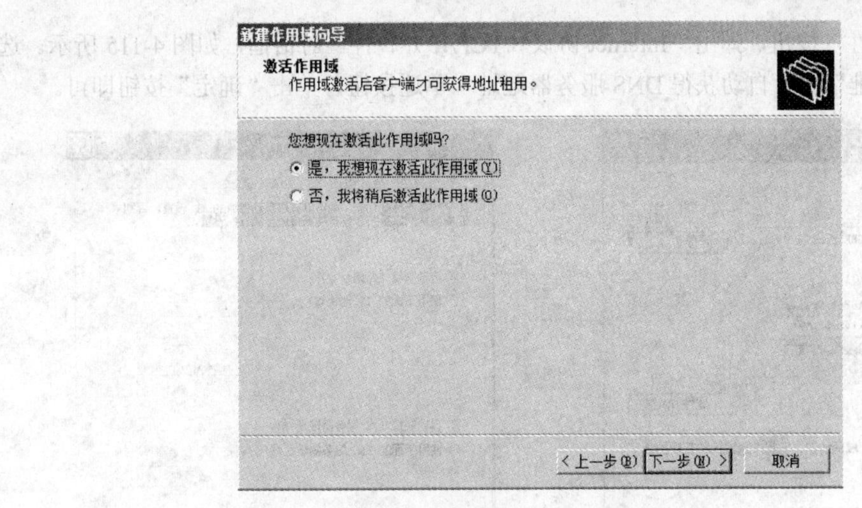

图 4-112 “激活作用域”对话框

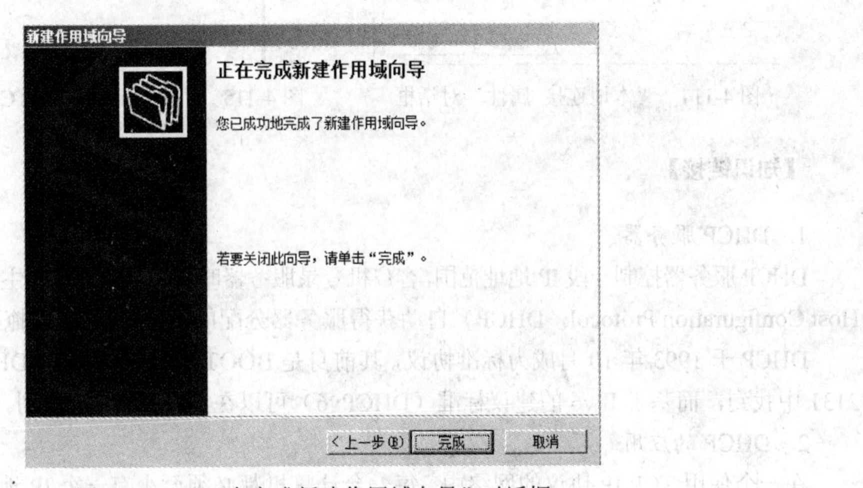

图 4-113 “正在完成新建作用域向导”对话框

任务 3 DHCP 客户端的配置

【任务描述】

A 公司为×××大学完成 DHCP 服务器的配置后，继续配置 DHCP 客户端。

【任务目标】

掌握 DHCP 客户端的配置。

【实施过程】

（1）右击“网上邻居”图标，在快捷菜单中单击“属性”选项，打开“网络连接”窗口，右击“本地连接”图标，在快捷菜单中单击“属性”选项，弹出“本地连接 属性”对话框，选择“Internet 协议（TCP/IP）”选项，如图 4-114 所示。

（2）单击“属性”按钮，弹出“Internet 协议（TCP/IP）属性”对话框，如图 4-115 所示。选中“自动获得 IP 地址”和“自动获得 DNS 服务器地址”单选按钮，单击“确定”按钮即可。

图 4-114 “本地连接 属性”对话框

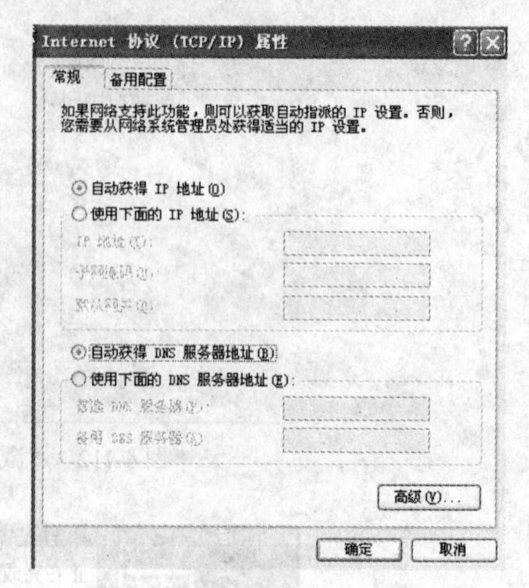

图 4-115 “Internet 协议（TCP/IP）属性”对话框

【知识链接】

1. DHCP 服务器

DHCP 服务器控制一段 IP 地址范围，客户机登录服务器时就可以通过动态主机配置协议（Dynamic Host Configuration Protocol，DHCP）自动获得服务器分配的 IP 地址和子网掩码。

DHCP 于 1993 年 10 月成为标准协议，其前身是 BOOTP 协议。当前的 DHCP 定义可以在 RFC 2131 中找到，而基于 IPv6 的建议标准（DHCPv6）可以在 RFC 3315 中找到。

2. DHCP 的应用

在一个使用 TCP/IP 协议的网络中，每一台计算机都必须至少有一个 IP 地址，才能与其他计算机连接通信。为了便于统一规划和管理网络中的 IP 地址，DHCP 应运而生了。

两台连接到互联网上的计算机要实现相互通信，必须有各自的 IP 地址，但由于现在的 IP 地址资源有限，宽带接入运营商不能做到给每个报装宽带的用户都分配一个固定的 IP 地址（所谓固定 IP 就是即使在你不上网的时候，别人也不能用这个 IP 地址，这个资源一直被你所独占），所以要采用 DHCP 方式对上网的用户进行临时的地址分配。换句话说，只有当计算机连上网时，DHCP 服务器才从地址池里临时分配一个 IP 地址给客户端，每次上网给同一台计算机分配的 IP 地址可能会不一样，这跟当时的 IP 地址资源有关。当此计算机下线的时候，DHCP 服务器可能就会把这个地址分配给之后上线的其他计算机，这样就可以有效节约 IP 地址，既保证了用户的通信，又提高了 IP 地址的使用率。

DHCP 用一台或一组 DHCP 服务器来管理网络参数的分配，这种方案具有容错性。即使在一个仅拥有少量机器的网络中，DHCP 仍然是有用的，因为一台机器可以几乎不造成任何影响地被增加到本地网络中。

甚至对于那些很少改变地址的服务器来说，DHCP 仍然被建议用来设置它们的地址，这样即使服务器的地址需要重新分配，也只需做少量改动。对于一些设备，如路由器和防火墙，则不应使用

DHCP。把 TFTP 或 SSH 服务器放在同一台运行 DHCP 的机器上也是有用的，目的是为了集中管理。

DHCP 也可用于直接为服务器和桌面计算机分配地址，并且通过一个 PPP 代理，也可为拨号及宽带主机，以及住宅 NAT 网关和路由器分配地址。DHCP 一般不适合使用在无边际路由器和 DNS 服务器上。

【拓展训练】

读者根据以上知识，独立完成以下任务：

为×××大学网络工程项目的服务器安装 DHCP 服务，并进行基本配置。

【分析和讨论】

（1）如何在 DHCP 服务器中创建作用域？

（2）如何进行 DHCP 客户端的配置？

模块六　Web 服务的搭建和配置

Web 服务是计算机网络中应用最广的服务之一，主要用于实现信息发布、数据处理、网络办公、信息查询等网络应用。对于 Windows 操作系统的服务器而言，通常都是借助系统内置的 IIS 组件搭建 Web 服务。本模块通过完成 Windows Server 2008 服务器 Web 服务的搭建和配置，掌握网络服务器的部署。

任务 1　架设 Web 服务器

【任务描述】

A 公司承接×××大学校园网工程，现需要架设 Web 服务器。

【任务目标】

掌握 Web 服务的安装。

【实施过程】

1. 架设条件

（1）设置 Web 服务器的 TCP/IP 属性，手工指定 IP 地址、子网掩码、默认网关。如果需要将 Web 网站发布到 Internet 上，还需要在 Web 服务器上安装 DNS，并将 DNS 域名和 IP 地址注册到公网 DNS 服务器内。

（2）部署域环境，这里域名为 ike.net。

2. 配置步骤

（1）单击“开始”→“管理工具”→“服务器管理器”选项，在如图 4-116 所示的“服务器管理器”窗口中，单击“添加角色”链接，启动“添加角色向导”。

（2）显示“开始之前”对话框，如图 4-117 所示，单击“下一步”按钮。

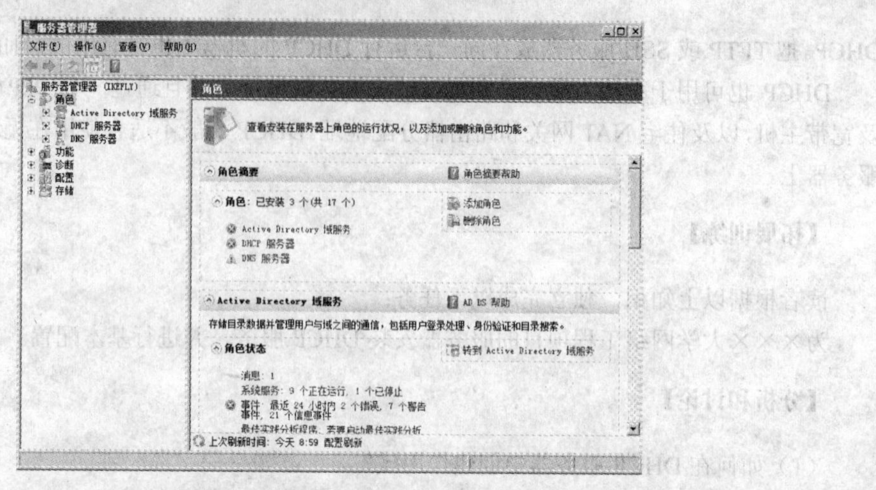

图 4-116 “服务器管理器”窗口

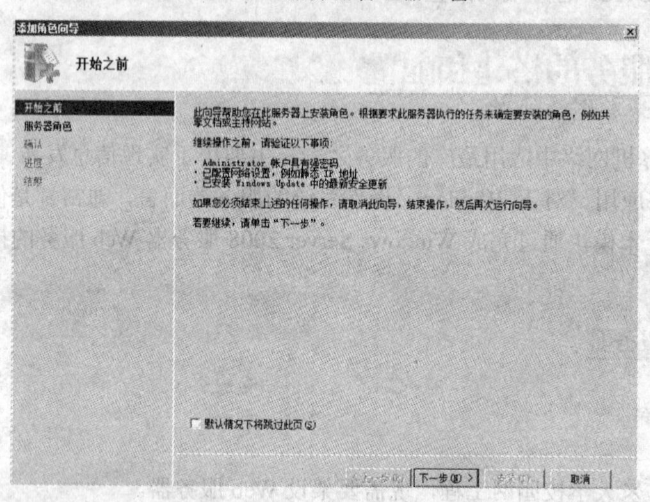

图 4-117 “开始之前”对话框

（3）显示“选择服务器角色”对话框，勾选“Web 服务器（IIS）”复选框，如图 4-118 所示。

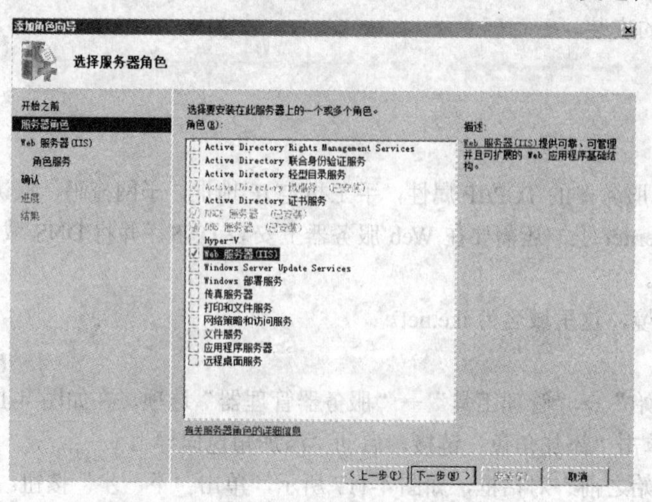

图 4-118 “选择服务器角色”对话框

（4）单击“下一步”按钮，显示“Web 服务器（IIS）”对话框，如图 4-119 所示。

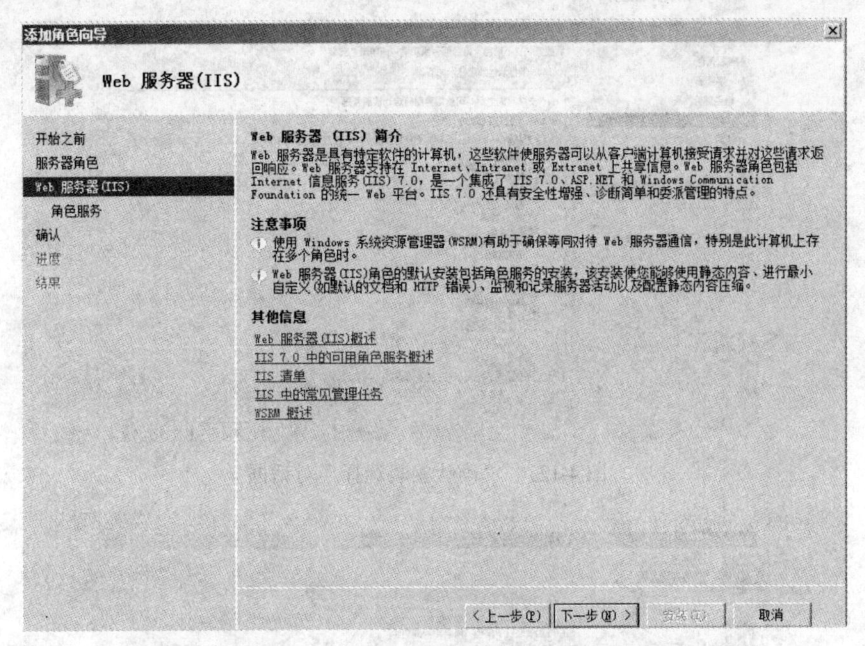

图 4-119　“Web 服务器（IIS）”对话框

（5）单击“下一步”按钮，显示“选择角色服务”对话框，如图 4-120 所示。

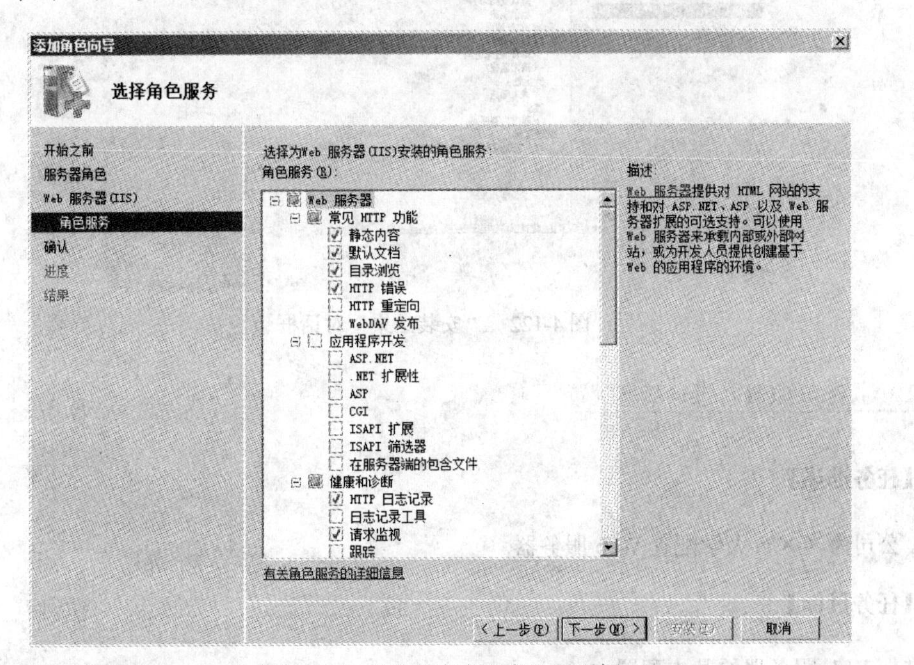

图 4-120　“选择角色服务”对话框

（6）单击“下一步”按钮，显示“确认安装选择”对话框，如图 4-121 所示。

（7）单击“安装”按钮，开始进行安装，等待一会，显示“安装结果”对话框，如图 4-122 所示。提示安装成功，单击“关闭”按钮即可。

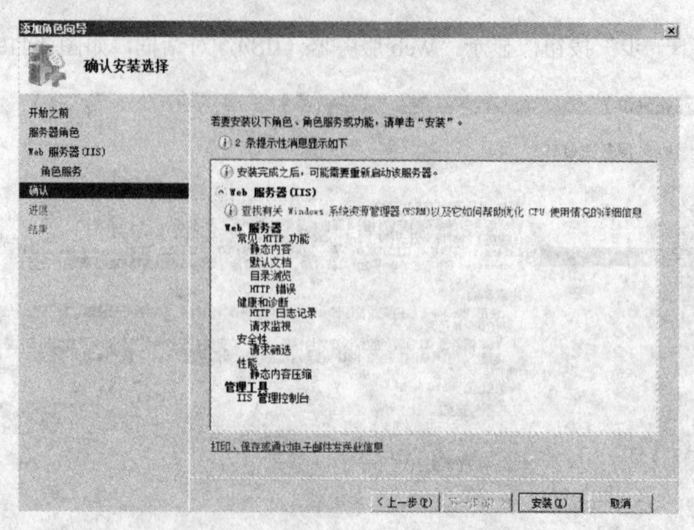

图 4-121 “确认安装选择”对话框

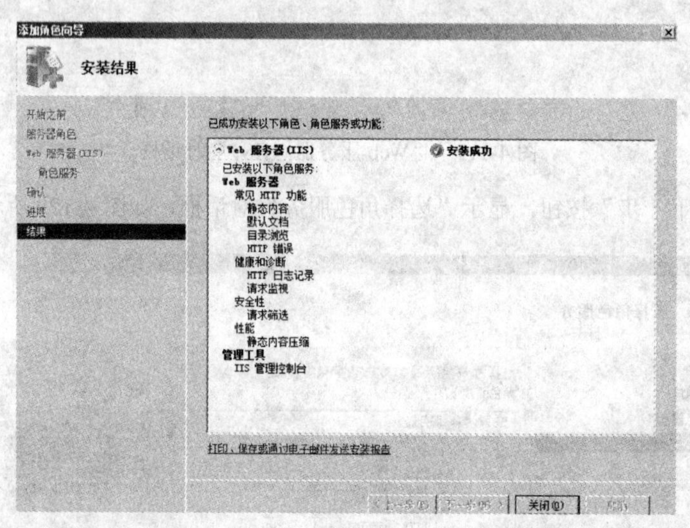

图 4-122 “安装结果”对话框

任务 2 对 Web 服务器进行基本配置

【任务描述】

A 公司为×××大学配置 Web 服务器。

【任务目标】

掌握 Web 服务器的基本配置。

【实施过程】

默认情况下，安装 Web 服务的过程中，将自动创建一个默认 Web 站点，但安全性不高，因此需要做一些基本配置。

1．绑定 IP 地址

（1）单击“开始”→“管理工具”→“Internet 信息服务（IIS）管理器”，打开“Internet 信息服务（IIS）管理器”窗口，如图 4-123 所示。

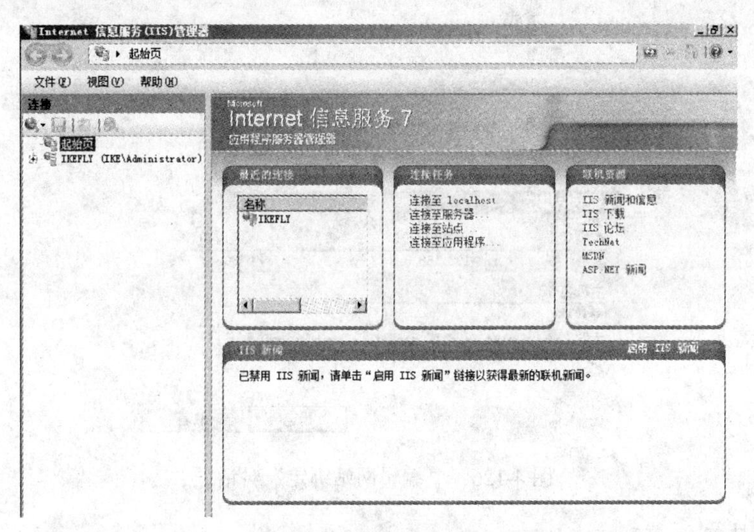

图 4-123　“Internet 信息服务（IIS）管理器”窗口

（2）在左侧栏，点开服务器名前的加号，选中“网站”选项，该服务器上的所有站点即可显示在中间区域中，如图 4-124 所示。

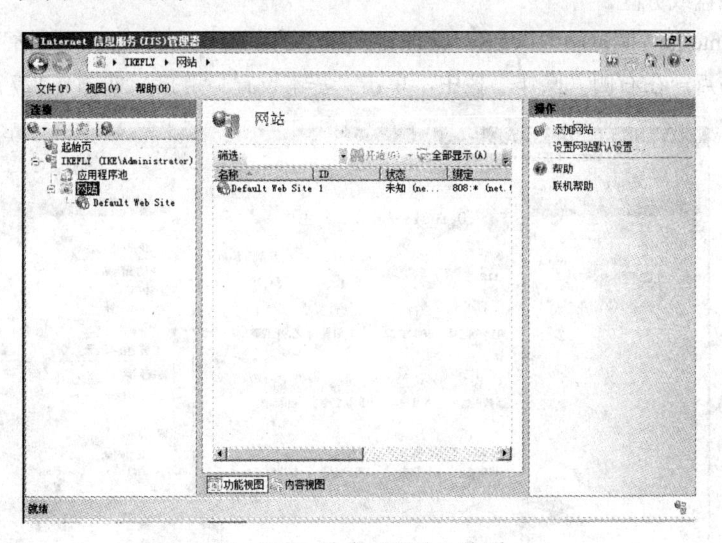

图 4-124　选中“网站”选项

（3）选中欲绑定 IP 地址的站点，这里是默认站点 Default Web Site，在右侧“操作”栏中，单击“绑定”链接，显示“网站绑定”对话框，如图 4-125 所示。

（4）默认情况下，列表中显示的是默认网站的相关信息，选中类型为 http 的条目，单击“编辑”按钮，弹出“编辑网站绑定”对话框，如图 4-126 所示。设置该站点的主机名、绑定的 IP 地址和端口。

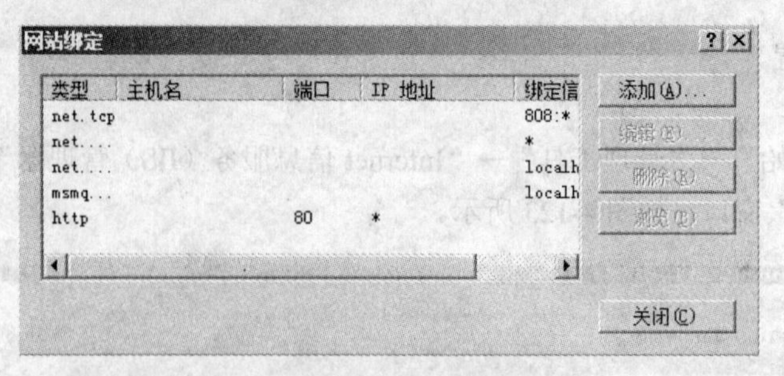

图 4-125 “网站绑定”对话框

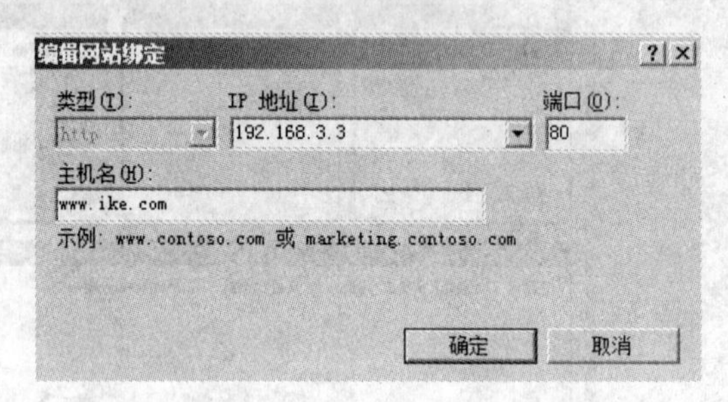

图 4-126 “编辑网站绑定”对话框

2. 设置主目录

主目录的默认路径为“C:\Intepub\wwwroot”文件夹，但是数据文件和操作系统放在同一磁盘分区中，可能会影响系统运行，而且一旦系统需要重做，数据文件就会丢失。因此应将主目录的路径设置为其他磁盘或分区。

（1）在“Internet 信息服务（IIS）管理器”窗口的左侧栏中，点开“网站”前加号，选中欲设置主目录的站点，在右侧“操作”栏中，单击“基本设置”链接，如图 4-127 所示。

图 4-127 “Internet 信息服务（IIS）管理器”窗口

（2）显示“编辑网站”对话框，在“物理路径”文本框中输入目录，或单击“物理路径”文本框后面的按钮选择磁盘目录均可，这里输入“D:\wdk”，如图 4-128 所示。

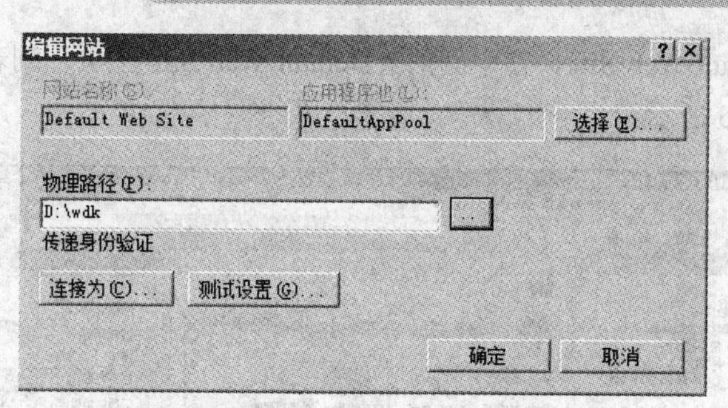

图 4-128　“编辑网站”对话框

3. 设置主目录访问权限

（1）在“Internet 信息服务（IIS）管理器”窗口的左侧栏中，点开“网站”前加号，选中欲设置主目录权限的站点，这里是默认站点 Default Web Site，在右侧“操作”栏中，单击“编辑权限”链接，显示主目录“wdk 属性”对话框，单击“安全”选项卡，在“组或用户名”列表中，显示了允许读取和修改该文件夹的组和用户名，如图 4-129 所示。

（2）单击“编辑”按钮，在“组或用户名”列表中，选中欲修改权限的用户，并在“Users 的权限”列表框中修改其权限，最后单击“确定”按钮即可，如图 4-130 所示。

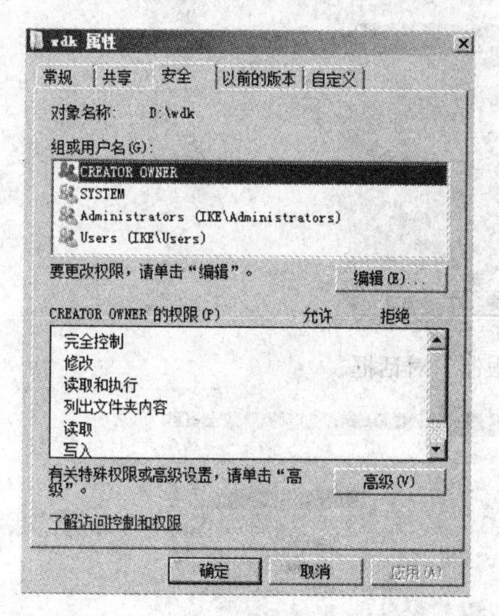

图 4-129　“wdk 属性”对话框

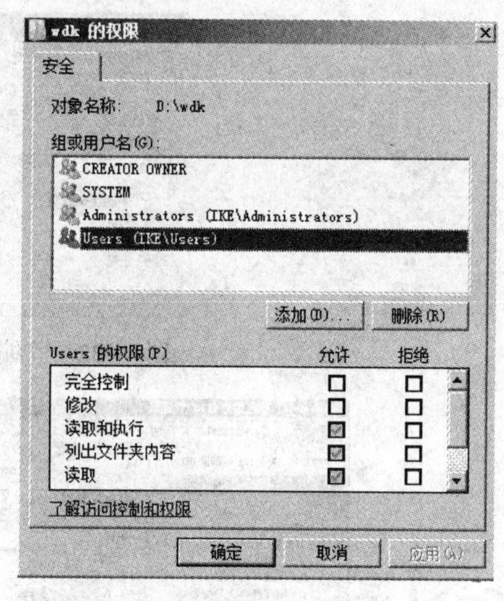

图 4-130　“wdk 的权限”对话框

4. 网站限制

（1）在“Internet 信息服务（IIS）管理器”窗口的左侧栏中，点开“网站”前加号，选中欲设置网站限制的站点，在右侧“操作”栏中，单击“限制”链接，如图 4-131 所示。

（2）显示“编辑网站限制”对话框，如图 4-132 所示。勾选“限制带宽使用（字节）”复选框，输入希望使用的带宽值，勾选“限制连接数”复选框，输入允许的最大连接数。

5. 默认文档

为了使用户在访问网站时，只需使用域名和目录即可打开主页，而不必输入具体的网页文件名，可通过设置默认文档来实现。

（1）在“Internet 信息服务（IIS）管理器”窗口的左侧栏中，选中欲设置默认文档的站点，这里选中默认站点 Default Web Site，在中间的“Default Web Site 主页”列表窗口中，双击“默认文档”图标，如图 4-133 所示。

图 4-131 “Internet 信息服务（IIS）管理器”窗口

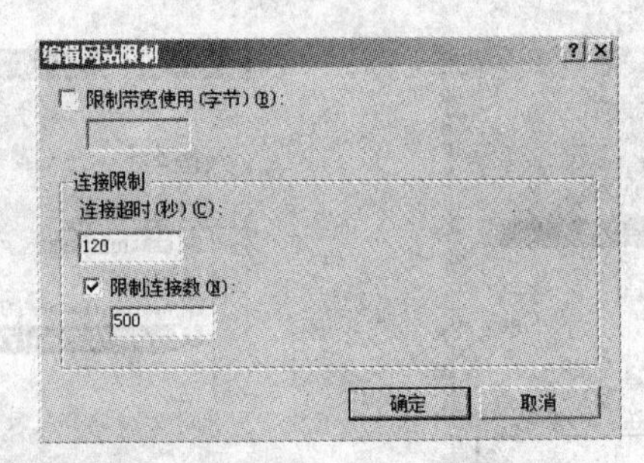

图 4-132 “编辑网站限制”对话框

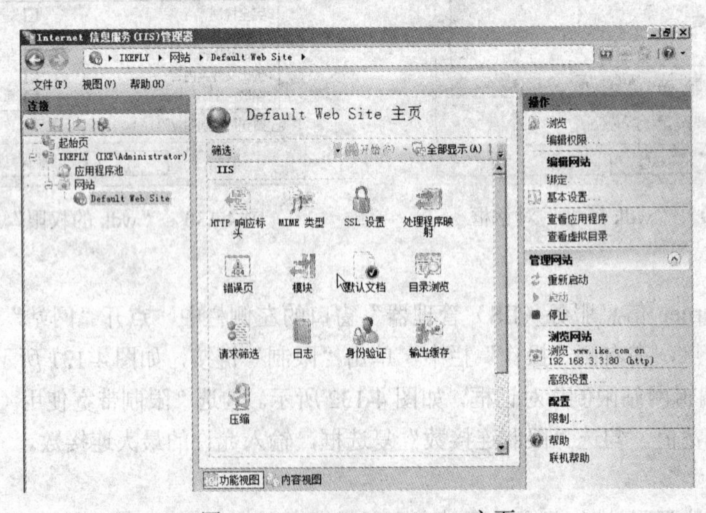

图 4-133 Default Web Site 主页

（2）中间显示“默认文档”列表窗口，如图 4-134 所示。在该列表中，可以定义多个默认文档，并且服务器搜索默认文档的顺序是从上到下。

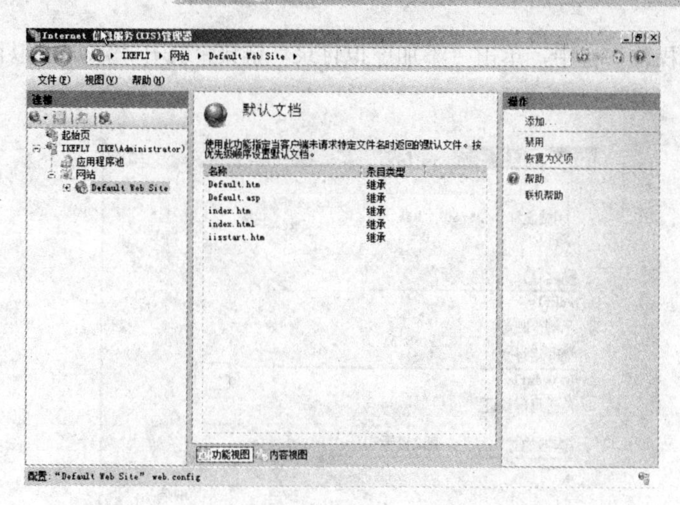

图 4-134　默认文档

任务 3　虚拟目录的创建

【任务描述】

A 公司承接×××大学校园网工程，现需要在 Web 服务器上创建虚拟目录。

【任务目标】

掌握 Web 服务器虚拟目录的创建。

【实施过程】

一个 Web 网站可以创建多个虚拟目录，实现一台服务器发布多个网站的目的。虚拟目录也可以设置主目录、默认文档、身份验证等，但不能指定 IP 地址、端口和 ISAPI 筛选器。虚拟目录是主网站的下一级目录，并且依附于主网站。

（1）在“Internet 信息服务（IIS）管理器”窗口的左侧栏中，点开“网站”前加号，选中欲设置主目录的站点，在右侧“操作”栏中，单击“查看虚拟目录”链接，显示“虚拟目录”列表窗口，如图 4-135 所示。

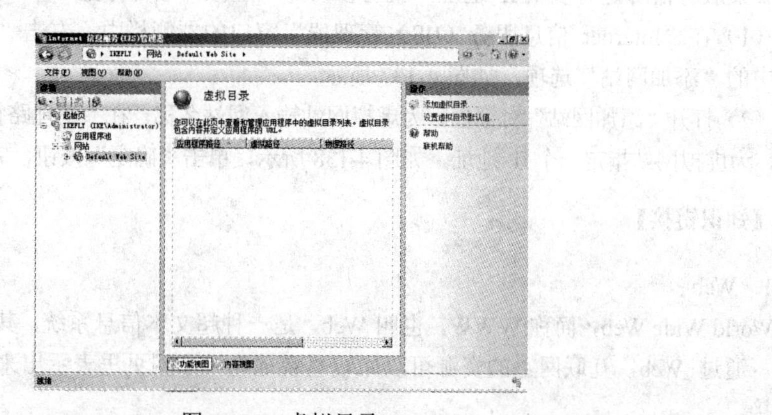

图 4-135　虚拟目录

（2）在右侧“操作”栏中，单击“添加虚拟目录”链接，打开“添加虚拟目录”对话框，如图 4-136 所示。

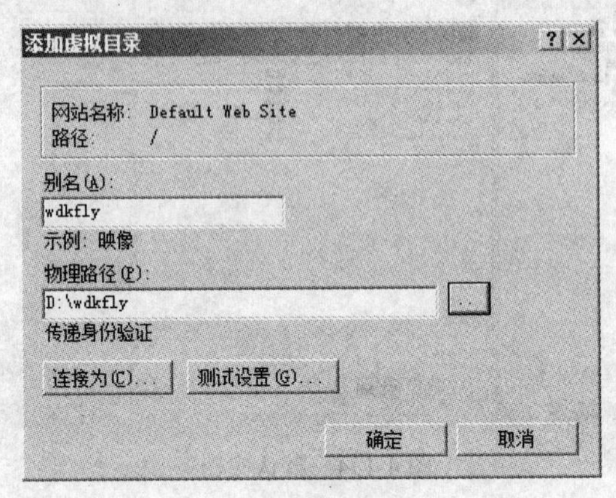

图 4-136 “添加虚拟目录”对话框

（3）单击“确定”按钮，完成虚拟目录的添加。

任务 4 虚拟网站的创建

【任务描述】

A 公司承接×××大学校园网工程，现需要在 Web 服务器上创建虚拟网站。

【任务目标】

掌握 Web 服务器虚拟网站的创建。

【实施过程】

利用虚拟网站功能，可以在一个服务器上搭建多个网站，并且可以分别拥有各自独立的 IP 地址或域名。

使用 IP 地址创建

如果服务器绑定有多个 IP 地址，就可以为每个虚拟网站都分配一个独立的 IP 地址。

（1）在“Internet 信息服务（IIS）管理器”窗口的左侧栏中，右击“网站”选项并选择快捷菜单中的“添加网站”选项，如图 4-137 所示。

（2）打开“添加网站”对话框，为虚拟网站输入网站名称，在“物理路径”文本框中指定主目录路径，为虚拟网站指定一个 IP 地址，如图 4-138 所示，单击“确定”按钮，完成虚拟网站的建立。

【知识链接】

1．Web

World Wide Web，简称 WWW，也叫 Web，是一种超文本信息系统，其主要实现方式是超文本链接。通过 Web，互联网上的资源可以比较直观地在一个网页里表示出来，而且在网页上可以互相链接。

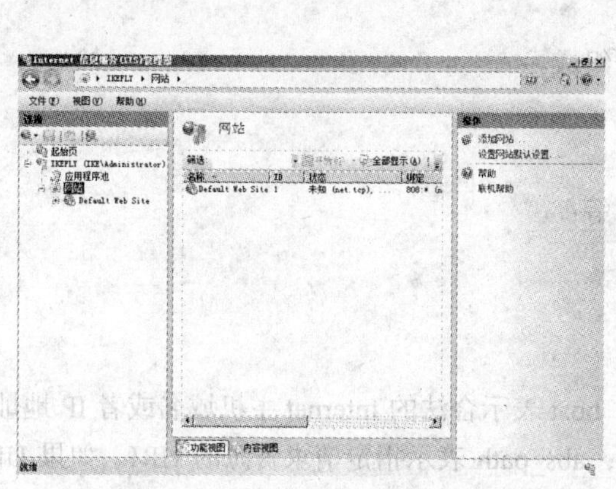
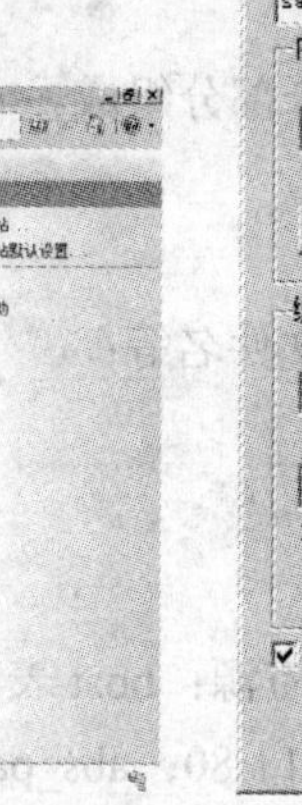

图 4-137 右击“网站”选项

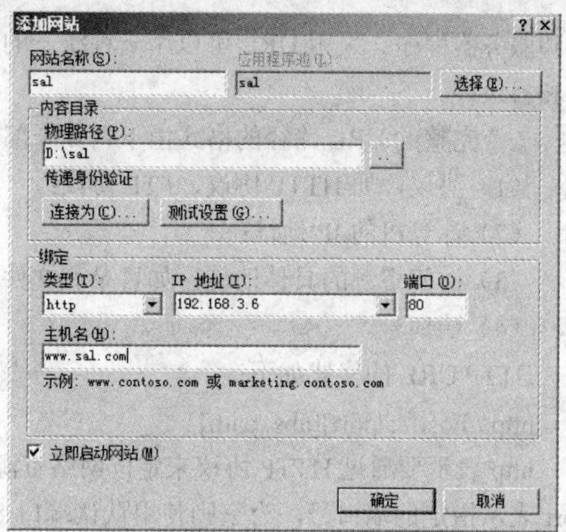

图 4-138 “添加网站”对话框

2. Web 的特点

Web 的特点有以下几点：

（1）Web 可以在页面上同时显示色彩丰富的图形和文本内容，可以将图形、音频和视频信息集合于一体，同时非常易于链接，使用户可以在各网页各站点之间进行浏览。

（2）无论用户的操作系统平台是什么，都可以通过 Internet 访问 Web 网站。

（3）Web 是分布式的，Web 可以将不同内容放在不同的站点上，要获取某站点内容只需要在网页上链接这个站点即可。

（4）Web 是动态的，信息的提供者可以随时对网站上的信息进行更新。

（5）Web 是交互的，用户的浏览顺序和所到站点由自己决定。

3. HTTP 协议

HTTP 是一个属于应用层的面向对象的协议，由于其简捷、快速的方式，适用于分布式超媒体信息系统。它于 1990 年提出，经过二十几年的使用与发展，得到不断地完善和扩展。目前绝大多数的 Web 开发，都是构建在 HTTP 协议之上的 Web 应用。

HTTP 协议的主要特点如下：

（1）支持客户/服务器模式。

（2）简单快速。客户向服务器请求服务时，只需传送请求方法和路径。请求方法常用的有 GET、HEAD、POST。每种方法规定的客户与服务器联系的类型不同。由于 HTTP 协议简单，使得 HTTP 服务器的程序规模小，因而通信速度很快。

（3）灵活。HTTP 允许传输任意类型的数据对象。正在传输的类型由 Content-Type 加以标记。

（4）无连接。无连接的含义是限制每次连接只处理一个请求。服务器处理完客户的请求，并收到客户的应答后，即断开连接。采用这种方式可以节省传输时间。

（5）无状态。HTTP 协议是无状态协议。无状态是指协议对于事务处理没有记忆能力。缺少状态意味着如果后续处理需要前面的信息，则它必须重传，这样可能导致每次连接传送的数据量增大。另一方面，在服务器不需要先前信息时它的应答就较快。

4. URL

统一资源定位器 URL，是 Internet 上用来描述信息资源的字符串，主要用于各种 Web 客户程序和服务器程序。采用 URL 可以用一种统一的格式来描述各种信息资源，包括文件、服务器的地址和目录等。

一个完整的 URL 路径的格式由下列 4 个部分组成。

（1）协议，如 HTTP 协议、FTP 协议；

（2）计算机的 IP 地址；

（3）访问资源的具体地址，如目录和文件名等；

（4）端口号。

HTTP URL 的格式如下：

http://host[":"port][abs_path]

http 表示要通过 HTTP 协议来定位网络资源；host 表示合法的 Internet 主机域名或者 IP 地址；port 表示指定的端口号，为空则使用默认端口 80；abs_path 表示指定请求资源的 URI。如果 URL 中没有给出 abs_path，那么当它作为请求 URI 时，必须以“/”的形式给出，通常这个工作由浏览器自动完成。

5．IIS 7.0

Windows Server 2008 系统中的 Internet 信息服务（IIS）的版本是 7.0，它在网络上提供了集成、安全、可靠、可伸缩和可管理的 Web 服务器功能。

【拓展训练】

读者根据以上知识，独立完成以下任务：

为×××大学网络工程项目中的服务器安装 Web 服务，并进行基本配置。

【分析和讨论】

（1）如何创建虚拟目录？

（2）如何创建虚拟网站？

模块七　FTP 服务的搭建和配置

FTP 服务的主要功能是实现 FTP 客户端与 FTP 服务器之间的文件传输，在 Windows 服务器系统中，用户可以借助多种工具搭建 FTP 服务器，但是最常用的方式是基于 IIS 搭建。本模块通过完成 Windows Server 2008 服务器 FTP 服务的搭建和配置，掌握网络服务器的部署。

任务 1　FTP 服务的安装

【任务描述】

A 公司为×××大学安装 FTP 服务器。

【任务目标】

掌握 FTP 服务器的安装。

【实施过程】

（1）打开“服务器管理器”窗口，选中“Web 服务器（IIS）”选项，在右侧“角色服务”选项区域中，单击“添加角色服务”链接，如图 4-139 所示。

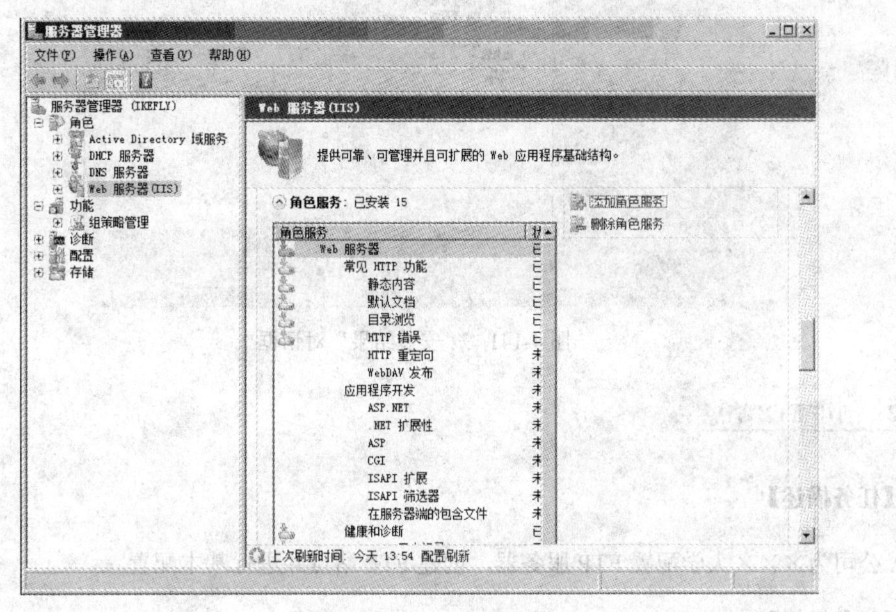

图 4-139　Web 服务器

（2）显示“选择角色服务”对话框，勾选“IIS 6 管理兼容性”和“FTP 服务器”复选框，如图 4-140 所示。

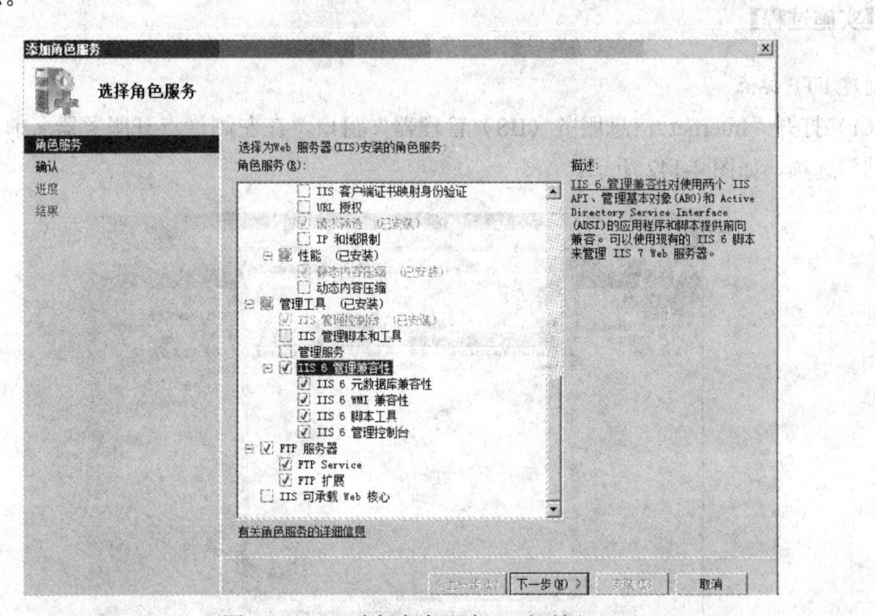

图 4-140　“选择角色服务”对话框

（3）单击“下一步”按钮，进行安装，最后显示结果，提示成功，如图 4-141 所示。

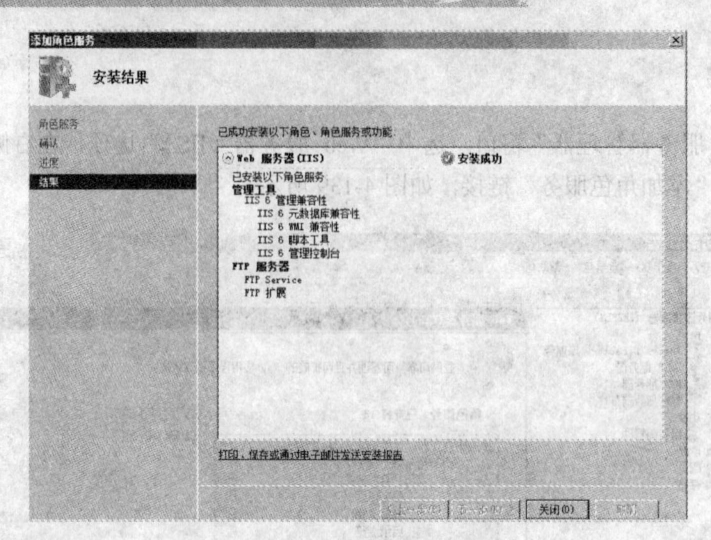

图 4-141　“安装结果”对话框

任务 2　创建 FTP 站点

【任务描述】

A 公司为×××大学配置 FTP 服务器，创建 FTP 站点并进行基本配置。

【任务目标】

掌握 FTP 站点的创建和基本配置。

【实施过程】

创建 FTP 站点

（1）打开“Internet 信息服务（IIS）管理器”窗口，在左侧栏点开服务器名前的加号，选中“网站”选项，如图 4-142 所示。

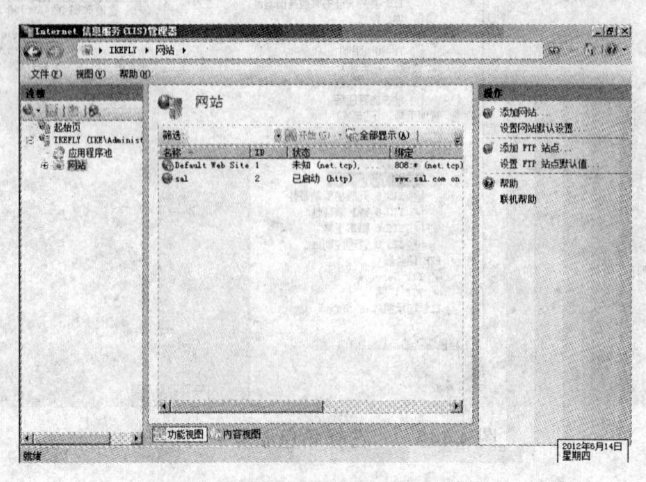

图 4-142　网站

（2）在右侧“操作”栏，单击“添加 FTP 站点”，显示“站点信息”对话框，在“FTP 站点名称”文本框中输入 wdkftp，在“物理路径”文本框中输入目录，如图 4-143 所示。

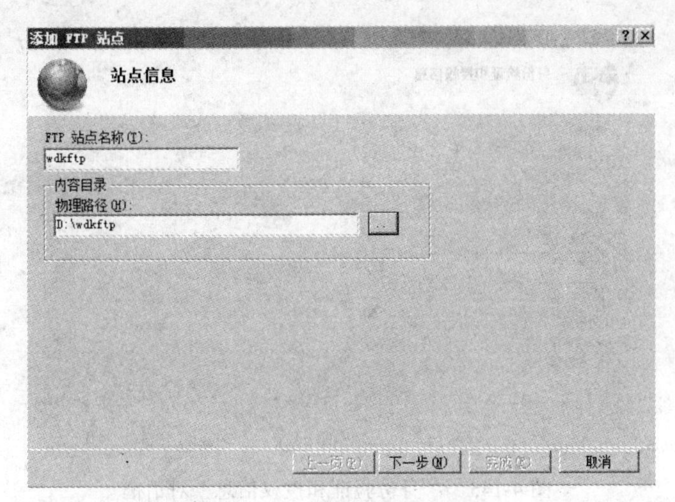

图 4-143 “站点信息”对话框

（3）单击“下一步”按钮，弹出“绑定和 SSL 设置”对话框，输入绑定的 IP 地址，勾选“启用虚拟主机名”复选框，这里在“虚拟主机”文本框中输入 ftp.ike.net，如图 4-144 所示。

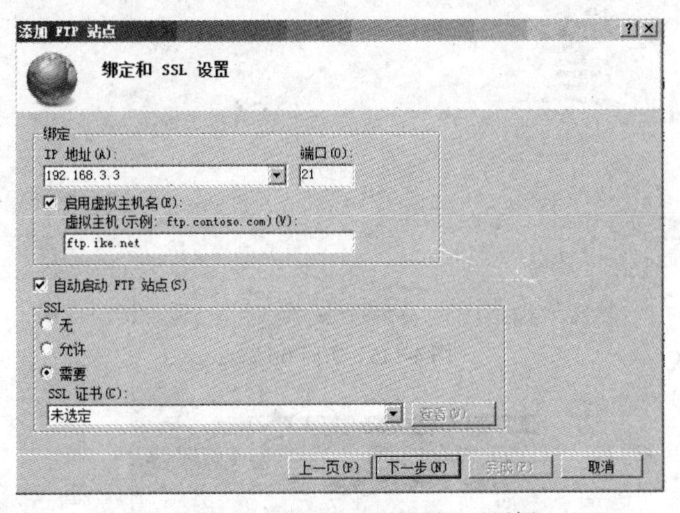

图 4-144 “绑定和 SSL 设置”对话框

（4）单击“下一步”按钮，弹出“身份验证和授权信息”对话框，设置身份验证、授权访问和访问权限。这里身份验证勾选“匿名”复选框，允许匿名用户访问，授权访问选择“所有用户”选项，权限勾选“读取”复选框，如图 4-145 所示，单击“完成”按钮，完成添加 FTP 站点。

（5）在客户机，打开“Windows 资源管理器”，在地址栏中输入 FTP 站点的访问地址，格式为：ftp://服务器名或 IP 地址/目录名。这里输入ftp://192.168.3.3，按回车键，如图 4-146 所示，用户可以在相应的 FTP 站点上下载资源了。

（6）如果希望创建一个可以使用域名访问的 FTP 站点，则以域管理员账户登录到 DNS 服务器上，打开“DNS 管理器”窗口，右击 wdk.net，并在弹出的“新建资源记录”菜单中选择“新建别名”选项，打开如图 4-147 所示的“新建资源记录”对话框，在“别名”文本框中输入别名，这里输入 ftp，在“目标主机的完全合格的域名（FQDN）”文本框中输入域名，这里输入 ikefly.wdk.net。

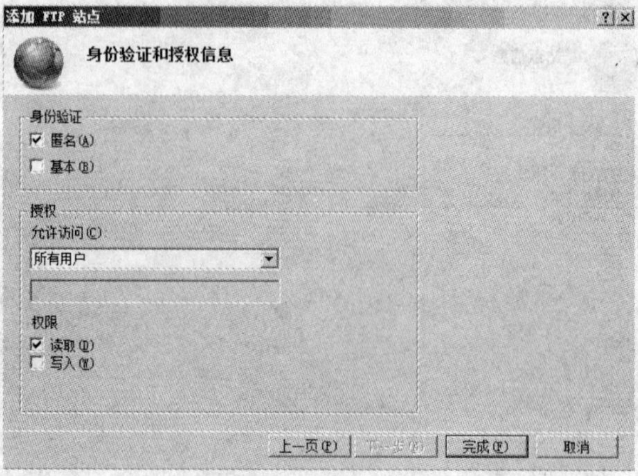

图 4-145 “身份验证和授权信息”对话框

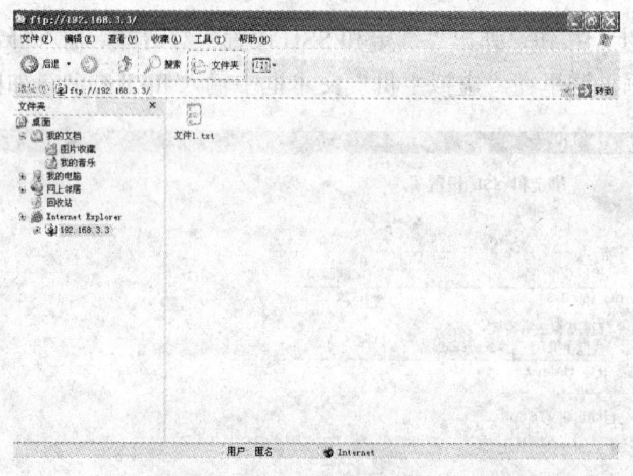

图 4-146 访问 ftp 站点

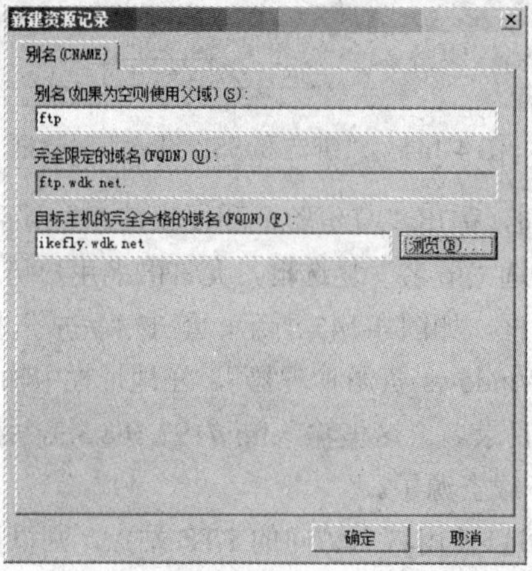

图 4-147 “新建资源记录”对话框

（7）在客户端机器上，单击“开始”→“所有程序”→“附件”→“Windows 资源管理器”选项，在弹出窗口的地址栏中输入 FTP 站点的访问地址，这里输入ftp://ftp.wdk.net，按回车键，即可在该 FTP 站点下载资源了。

【知识链接】

1. FTP 服务器

FTP 服务器是在互联网上提供存储空间的计算机，它们依照 FTP 协议提供服务。FTP 的全称是 File Transfer Protocol（文件传输协议），是专门用来传输文件的协议。简单地说，支持 FTP 协议的服务器就是 FTP 服务器。

2. FTP 的使用

FTP 的使用经常遇到两个概念：“下载”（Download）和“上传”（Upload）。下载文件就是从远程主机拷贝文件至自己的计算机上；上传文件就是将文件从自己的计算机中拷贝至远程主机上。即用户可通过客户机程序向（从）远程主机上传（下载）文件。

3. 匿名 FTP

使用 FTP 时必须首先登录，在远程主机上获得相应的权限以后，方可上传或下载文件。也就是说，要想同哪一台计算机传送文件，就必须具有哪一台计算机的适当授权。换言之，除非有用户 ID 和口令，否则便无法传送文件。这种情况违背了 Internet 的开放性，Internet 上的 FTP 主机何止千万，不可能要求每个用户在每一台主机上都拥有账户。匿名 FTP 就是为解决这个问题而产生的。匿名 FTP 是这样一种机制，用户可通过它连接到远程主机上，并从其下载文件，而无需成为其注册用户。系统管理员建立了一个特殊的用户 ID，名为 anonymous，Internet 上的任何人在任何地方都可使用该用户 ID。通过 FTP 程序连接匿名 FTP 主机的方式同连接普通 FTP 主机的方式差不多，只是在要求提供用户标识 ID 时必须输入 anonymous，该用户 ID 的口令可以是任意的字符串。习惯使用自己的 E-mail 地址作为口令，使系统维护程序能够记录下谁在存取这些文件。值得注意的是，匿名 FTP 不适用于所有 Internet 主机，它只适用于那些提供了这项服务的主机。当远程主机提供匿名 FTP 服务时，会指定某些目录向公众开放，允许匿名存取，系统中的其余目录则处于隐匿状态。作为一种安全措施，大多数匿名 FTP 主机都允许用户从其下载文件，而不允许用户向其上传文件，也就是说，用户可将匿名 FTP 主机上的所有文件全部拷贝到自己的机器上，但不能将自己机器上的任何一个文件拷贝至匿名 FTP 主机上。即使有些匿名 FTP 主机确实允许用户上传文件，用户也只能将文件上传至某一指定的上传目录中。随后，系统管理员会去检查这些文件，他会将这些文件移至另一个公共下载目录中，供其他用户下载，利用这种方式，远程主机的用户得到了保护，避免了有人上传有问题的文件，如带病毒的文件。作为一个 Internet 用户，可通过 FTP 在任意两台 Internet 主机之间拷贝文件。但是，实际上大多数人只有一个 Internet 帐户，FTP 主要用于下载公共文件，例如共享软件、各公司技术支持文件等。Internet 上有成千上万台匿名 FTP 主机，这些主机上存放着数不清的文件，供用户免费拷贝。实际上，几乎所有类型的信息，所有类型的计算机程序都可以在 Internet 上找到，这正是 Internet 吸引我们的重要原因之一。匿名 FTP 使用户有机会存取到世界上最大的信息库，这个信息库是日积月累起来的，并且还在不断增长，永不关闭，涉及到几乎所有主题。而且，这一切是免费的。匿名 FTP 是 Internet 上发布软件的常用方法。Internet 之所以能延续到今天，是因为人们使用通过标准协议提供标准服务的程序。像这样的程序，有许多就是通过匿名 FTP 发布的，任何人都可以存取它们。Internet 中有数目巨大的匿名 FTP 主机以及更多的文件，那么到底怎样才能知道某一特定文件位于哪个匿名FTP主机上的哪个目录中呢？这正是 Archie 服务器所要完成的工作。Archie 将自动在 FTP 主机中进行搜索，构造一个包含全部文件目录信息的数据库，使用户可以直接找到所需文件的位置信息。

【拓展训练】

读者根据以上知识，独立完成以下任务：
为×××大学网络工程项目中的服务器安装 FTP 服务，并进行基本配置。

【分析和讨论】

（1）如何创建 FTP 站点？
（2）如何安装 FTP 服务？

单元五

接入 Internet

本单元通过具体的任务讲解接入 Internet，具体包括以下几个方面：

- 通过 ADSL 接入 Internet
- 通过光纤接入 Internet
- 无线宽带接入 Internet

模块一　通过 ADSL 接入 Internet

ADSL（Asymmetric Digital Subscriber Line，非对称数字用户环路）是一种上行和下行带宽不对称的数据传输方式，因此称为非对称数字用户线环路。它采用频分复用技术把普通的电话线分成了电话、上行和下行三个相对独立的信道，从而避免了相互之间的干扰。即使边打电话边上网，也不会发生上网速率和通话质量下降的情况。通常 ADSL 在不影响正常电话通信的情况下可以提供最高 3.5Mb/s 的上行速度和最高 24Mb/s 的下行速度。本模块通过完成 ADSL 接入任务，掌握通过 ADSL 接入 Internet 的方法。

任务 1　单机接入

【任务描述】

×××大学某宿舍的一位学生从网通公司申请了一个 ADSL 账户，现需要将学生在宿舍里的计算机通过 ADSL 调制解调器连接到 Internet。

【任务目标】

通过任务实施，掌握 ADSL 线路的安装。

【设备清单】

- 一台计算机；
- 一台 ADSL 调制解调器。

【实施过程】

1. 网络拓扑

拓扑结构如图 5-1 所示。

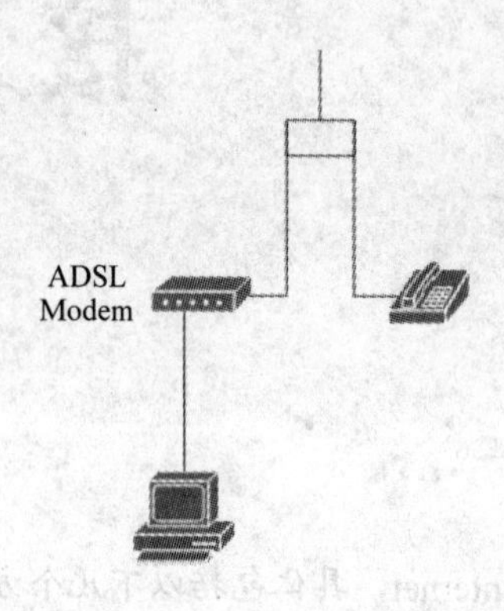

图 5-1　单机接入拓扑图

2. 实现步骤

（1）打开“控制面板”窗口，双击“网络连接”图标，在“网络连接”窗口左侧“网络任务”栏中单击“创建一个新的连接”链接，如图 5-2 所示。

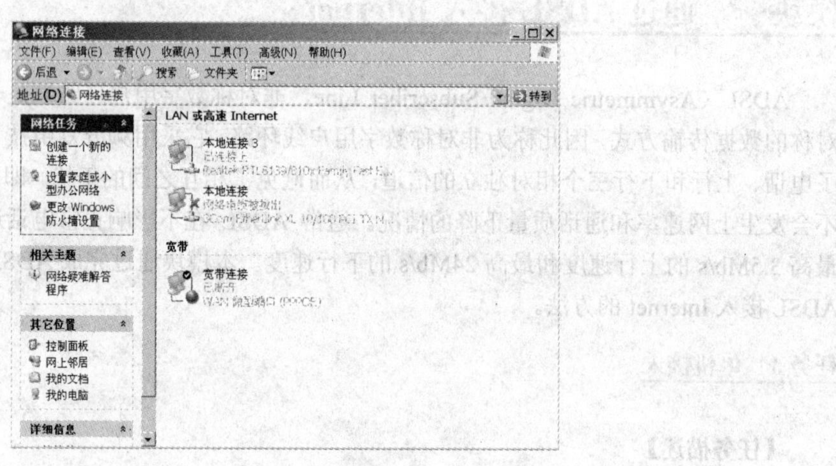

图 5-2　创建一个新的连接

（2）显示“欢迎使用新建连接向导”对话框，如图 5-3 所示，单击“下一步”按钮。

（3）显示“网络连接类型”对话框，选中“连接到 Internet”单选按钮，如图 5-4 所示，单击“下一步”按钮。

（4）显示“准备好”对话框，选中“手动设置我的连接”单选按钮，如图 5-5 所示，单击“下一步”按钮。

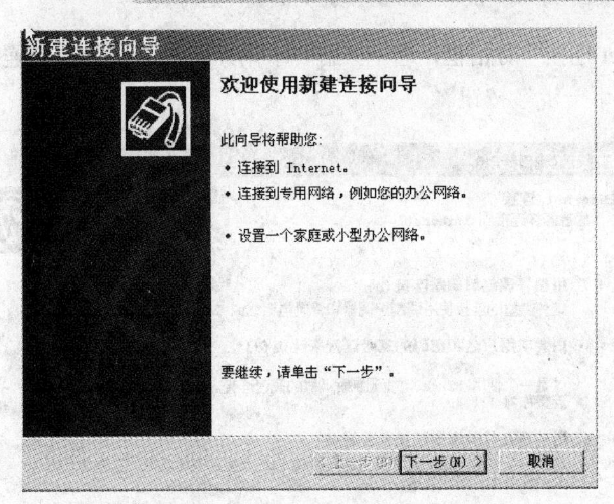

图 5-3 “欢迎使用新建连接向导”对话框

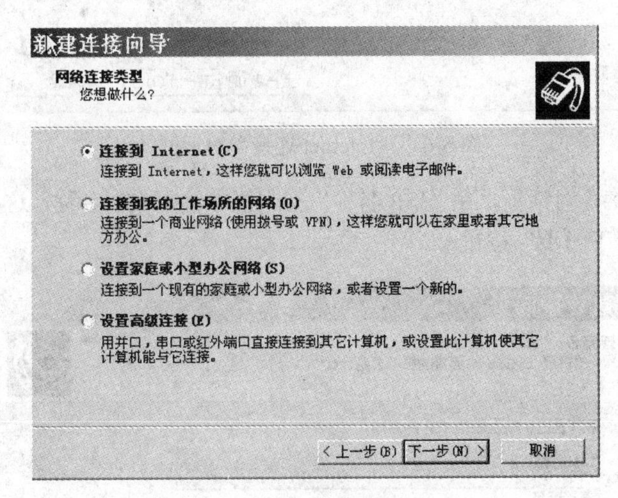

图 5-4 “网络连接类型”对话框

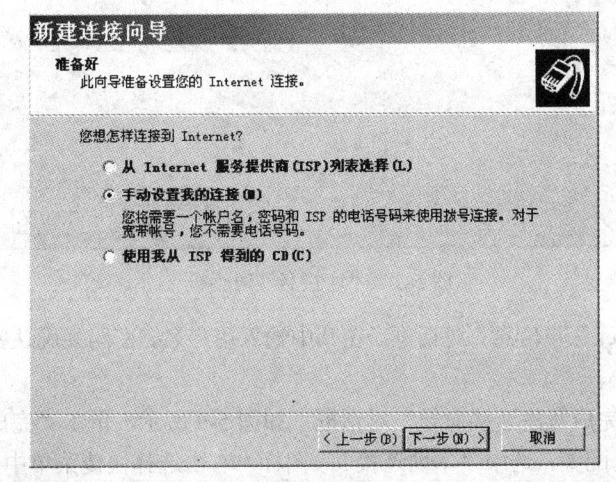

图 5-5 “准备好”对话框

（5）显示“Internet 连接”对话框，选中“用要求用户名和密码的宽带连接来连接”单选按钮，如图 5-6 所示，单击“下一步”按钮。

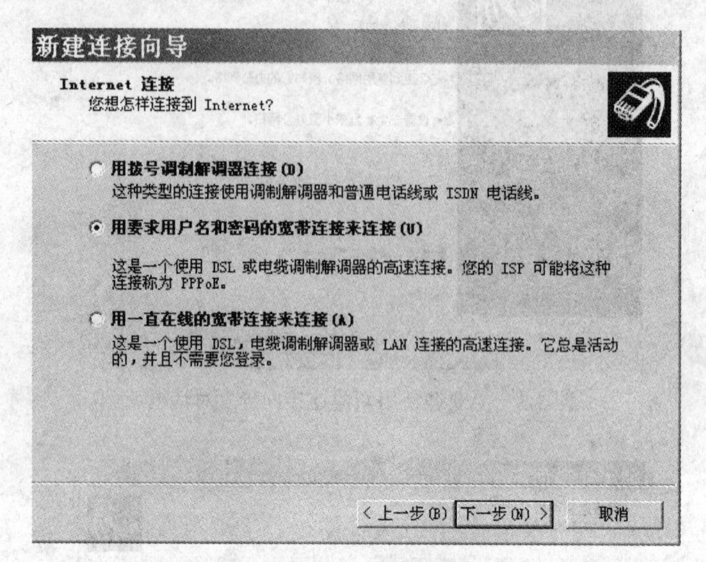

图 5-6 “Internet 连接”对话框

（6）显示“连接名”对话框，在“ISP 名称”文本框中输入 ISP 名称，这里输入“宽带连接”，如图 5-7 所示，单击“下一步”按钮。

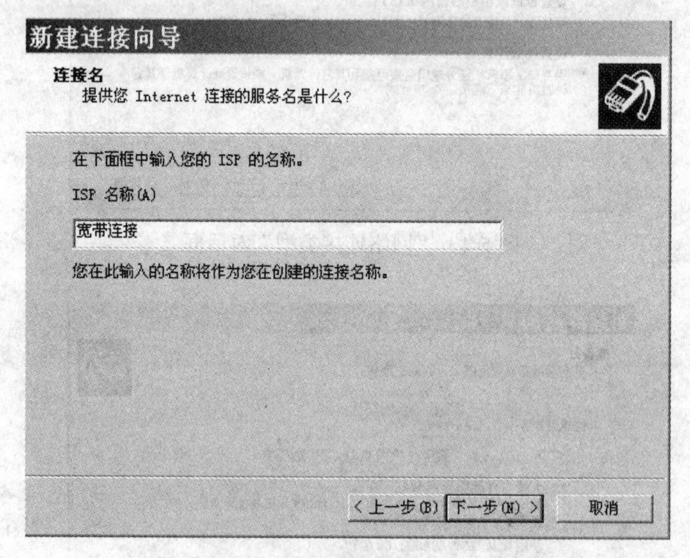

图 5-7 “连接名”对话框

（7）显示“Internet 账户信息”对话框，在其中输入用户名、密码并确认密码，如图 5-8 所示，单击“下一步”按钮。

（8）显示“正在完成新建连接向导”对话框，如图 5-9 所示，单击“完成”按钮。

（9）进行 TCP/IP 配置。选中“本地连接 3”图标，右击选择快捷菜单中“属性”选项，弹出“本地连接 3 属性”对话框，如图 5-10 所示。

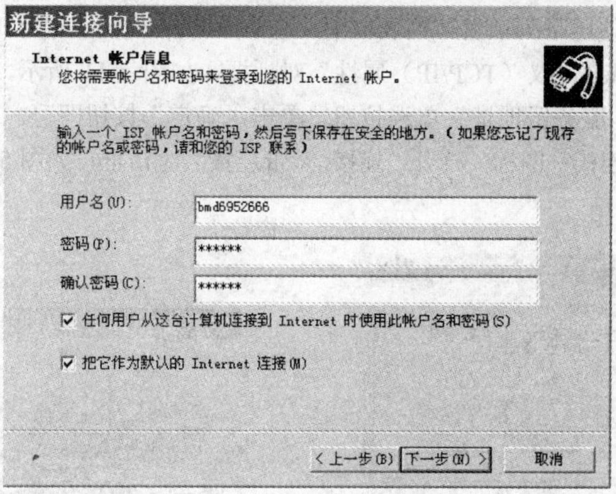

图 5-8　“Internet 账户信息”对话框

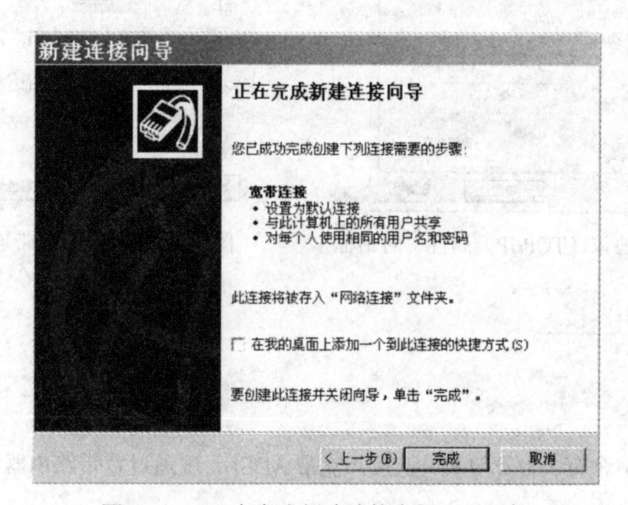

图 5-9　“正在完成新建连接向导”对话框

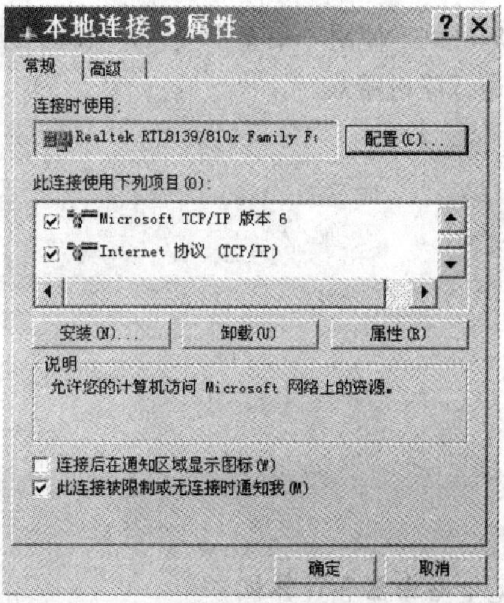

图 5-10　“本地连接 3 属性”对话框

（10）在“此连接使用下列项目”列表框中，选中“Internet 协议（TCP/IP）”选项，单击“属性”按钮，弹出“Internet 协议（TCP/IP）属性”对话框，如图 5-11 所示，选中“自动获得 IP 地址”及“自动获得 DNS 服务器地址”单选按钮，单击“确定”按钮即可。

（11）双击“宽带连接”图标，打开“连接 宽带连接”对话框，如图 5-12 所示，单击“连接”按钮，即可完成上网。

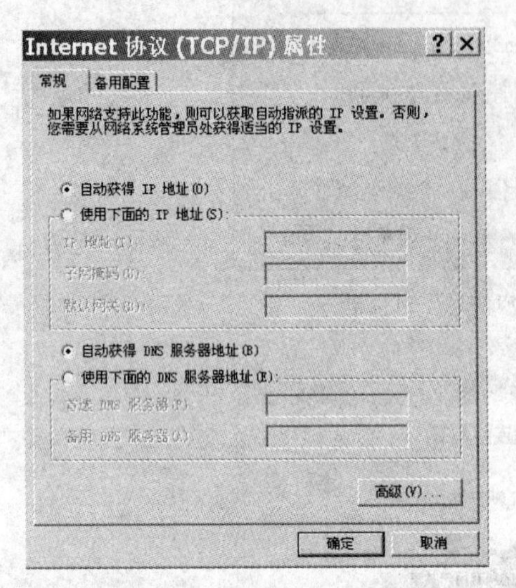

图 5-11 “Internet 协议（TCP/IP）属性”对话框

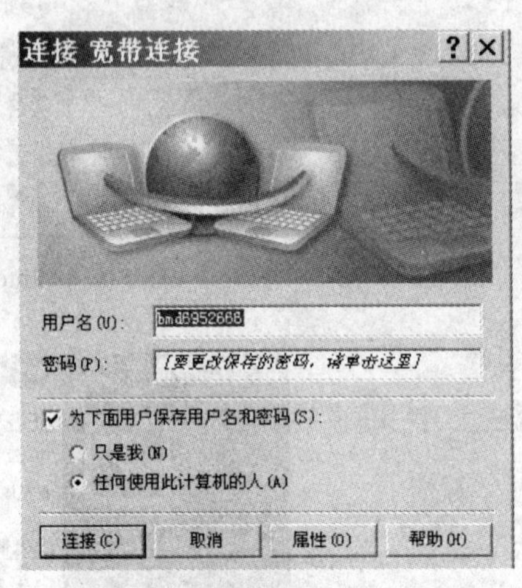

图 5-12 “连接 宽带连接”对话框

任务 2 使用宽带路由器接入

【任务描述】

×××大学的某宿舍有 3 台计算机，已接入宽带 ADSL，现通过宽带路由器使宿舍同学共享接入。

【任务目标】

在宿舍中组建一个小型的局域网，使用一条宽带接入，实现共享同学的资源，如学习资料、电影、软件等，几个人一起能够进行联机游戏。

【设备清单】

- 计算机 3 台；
- ADSL Modem 1 台；
- 宽带路由器 1 台。

【实施过程】

1. 网络拓扑

拓扑结构如图 5-13 所示。

2. 连接 ADSL Modem、宽带路由器和计算机

正确连接 ADSL Modem、宽带路由器和计算机。

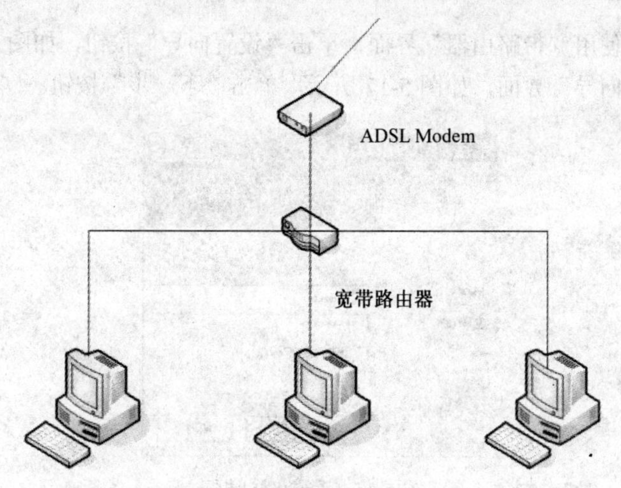

图 5-13 使用宽带路由器拓扑图

3. 对 3 台计算机中的一台配置 IP 地址

在 3 台计算机的任意一台中右击“网上邻居”，在弹出的快捷菜单上单击“属性”选项，打开“网络连接”窗口，选中“本地连接”，右击“属性”选项，弹出“本地连接 属性”对话框，在“此连接使用下列项目”列表中选中“Internet 协议（TCP/IP）”选项，单击“属性”按钮，弹出“Internet 协议（TCP/IP）属性”对话框，选中“使用下面的 IP 地址”单选按钮，在“IP 地址”输入框中输入 192.168.1.2，在“子网掩码”输入框中输入 255.255.255.0，在“默认网关”输入框中输入 192.168.1.1（该地址在宽带路由器的说明书中提供，一般为 192.168.0.1 或 192.168.1.1），在“Internet 协议（TCP/IP）属性”对话框中单击“确定”按钮，然后在“本地连接 属性”对话框中单击“确定”按钮。

4. 配置宽带路由器

（1）打开 IE 浏览器，在地址栏中输入 192.168.1.1 并回车，如图 5-14 所示。

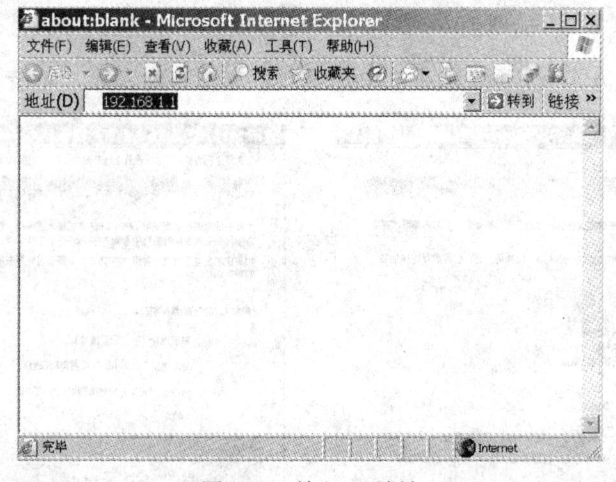

图 5-14 输入 IP 地址

（2）弹出登录对话框，输入用户名和密码，这些信息在设备说明书中提供，这里用户名和密码均为“admin”，如图 5-15 所示。

（3）显示“欢迎使用宽带路由器”界面，单击“设置向导”按钮，如图 5-16 所示。

（4）显示“设置向导”界面，如图 5-17 所示，单击“下一步”按钮。

图 5-15　登录对话框

图 5-16　“欢迎使用宽带路由器”界面

（5）显示“上网方式”界面，选中 PPPoE 选项，如图 5-18 所示，单击“下一步”按钮。

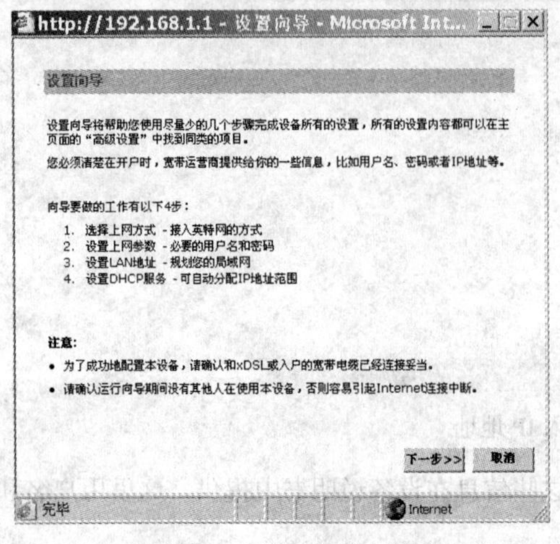

图 5-17　“设置向导”界面

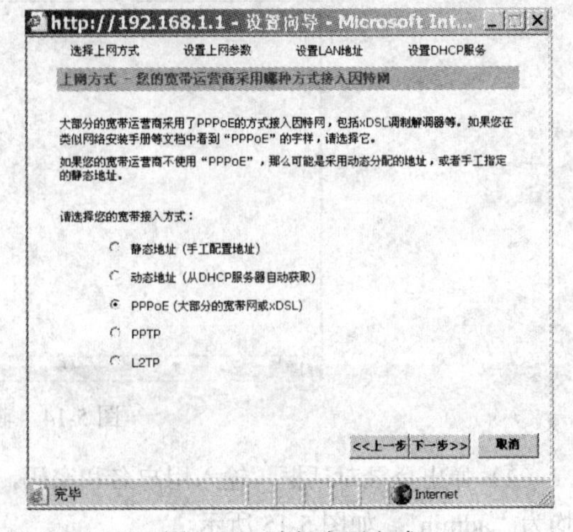

图 5-18　选择上网方式

（6）显示“设置上网参数”界面，输入“PPPoE 用户名”和“PPPoE 密码”等信息，如图 5-19 所示，单击“下一步”按钮。

（7）显示“设置 LAN 地址”界面，设置网关地址，如图 5-20 所示，单击“下一步”按钮。

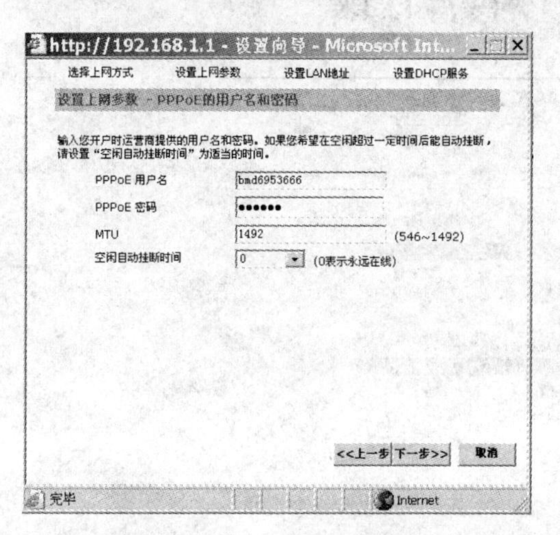

图 5-19 设置上网参数——输入 PPPoE 用户名和密码

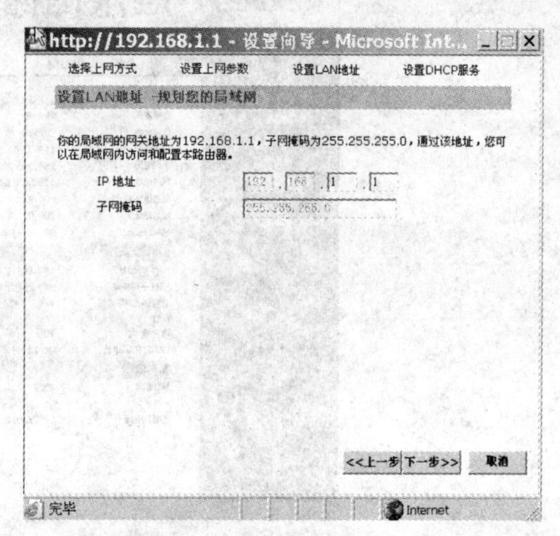

图 5-20 “设置 LAN 地址”界面

（8）显示“设置 DHCP 服务”界面，勾选“开启 DHCP 服务器功能”复选框，如图 5-21 所示，单击“下一步”按钮。

（9）显示“设置参数汇总”界面，确认设置的参数是否正确，如图 5-22 所示。

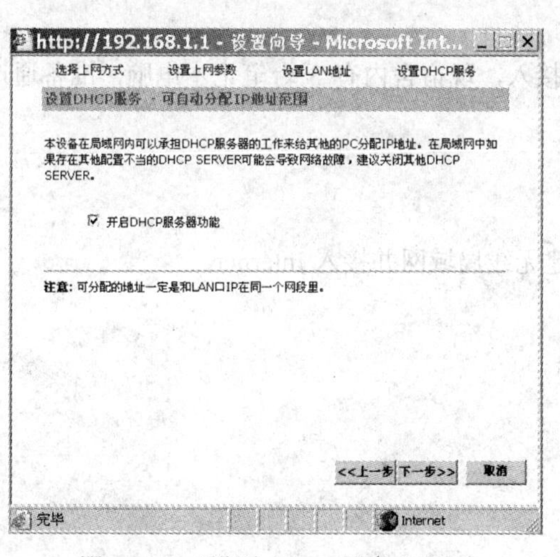

图 5-21 “设置 DHCP 服务”界面

图 5-22 “设置参数汇总”界面

（10）单击“完成”按钮，回到“欢迎使用宽带路由器”界面，单击“高级设置”按钮，显示“高级设置”界面，在“WAN 状态”栏中，确认“连接状态”为“连接成功”，单击界面左侧栏中的“退出”链接即可，如图 5-23 所示。

5. 配置 PC 机

将宿舍内 3 台计算机的“IP 地址”和“DNS 地址”均配置成“自动获取”，即可实现局域网内 3 台计算机同时上网。

图 5-23　查看 WAN 状态

任务 3　使用无线路由器接入

【任务描述】

在×××大学，某宿舍已申请了 ADSL 宽带接入，现宿舍内有 3 台笔记本电脑，准备通过无线宽带路由器，共享接入 Internet。

【任务目标】

通过任务实施，掌握通过无线宽带路由器组建无线局域网并接入 Internet。

【设备清单】

- 笔记本电脑 3 台；
- 无线路由器 1 台。

【实施过程】

1. 网络拓扑

拓扑结构如图 5-24 所示。

2. 取三台笔记本电脑中的一台，用网线连接无线宽带路由器，并配置 IP 地址

在“网络连接”窗口中单击选中“本地连接”，右击“属性”选项，弹出“本地连接 属性”对话框，选中“Internet 协议（TCP/IP）”选项，单击“属性”按钮，弹出“Internet 协议（TCP/IP）属性”对话框，选中“使用下面的 IP 地址”单选按钮，在“IP 地址”输入框中输入 192.168.1.2，在“子网掩码”输入框中输入 255.255.255.0，在“默认网关”输入框中输入 192.168.1.1（该地址在无线宽带路由器的说明书中提供，一般为 192.168.0.1 或 192.168.1.1），在“Internet 协议（TCP/IP）

属性”对话框中单击“确定”按钮，然后在“本地连接 属性”对话框中单击“确定”按钮。

3. 配置无线宽带路由器

（1）在 IE 浏览器地址栏中输入 192.168.1.1 并回车，弹出登录对话框，输入用户名和密码，如图 5-25 所示。

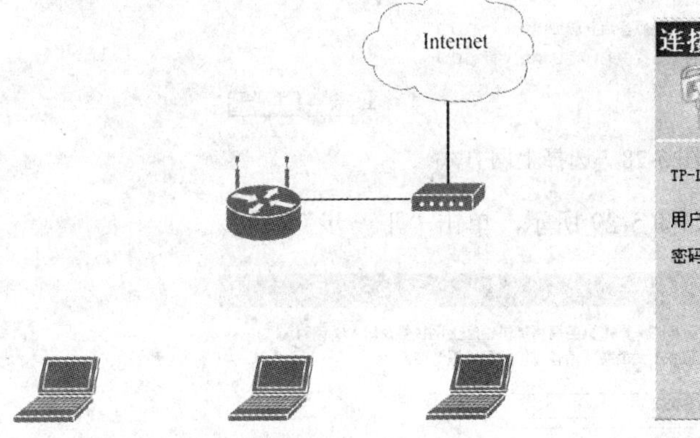

图 5-24 无线路由器接入 Internet

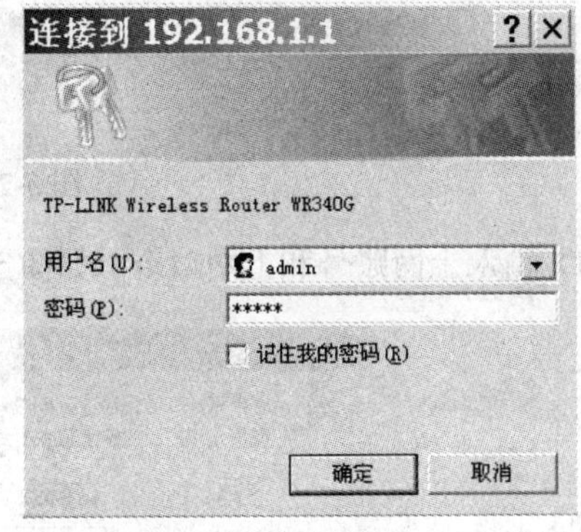

图 5-25 登录对话框

（2）显示“54M 无线宽带路由器”界面，如图 5-26 所示，单击“设置向导”链接。

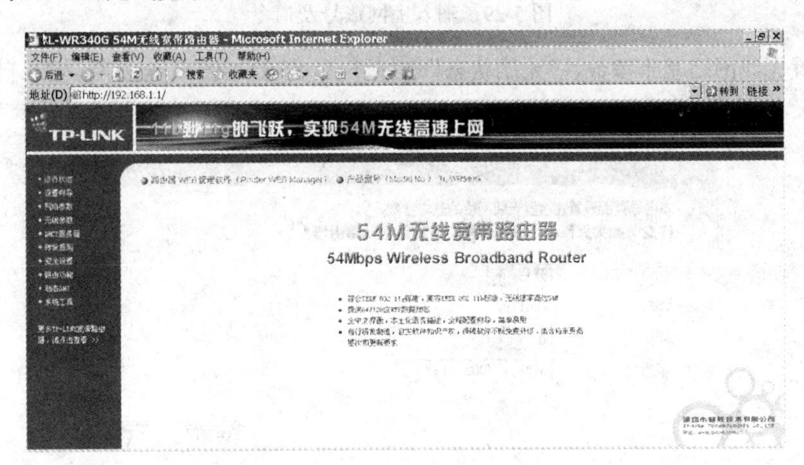

图 5-26 “54M 无线宽带路由器”界面

（3）显示“设置向导”对话框，如图 5-27 所示，单击“下一步”按钮。

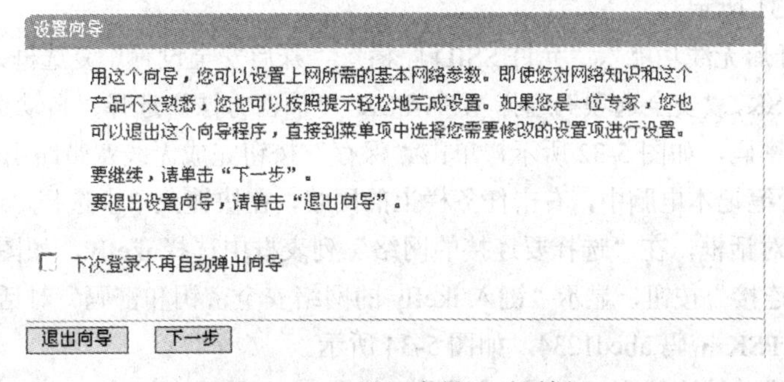

图 5-27 “设置向导”对话框

（4）在弹出的对话框中选择上网方式，这里选中“ADSL 虚拟拨号（PPPoE）”单选按钮，如图 5-28 所示，单击“下一步”按钮。

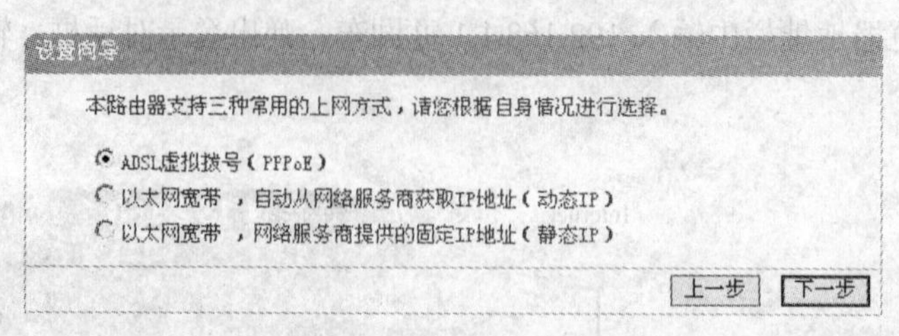

图 5-28　选择上网方式

（5）输入上网账号和上网口令，如图 5-29 所示，单击“下一步”按钮。

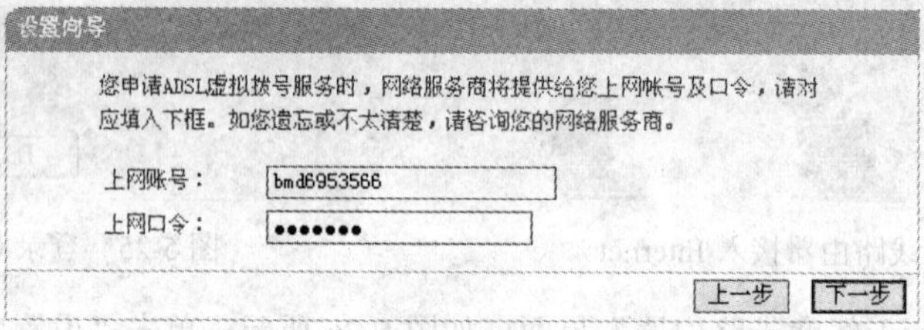

图 5-29　输入上网账号及口令

（6）设置无线网络基本参数，“无线状态”选择开启，SSID 将默认值去掉，输入自定义的 SSID 值，这里输入 ikefly，“频段”和“模式”默认即可，如图 5-30 所示，单击“下一步”按钮。

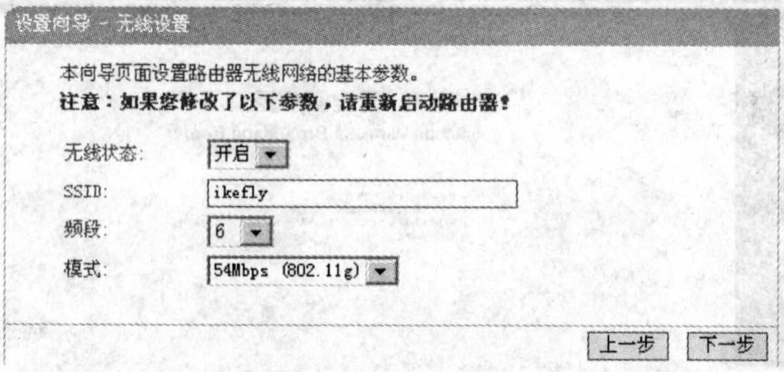

图 5-30　无线设置

（7）完成“设置向导”后，在“54M 无线宽带路由器”界面中单击“无线参数”→“基本设置”链接，如图 5-31 所示。

（8）勾选“开启无线功能”、“允许 SSID 广播”、“开启安全设置”复选框，“安全类型”选择 WPA-PSK/WPA2-PSK，“安全选项”选择 WPA-PSK，“加密方法”选择“自动选择”，在“PSK 密码”输入框中输入密码，如图 5-32 所示，单击“保存”按钮完成无线宽带路由器的设置。

（9）在任一台笔记本电脑中，右击任务栏上的网络，在快捷菜单中选择“连接到网络”选项，弹出“连接网络”对话框，在“选择要连接的网络”列表框中选择 ikefly，如图 5-33 所示。

（10）单击“连接”按钮，显示“键入 ikefly 的网络安全密钥和密码”对话框，输入在无线宽带路由器中设置的 PSK 密码 abcd1234，如图 5-34 所示。

（11）显示“成功地连接到 ikefly”对话框，如图 5-35 所示。

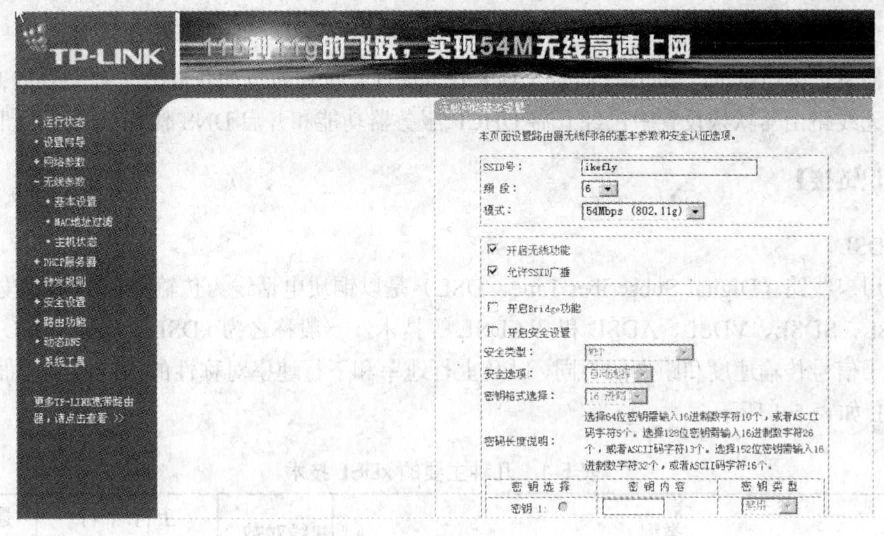

图 5-31 无线网络基本设置

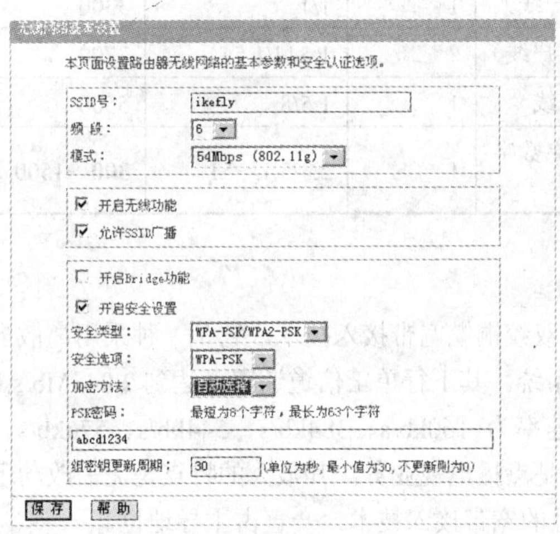

图 5-32 无线网络基本参数和安全认证选项

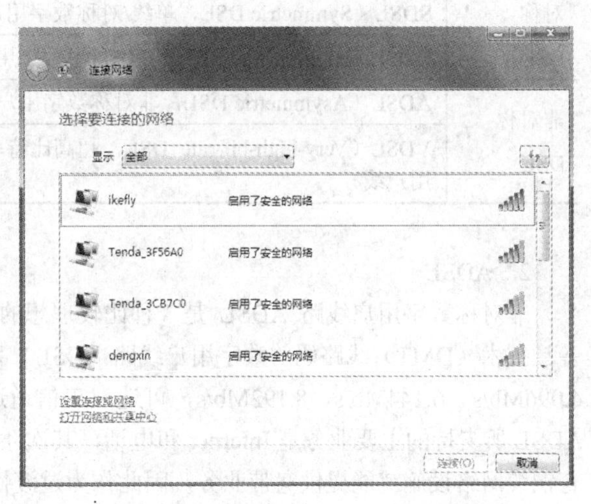

图 5-33 “选择要连接的网络”对话框

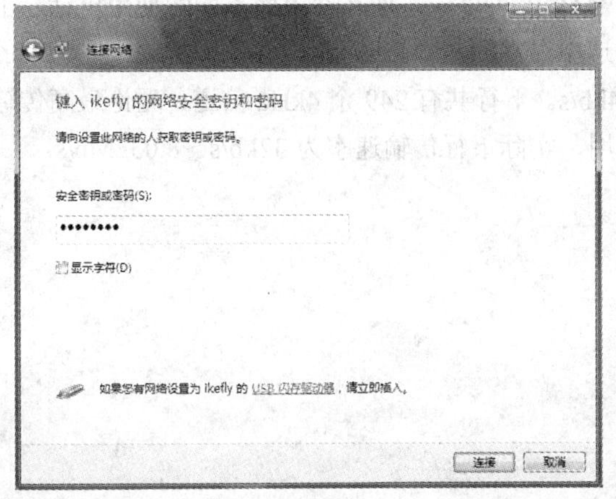

图 5-34 “键入 ikefly 的网络安全密钥和密码”对话框

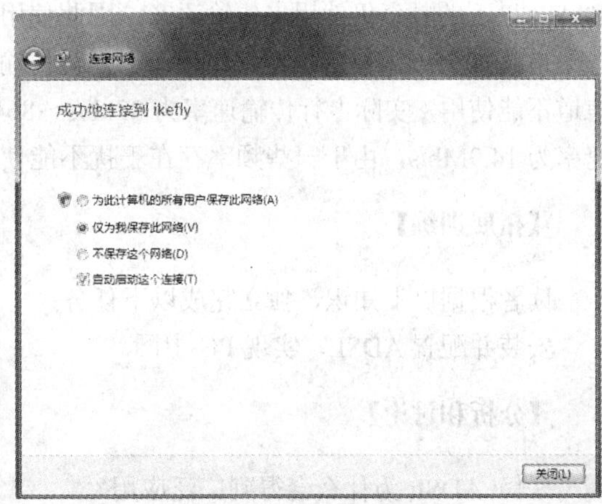

图 5-35 “成功地连接到 ikefly”对话框

4. 配置其他笔记电脑

将其他笔记本电脑的“Internet 协议（TCP/IP）属性”设置为自动获取 IP、自动获取 DNS 服务器地址（无线路由器默认设置中已经开启 DHCP 服务器功能和开启 DNS 代理），即可上网。

【知识链接】

1. xDSL

数字用户线路（Digital Subscriber Line，DSL）是以铜质电话线为传输介质的传输技术组合，包括 HDSL、SDSL、VDSL、ADSL 和 RADSL 等技术，一般称之为 xDSL。几种 xDSL 技术的主要区别在于信号传输速度和距离的不同，以及上行速率和下行速率对称性的不同两个方面。几种主要的 xDSL 如表 5-1 所示。

表 5-1　几种主要的 xDSL 技术

类型		线对数	上行/下行速率（Mb/s）	最大传输距离/m
对称DSL	SDSL（Symmetric DSL，单线/对称数字用户线）	1	1/1	3300
	HDSL（High-bit-rate DSL，高比特率数字用户线）	2～3	1.544/1.544	3700
非对称DSL	ADSL（Asymmetric DSL，非对称数字用户线）	1	1.5/8	5500
	VDSL（Very-high-bit-rate DSL，超高比特率数字用户线）	1	2.3/5.1～51	300～1500

2. ADSL

非对称数字用户线路 ADSL 是一种比较理想的双绞铜缆宽带接入技术。它是一种采用离散多音频技术（DMT）线路码的数字用户线路（DSL）系统。其下行单工信道速率可达到 2.048Mb/s、4.096Mb/s、6.144Mb/s、8.192Mb/s，可选双工信道速率为 160kb/s、384kb/s、544kb/s、576kb/s。ADSL 所支持的主要业务是 Internet 和电话，其次才是点播电视业务，其最大的特点是无需改动现有铜缆网络设施就能提供宽带业务，因此作为过渡性的宽带接入技术，一直占主导地位。

目前，ADSL 系统采用效果最好的是离散多音频技术 DMT，使用 40kHz 以上的频率传输数据，40kHz 以下的频率仍然用来传输语音。因此使用 ADSL 可以一直连在网上而不影响使用电话。上行频道共有 25 个 4kHz 信道，在理论上上行传输速率最高为 1.5Mb/s，由于存在干扰，一些频率的信道不能使用，实际上行传输速率为 32kb/s～864kb/s。下行共有 249 个 4kHz 信道，理论最高传输速率为 14.9Mb/s，由于一些频率存在干扰不能使用，实际下行传输速率为 32kb/s～8.032Mb/s。

【拓展训练】

读者根据以上知识，独立完成以下任务：

安装并配置 ADSL，实现 PC 上网。

【分析和讨论】

（1）ADSL 为什么会得到广泛应用？

（2）为什么说 ADSL 只是一段时期内的过渡性产品，将会被淘汰？

模块二 通过光纤接入 Internet

由于光纤接入能够提供 10Mb/s、100Mb/s、1000Mb/s 的高速宽带，且直接汇接于中国宽带互联网（CHINANET）实现宽带多媒体应用，主要适用于集团用户和智能化小区、宾馆、商务楼、校园网等的高速接入 Internet。

本模块通过完成光纤接入任务，掌握通过光纤接入 Internet 的方法。

任务 1 单机接入 Internet

【任务描述】

网通公司将光纤接入×××大学教师家属区，家属区成为光纤宽带小区，某教师家从网通公司申请到一个光纤宽带账户，现需要将教师家里的计算机通过光纤宽带连接到 Internet。

【任务目标】

通过任务实施，掌握通过光纤宽带连接到 Internet 的方法。

【设备清单】

一台计算机。

【实施过程】

1. 网络拓扑

拓扑结构如图 5-36 所示。

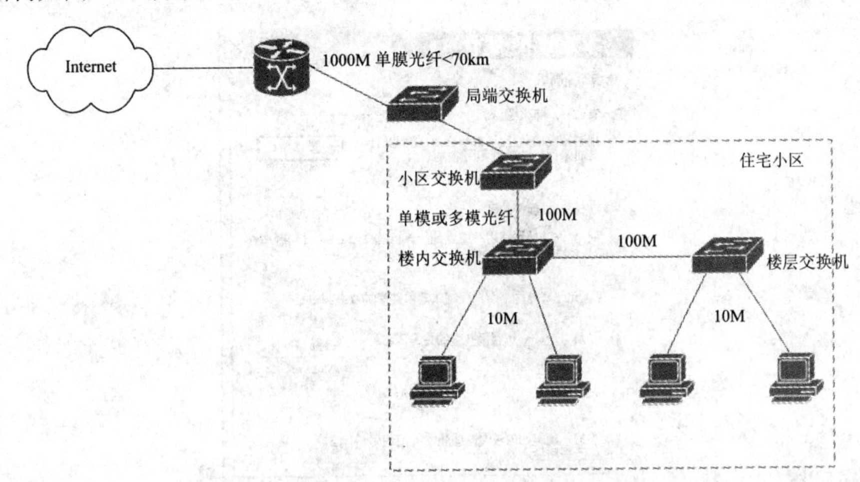

图 5-36 光纤小区家庭接入 Internet 拓扑图

2. 实现步骤

（1）配置方法同单元五模块一任务 1 相似，但用户名和密码需更换为从 ISP 申请的光纤用户的用户名和密码。

（2）双击“宽带连接”，单击“连接”按钮，如图 5-37 所示，即可完成上网。

任务 2　通过 ICS 接入 Internet

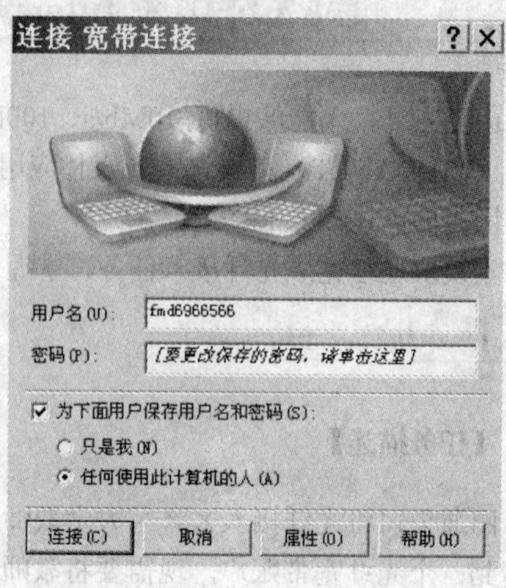

图 5-37　连接宽带连接

【任务描述】

在×××大学校园网，某微机室墙上已布置好一个上网信息点，现通过 ICS 实现微机室局域网计算机接入 Internet。

【任务目标】

通过任务实施，掌握 ICS 主机的配置方法。

【设备清单】

PC 机 20 台。

【实施过程】

ICS 主机需要安装两个网卡，一个网卡用于连接 Internet，所以将该网卡设置为上网 IP，另一个网卡用于连接本地交换机。其他 PC 机则连到该交换机上。具体的设置步骤介绍如下。

（1）配置 ICS 主机。

1）完成 ICS 主机的上网网卡的上网设置，并连接上网。

2）在“网络连接”窗口中，右击上网网卡的“本地连接”，在快捷菜单中选择“属性”选项，在弹出的“本地连接 属性”对话框中，选择“高级”选项卡，如图 5-38 所示，勾选“允许其他的网络用户通过此计算机的 Internet 连接来连接”复选框。

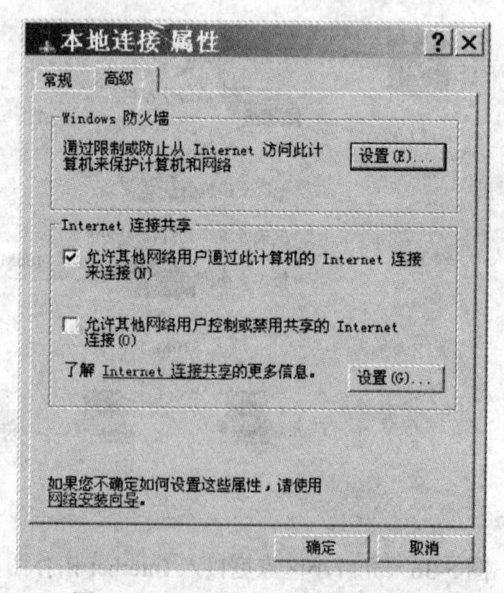

图 5-38　ICS 主机上网网卡设置

（2）在其他 PC 机上将网卡的 IP 地址设置为 192.168.0.2～192.168.0.254，子网掩码设置为 255.255.255.0，默认网关设置为 192.168.0.1，并设置好 DNS 地址即可。

任务 3 双出口接入 Internet

【任务描述】

A 公司承建×××大学校园网工程，为了保证网络出口稳定可靠，A 公司要求学校向网通公司申请两条 Internet 线路，现需要这两条线路做负载均衡和冗余备份。

【任务目标】

通过任务实施，掌握路由器 vrrp 冗余备份与负载均衡功能。

【设备清单】

- S2126G 交换机 2 台；
- S3550-24 交换机 1 台；
- R2624 路由器 2 台。

【实施过程】

1. 网络拓扑

拓扑结构如图 5-39 所示。

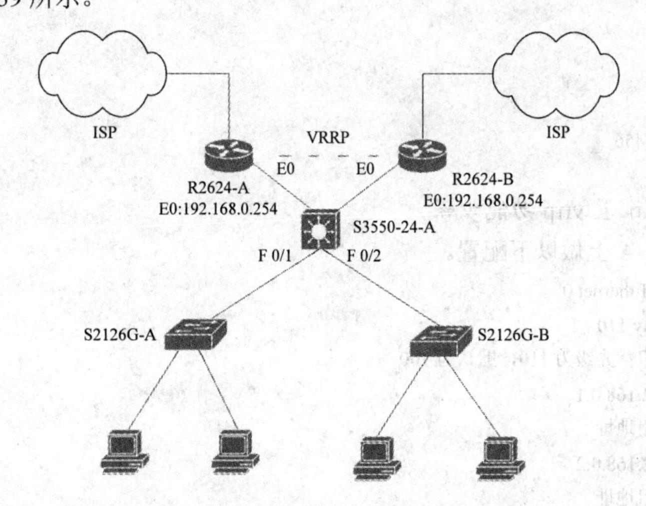

图 5-39 双出口接入 Internet 网络拓扑图

2. 设备基本配置步骤

（1）S2126G-A 交换机的基本配置。

```
hostname S2126G-A
vlan 1
end
```

（2）S2126G-B 交换机的基本配置。

```
hostname S2121G-B
vlan 1
end
```

（3）S3550-24-A 交换机的基本配置。

```
hostname S3550-24-A
vlan 1
end
```

（4）R2624-A 路由器的基本配置。

```
conf t
hostname R2624-A
enable password 123456
interface FastEthernet 0
ip address 192.168.0.254 255.255.255.0
no shut
exit
!
line vty 0 4
password 123456
login
```

（5）R2624-B 路由器的基本配置。

```
conf t
hostname R2624-B
enable password 123456
interface FastEthernet 0
ip address 192.168.0.254 255.255.255.0
no shut
exit
!
line vty 0 4
password 123456
login
```

3. 在路由器上配置 vrrp 功能步骤

（1）在 R2624-A 上做以下配置。

```
interface FastEthernet 0
vrrp 10 priority 110
！设置虚拟组优先级为 110，默认为 100
vrrp 10 ip 192.168.0.1
！配置虚拟组地址
vrrp 20 ip 192.168.0.2
！配置虚拟组地址
exit
```

（2）在 R2624-B 上做以下配置。

```
interface FastEthernet 0
vrrp 10 ip 192.168.0.1
vrrp 20 priority 150
vrrp 20 ip 192.168.0.2
exit
```

【知识链接】

近年来，以互联网为代表的新技术革命正在深刻地改变传统的电信概念和体系结构，随着各国接入网市场的逐渐开放、电信管制政策的放松、竞争的日益加剧和扩大、新业务需求的迅速出现、有线技术和无线技术的发展，接入网开始成为人们关注的焦点。在巨大的市场潜力驱动下，产生了各种各样的接入网技术。光纤通信具有通信容量大、质量高、性能稳定、防电磁干扰、保密性强等优点。在干线通信中，光纤扮演着重要角色，在接入网中，光纤接入也将成为发展的重点。光纤接入网是发展宽带接入的长远解决方案。

光纤接入网（Optical Access Network，OAN）是一种以光纤做主要传输媒介的接入网。按照光纤到达的位置，有光纤到路边（FTTC）、光纤到大楼（FTTB）、光纤到办公室（FTTO）、光纤到家（FTTH）等之分。

1. 光纤接入网的基本构成

光纤接入网（OAN）以光纤作为主要的传输媒质，实现接入网的信息传送功能。通过光线路终端（OLT）与业务结点相连，通过光网络单元（ONU）与用户连接。光纤接入网包括远端设备（光网络单元）和局端设备（光线路终端），它们通过传输设备相连。它们在整个接入网中完成从业务结点接口（SNI）到用户网络接口（UNI）间有关信令协议的转换。接入设备本身还具有组网能力，可以组成多种形式的网络拓扑结构。同时接入设备还具有本地维护和远程集中监控功能，通过透明的光传输形成一个维护管理网，并通过相应的网管协议纳入网管中心统一管理。

OLT 的作用是为接入网提供与本地交换机之间的接口，并通过光传输与用户端的光网络单元通信。它将交换机的交换功能与用户接入完全隔开。光线路终端提供对自身和用户端的维护和监控，它可以直接与本地交换机一起放置在交换局端，也可以设置在远端。

ONU 的作用是为接入网提供用户侧的接口。它可以接入多种用户终端，同时具有光电转换功能以及相应的维护和监控功能。ONU 的主要功能是终结来自 OLT 的光纤，处理光信号并为多个小企业、事业用户和居民住宅用户提供业务接口。ONU 的网络端是光接口，而其用户端是电接口，因此 ONU 具有光/电和电/光转换功能。它还具有对语音的数/模和模/数转换功能。ONU 通常放在距离用户较近的地方，其位置具有很大的灵活性。

光纤接入网（OAN）从系统分配上可分为有源光网络（Active Optical Network，AON）和无源光网络（Passive Optical Network，PON）两类。

2. 有源光纤接入网

有源光网络（AON）又可分为基于 SDH 的 AON 和基于 PDH 的 AON。有源光网络的局端设备（CE）和远端设备（RE）通过有源光传输设备相连，在骨干网中已大量采用 SDH 和 PDH 技术，但以 SDH 技术为主。

（1）基于 SDH 的有源光网络。

SDH 的概念最初于 1985 年由美国贝尔通信研究所提出，当时称之为同步光网络（Synchronous Optical Network，SONET）。它是由一整套分等级的标准传送结构组成的，适用于各种经适配处理的净负荷（即网络结点接口比特流中可用于电信业务的部分）在物理媒介如光纤、微波、卫星等上进行传送。该标准于 1986 年成为美国数字体系的新标准。国际电信联盟标准部（ITU-T）的前身国际电报电话资询委员会（CCITT）于 1988 年接受 SONET 概念，并与美国标准协会（ANSI）达成协议，将 SONET 修改后重新命名为同步数字系列（Synchronous Digital Hierarchy，SDH），使之成为同时适应于光纤、微波、卫星传送的通用技术体制。

SDH 网是对原有 PDH（Plesiochronous Digital Hierarchy，准同步数字系列）网的一次革命。由

于 PDH 是异步复接，在任一网络结点上接入接出低速支路信号都要在该结点上进行复接、码变换、码速调整、定时、扰码、解扰码等过程，并且 PDH 只规定了电接口，对线路系统和光接口没有统一规定，无法实现全球信息网的建立。随着 SDH 技术的引入，传输系统不仅具有提供信号传播的物理过程的功能，而且提供对信号的处理、监控等过程的功能。SDH 通过多种容器 C 和虚容器 VC 以及级联的复帧结构的定义，使其可支持多种电路层的业务，如各种速率的异步数字系列、DQDB、FDDI、ATM 等，以及将来可能出现的各种新业务。段开销中大量的备用通道增强了 SDH 网的可扩展性。通过软件控制使原来 PDH 中人工更改配线的方法实现了交叉连接和分插复用连接，提供了灵活的上/下电路的能力，并使网络拓扑动态可变，增强了网络适应业务发展的灵活性和安全性，可在更大几何范围内实现电路的保护、高度和通信能力的优化利用，从而为增强组网能力奠定基础，只需几秒就可以重新组网。特别是 SDH 自愈环，可以在电路出现故障后几十毫秒内迅速恢复。SDH 的这些优势使它成为宽带业务数字网的基础传输网。

在接入网中应用 SDH（同步光网络）的主要优势在于：SDH 可以提供理想的网络性能和业务可靠性；SDH 固有的灵活性，使得发展极其迅速的蜂窝通信系统采用 SDH 系统尤其适合。当然，考虑到接入网对成本的高度敏感性和运行环境的恶劣性，设备必须是高度紧凑、低功耗和低成本的新型系统。

（2）基于 PDH 的有源光网络。

准同步数字系列（PDH）以其廉价的特性和灵活的组网功能，曾大量应用于接入网中。尤其近年来推出的 SPDH 设备将 SDH 概念引入 PDH 系统，进一步提高了系统的可靠性和灵活性，这种改良的 PDH 系统在相当长一段时间内，仍会广泛应用。

3. 无源光纤接入网络

无源光网络（PON）是指在光线路终端（OLT）和光网络单元（ONU）之间的光分配网络（ODN）没有任何有源电子设备的部分，它包括基于 ATM 的无源光网络 APON 及基于 IP 的 PON。

APON 的业务开发是分阶段实施的，初期主要是 VP 专线业务。相对于普通专线业务，APON 提供的 VP 专线业务设备成本低、体积小、省电、系统可靠稳定、性能价格比有一定优势。第二步实现一次群和二次群电路仿真业务，提供企业内部网的连接和企业电话及数据业务。第三步实现以太网接口，提供互联网上网业务和 VLAN 业务。以后再逐步扩展至其他业务，成为名副其实的全业务接入网系统。

APON 采用基于信元的传输系统，允许接入网中的多个用户共享整个带宽。这种统计复用的方式，能更加有效地利用网络资源。APON 能否大量应用的一个重要因素是价格。目前第一代的实际 APON 产品的业务供给能力有限，成本过高，其市场前景由于 ATM 在全球范围内的受挫而不确定，但其技术优势是明显的。特别是综合考虑运行维护成本，在新建地区，高度竞争的地区或需要替代旧铜缆系统的地区，此时敷设 PON 系统，无论是 FTTC，还是 FTTB 方式都是一种有远见的选择。在未来几年将性能价格比改进到市场能够接受的水平是 APON 技术生存和发展的关键。

IP PON 的上层是 IP，这种方式可更加充分地利用网络资源，容易实现系统带宽的动态分配，简化中间层的复杂设备。

基于 PON 的 OAN 不需要在外部站中安装昂贵的有源电子设备，因此使服务提供商可以高性价比地向企业用户提供所需的带宽。

无源光网络（PON）是一种纯介质网络，避免了外部设备的电磁干扰和雷电影响，减少了线路和外部设备的故障率，提高了系统的可靠性，同时节省了维护成本，是电信维护部门长期期待的技术。无源光接入网的优势具体体现在以下几方面：

（1）无源光网体积小、设备简单、安装维护费用低、投资相对也较小。

（2）无源光设备组网灵活，拓扑结构可支持树型、星型、总线型、混合型、冗余型等网络拓扑结构。

（3）安装方便，它有室内型和室外型。其室外型可直接挂在墙上，或放置于“H”杆上，无需租用或建造机房。而有源系统需进行光/电、电/光转换，设备制造费用高，要使用专门的场地和机房，远端供电问题不好解决，日常维护工作量大。

（4）无源光网络适用于点对多点通信，仅利用无源分光器实现光功率的分配。

（5）无源光网络是纯介质网络，彻底避免了电磁干扰和雷电影响，极适合在自然条件恶劣的地区使用。

（6）从技术发展角度看，无源光网络扩容比较简单，不涉及设备改造，只需设备软件升级，硬件设备一次购买，长期使用，为光纤入户奠定了基础，使用户投资得到保证。

4. 光接入网的拓扑结构

光纤接入网的拓扑结构是指传输线路和结点的几何排列图形，它表示了网络中各结点的相互位置与相互连接的布局情况。网络的拓扑结构对网络功能、造价及可靠性等具有重要影响。其三种基本的拓扑结构为总线型、环型和星型，由此又可派生出总线—星型、双星型、双环型、总线—总线型等多种组合应用形式，各有特点、相互补充。

（1）总线型结构。

总线型结构是以光纤作为公共总线（母线）、各用户终端通过某种耦合器与总线直接连接所构成的网络结构。这种结构属串联型结构，特点是共享主干光纤、节省线路投资、增删结点容易、彼此干扰较小；但缺点是损耗累积、用户接收机的动态范围要求较高、对主干光纤的依赖性太强。

（2）环型结构。

环型结构是指所有结点共用一条光纤链路，光纤链路首尾相接自成封闭回路的网络结构。这种结构的突出优点是可实现网络自愈，即无需外界干预，网络即可在较短的时间内从失效故障中恢复所传业务。

（3）星型结构。

星型结构是各用户终端通过一个位于中央结点（设在端局内）具有控制和交换功能的星形耦合器进行信息交换的网络结构，这种结构属于并联型结构。它不存在损耗累积的问题，易于实现升级和扩容，各用户之间相对独立，业务适应性强；但缺点是所需光纤代价较高，对中央结点的可靠性要求极高。星型结构又分为单星型结构、有源双星型结构及无源双星型结构三种。

1）单星型结构。该结构是用光纤将位于电信交换局的 OLT 与用户直接相连，基本上都是点对点的连接，与现有铜缆接入网的结构相似。每户都有单独的一对线，直接连到电信局，因此单星型可与原有的铜缆网络兼容；用户之间互相独立，保密性好；升级和扩容容易，只要两端的设备更换就可以开通新业务，适应性强。缺点是成本太高，每户都需要单独的一对光纤或一根光纤（双向波分复用），要通向千家万户，就需要上千芯的光缆，难于处理，而且每户都需要专用的光源检测器，相当复杂。

2）有源双星型结构。它在中心局与用户之间增加了一个有源接点。中心局与有源接点共用光纤，利用时分复用（TDM）或频分复用（FDM）传送较大容量的信息，到有源接点再换成较小容量的信息流，传到千家万户。其优点是灵活性较强，由于中心局有源接点间共用光纤，使得光缆芯数较少，降低了费用。缺点是有源接点部分复杂、成本高、维护不方便；另外，如要引入宽带新业务，将系统升级，则需将所有光电设备都更换，或采用波分复用叠加的方案，这些实现起来都比较困难。

3）无源双星型结构。这种结构保持了有源双星型结构光纤共享的优点，将有源接点换成了无源分路器，维护方便、可靠性高、成本较低。由于采取了一系列措施，保密性也很好，是一种较好的接入网结构。

5. 光纤接入网的形式

根据光网络单元（ONU）的位置，光纤接入方式可分为如下几种：FTTB（光纤到大楼）、FTTC（光纤到路边）、FTTZ（光纤到小区）、FTTH（光纤到用户）、FTTO（光纤到办公室）、FTTF（光纤到楼层）、FTTP（光纤到电杆）、FTTN（光纤到邻里）、FTTD（光纤到门）、FTTR（光纤到远端单元）。

其中最主要的是 FTTB（光纤到大楼）、FTTC（光纤到路边）、FTTH（光纤到用户）三种形式。FTTC 主要是为住宅用户提供服务的，光网络单元（ONU）设置在路边，即用户住宅附近，从 ONU 出来的电信号再传送到各个用户，一般用同轴电缆传送视频业务，用双绞线传送电话业务。FTTB 的 ONU 设置在大楼内的配线箱处，主要用于综合大楼、远程医疗、远程教育及大型娱乐场所，为大中型企事业单位及商业用户服务，提供高速数据传输、电子商务、可视图文等宽带业务。FTTH 将 ONU 放置在用户住宅内，为家庭用户提供各种综合宽带业务，FTTH 是光纤接入网的最终目标，但是每一用户都需一对光纤和专用的 ONU，因而成本昂贵，实现起来非常困难。

6. 光接入网的优点与劣势

与其他接入技术相比，光纤接入网具有如下优点：

（1）光纤接入网能满足用户对各种业务的需求。人们对通信业务的需求越来越高，除了打电话、看电视以外，还希望其能够提供高速计算机通信、家庭购物、家庭银行、远程教学、视频点播（VOD）以及高清晰度电视（HDTV）等服务。这些业务用铜线或双绞线是比较难实现的。

（2）光纤可以克服铜线电缆无法克服的一些限制因素。光纤损耗低、频带宽，解除了铜线径小的限制。此外，光纤不受电磁干扰，保证了信号传输质量，用光缆代替铜缆，可以解决城市地下通信管道拥挤的问题。

（3）光纤接入网的性能不断提高，价格不断下降，而铜缆的价格在不断上涨。

（4）光纤接入网提供数据业务，有完善的监控和管理系统，能适应将来宽带综合业务数字网的需要，打破“瓶颈”，使信息高速公路畅通无阻。

当然，与其他接入网技术相比，光纤接入网也存在一定的劣势。首先它的成本较高，尤其是光结点离用户越近，每个用户分摊的接入设备成本就越高。另外，与无线接入网相比，光纤接入网还需要管道资源。这也是很多新兴运营商看好光纤接入技术，但又不得不选择无线接入技术的原因。

现在，影响光纤接入网发展的主要原因不是技术，而是成本。但是采用光纤接入网是光纤通信发展的必然趋势，尽管目前各国发展光纤接入网的步骤各不相同，但光纤到户是公认的接入网的发展目标。

【拓展训练】

读者根据以上知识，独立完成以下任务：

在×××大学校园网络工程项目中，通过代理服务器实现局域网接入 Internet。

【分析和讨论】

（1）ICS 是什么？

（2）如何决定采用光纤接入还是 ADSL 接入？

单元六 局域网安全管理

本单元通过具体的任务讲解局域网安全管理，具体包括以下几个方面：

- 局域网操作系统安全
- 局域网网络管理
- 局域网灾难备份与恢复

模块一　局域网操作系统安全

网络操作系统实质上就是具有网络功能的操作系统，它是连接计算机硬件与网络通信软件及用户的桥梁，一切应用软件都建立在操作系统之上。因此操作系统的安全性是整个局域网的安全基础。本模块通过配置局域网操作系统安全，掌握局域网安全管理办法。

任务1　Windows XP系统安全配置

【任务描述】

A公司承建×××大学校园网工程，现需要对学校网络管理员培训Windows XP系统的安全配置。

【任务目标】

掌握Windows XP系统的安全配置方法，以使客户机系统免遭侵害。

【设备清单】

安装Windows XP系统的PC机1台。

【实施过程】

Windows XP 存在如此之多的系统漏洞，但人们并未放弃使用。事实上，任何一个操作系统都存在可能被利用的漏洞。作为用户应该掌握操作系统的特点，采取有效的安全策略进行安全配置，避免系统受害。

1. 及时为系统打补丁

打补丁是普通用户应对系统程序设计漏洞唯一有效的办法。随着一系列高度危险的攻击代码在网络上的出现，用户面临着严重的安全威胁。通过打补丁，可以将已发现的系统漏洞弥补好。

2. 禁用不必要的服务

服务项目开设越少，系统就越安全。因为 Windows XP 系统中的程序运行都需要相应的服务做支持，黑客程序、病毒、木马等也一样。根据自己系统的需要，把那些无需使用的和有危险的服务关闭，如 NetMeeting Remote Desktop Sharing、Remote Desktop Help Session Manager、Remote Registry、Routing and Remote Access、Telnet、Universal Plug and Play Device Host 等。依次打开“控制面板”→“管理工具”→“服务”窗口，可以看到有关这些服务的说明和运行状态。关闭一个服务，只需右击服务名称，在快捷菜单中选择“属性”选项，在弹出的对话框中的“常规”选项卡中把“启动类型”改成“手动”，再单击“停止”按钮即可。

3. 加强系统用户管理

安装 Windows XP 系统后，系统会默认创建一个拥有最高管理权限的系统管理员账户。这个系统管理员账户一直是攻击的主要目标。Windows XP 系统存在的一个明显问题是，管理员账户可以不设置密码，并且管理员账户是 Administrator。许多用户没有为其设置密码，入侵者常利用这一疏忽，使用超级用户登录对方计算机。为此，首先要禁用 Guest 账号，在“控制面板”→“用户账户”窗口中选择“更改账户”，将 Guest 来宾账户禁用；同时应将 Administrator 用户名进行更改并设置密码。修改 Administrator 用户名的方法是：单击“开始”→“控制面板”选项，在“控制面板”窗口中双击“管理工具”→“本地安全策略”，在“本地安全设置”窗口左栏中展开“本地策略”选项，单击“安全”选项，在右侧的列表中双击“重命名系统管理员账户”，在弹出的对话框中对系统管理账户名称进行修改。在设置登录密码时，为了增强密码强度，至少选用 10 个以上的字符作为密码，且字母、数字混合使用，并有一个以上的特殊字符。

4. 设置目录和文件权限

文件目录的访问权限分为读取、写入、读取及执行、修改、列目录、完全控制。NTFS 系统格式磁盘中的文件和文件夹都可以设置用户访问权限。为了控制服务器上用户的权限，预防以后可能的入侵和溢出，设置目录和文件的访问权限需遵循最小化原则。

5. 默认共享管理

由 Windows XP 的默认共享设置形成的 IPC$漏洞很容易受到攻击，这可以通过修改注册表的方法予以弥补。单击“开始”→“运行”选项，在“打开”文本框中输入 regedit 命令并回车，打开“注册表编辑器”窗口，将 HKEY_LOCAL_MACHINE\SYSTEM\CurrentControlSet\Control\Lsa 的 RestrictAnonymous 项设置为“1”，就能禁止空用户连接。同时删除系统默认的磁盘共享漏洞。方法为单击“开始→“运行”选项，输入 cmd 并回车，打开命令行模式，输入下面的命令：net share admin$/deletenet share c$/delete（若有 D、E、F 等其他硬盘分区，可以继续删除）。

6. 禁止远程协助和终端服务

Windows XP 上的远程协助允许用户在使用计算机发生困难时，向 MSN 上好友发出远程协助邀请（或通过 Outlook Express 发送协助邮件），帮助自己解决问题。普通用户很少用到这个功能，但它除了存在使用权限的安全隐患之外，也是“冲击波”等病毒攻击 Windows XP 的 RPC 服务的一个途径。在 Windows XP 上禁止默认打开的“远程协助”的方法是：右击“我的电脑”，在快捷菜单中单击“属性”选项，在弹出的“系统属性”对话框的“远程”选项卡中去掉“允许从这台计算机发送远程协助邀请”复选框的“√”。

7. 加强端口管理

端口是计算机与外部网络相连的逻辑接口，也是计算机的第一道屏障，端口配置正确与否直接影响到主机的安全。对于个人用户来说，可以限制所有的端口，因为根本不必让机器对外提供任何服务；而对于对外提供网络服务的服务器，可把必须利用的端口（例如 WWW 端口 40、FTP 端口 21、邮件服务端口 25、110 等）开放，其他的端口则全部关闭。如果有文件和打印共享要求，最好禁止 135、139 和 445 端口。

8. 开启本地安全策略

Windows XP 系统自带的“本地安全策略”是一个很好的系统安全管理工具。本地安全策略包括：账户策略、本地策略、公钥策略和 IP 安全策略，使用本地安全策略可以有效地保护系统安全。

9. 使用外部工具

除了进行上述系统安全配置外，为系统安装一款优秀的杀毒软件和一款木马查杀工具也是非常必要的，同时还要注意及时更新病毒库，保证对最新病毒和木马的查杀能力。另外安装一款网络防火墙对于防止网络攻击也很有效果。Windows XP SP2 已经自带了防火墙，对于一般用户来说已经够用，如果要改用其他的防火墙，首先要停用系统自带的防火墙，然后才可以安装第三方的防火墙，否则会产生冲突。

任务 2 Windows Server 2003 系统安全配置

【任务描述】

A 公司承接×××大学校园网工程，现需要对一台 Windows Server 2003 服务器进行安全配置。

【任务目标】

通过本任务的实施，掌握 Windows Server 2003 Web 服务器的安全配置。

【设备清单】

一台计算机（已安装 Windows Server 2003 标准版）。

【实施过程】

Web 服务占据了目前互联网应用的半壁江山。Web 服务器主要用来提供网上信息浏览服务。Windows Server 2003，作为一种 Web 服务器平台，仍然广泛应用于国内的局域网、城域网的 Web 服务器构架。但是，Windows Server 2003 操作系统本身存在着诸多安全漏洞，给 Web 服务器带来许多安全隐患，如默认的磁盘管理策略、默认的系统服务配置等，常被恶意访问者所利用。

1. Windows Server 2003 服务器的安全配置

（1）系统账户管理策略。

Windows Server 2003 作为一个多任务多用户的操作系统，为用户带来许多方便，但作为管理者要尽量少建账户，并且更改默认的账号名称（Administrator）和描述，密码最好采用数字、大小写字母和数字的上档键组合，长度最好不少于 20 位。同时设置一个名为 Administrator 的陷阱账户，为其设置最小的权限，只隶属于 Guests 组，然后输入不低于 20 位的组合密码。为了防止远程匿名登录系统，将 Guest 账户禁用，并更改名称和描述，然后输入一个复杂的密码，或者利用第三方工具删除 Guest 账户。

为了防止非法访问者利用字典工具暴力破解密码，在系统的账户策略中要设置账户锁定策略，具体设置方法如下：单击"开始"→"运行"选项，在"运行"对话框的"打开"文本框中输入 gpedit.msc 并回车，打开组策略编辑器，选择"计算机配置"→"Windows 设置"→"安全设置"→"账户策略"→"账户锁定策略"，将账户设为"3 次登录无效"，"锁定时间"设为 30min，"复位锁定计数"设为 30min。

（2）磁盘安全管理。

由于 Web 服务器的安全隐患主要来自于用户对磁盘的非授权读写，显然，磁盘的安全管理策略是实施 Web 服务器安全配置的关键所在。由于 Windows Server 2003 默认状态下存在默认共享服务，这将对 Web 服务器带来很多威胁，所以要通过修改注册表取消默认共享服务。

在安装 Web 服务器操作系统时，要将操作系统与网站文件分别放在两个分区中；为了提高系统本身的安全性，不允许管理员以外的任何账户人员对系统盘进行修改。可按如下方法设置系统盘 C 盘的安全策略：只保留 Administrator（陷阱账户）、CREATOR OWER、SYSTEM、ikefly（Administrator 改名后的系统管理员账户），将 Administrator 设置为无任何权限，CREATOR OWER、SYSTEM 保留系统默认，ikefly 给予全部权限。

存放网站文件的分区除了管理员进行日常操作外，需要设置匿名账户 IUSR_xxx 对其有读权限。由于大部分用 ASP 编写的网站程序需要对数据库进行读写，所以需要给数据库文件单独设置读写权限。部分网站还带有上传文件功能，所以需要把保存上传文件的文件夹单独设置为读写权限。

（3）端口及注册表设置。

1）关闭 445 端口。修改注册表：

在"注册表编辑器"窗口依次展开 HKEY_LOCAL_MACHINE\SYSTEM\CurrentControlSet\Services\NetBT\Parameters，右击 Parameters，在快捷菜单中单击"新建"→"DWORD 值"，键入值名为"SMBDeviceEnabled"，数据为默认值"0"。

2）禁止建立空连接。修改注册表：

依次展开 HKEY_LOCAL_MACHINE\SYSTEM\CurrentControlSet\Control\Lsa，右击 Lsa，在快捷菜单中单击"新建"→"DWORD 值"，键入值名为"RestrictAnonymous"，数据值设为"1"。

3）禁止系统自动启动服务器共享。修改注册表：

依次展开 HKEY_LOCAL_MACHINE\SYSTEM\CurrentControlSet\Services\LanmanServer\Parameters，右击 Parameters，在快捷菜单中单击"新建"→"DWORD 值"，键入值名为"AutoShareServer"，数据值设为"0"。

4）禁止系统自动启动管理共享。修改注册表：

依次展开 HKEY_LOCAL_MACHINE\SYSTEM\CurrentControlSet\Services\LanmanServer\Parameters，右击 Parameters，在快捷菜单中单击"新建"→"DWORD 值"，键入值名为"AutoShareWks"，数

据值设为“0”。

（4）卸载不安全的组件。

WScript.Shell、Shell.application 这两个组件一般常会被一些 ASP 木马或恶意程序利用，可以通过命令行或注册表将其卸载。

方法 1：

打开命令行模式分别输入以下两条程序：

Regsvr32/u wshom.ocx （卸载 WScript.Shell 组件）

Regsvr32/u shell32.dll （卸载 Shell.application 组件）

方法 2：

删除注册表：HKEY_CLASSES_ROOT\CLSID\{72C24DD5-D70A-434B-4A42-94424B44AFB4}对应的 WScript.Shell 项。

删除注册表：HKEY_CLASSES_ROOT\CLSID\{13709620-C279-11CE-A49E-44455354 0000}对应的 Shell.application 项。

（5）关闭不需要的服务。

根据实际使用情况，将不需要或危险的服务设为禁用。建议关闭以下的服务：Computer Browser（维护网络计算机更新）、Distributed File System（局域网管理共享文件）、Distributed linktracking client（用于局域网更新连接信息）、Error reporting service（发送错误报告）、Microsoft Search（提供快速的单词搜索）、Telnet 服务、Remote Registry（远程修改注册表）、Remote Desktop Help Session Manager（远程协助）。

（6）开启必要的审计策略。

通过建立有效的审计策略，可以及时发现系统隐患。系统默认的审计策略比较多，直接导致生成的事件也比较多，生成的事件越多，发现严重的事件也就越困难。当然，如果审计项目太少也会影响发现严重事件，需要根据情况在这二者之间权衡选择。通常的审计项目有：登录事件（成功失败）、账户登录事件（成功失败）、系统事件（成功失败）、策略更改（成功失败）、对象访问（失败）、目录服务访问（失败）、特权使用（失败）。

（7）Serv-U 权限设置。

通常，为了存储和传送数据会在服务器上开设FTP功能，作为一款经典的FTP服务器软件，Serv-U一直被普遍使用。随着使用者越来越多，也逐渐显露出该软件的许多安全缺陷：①Serv-U 的 SITE CHMOD 漏洞和 Serv-U MDTM 漏洞，即利用一个账号可以轻易得到 SYSTEM 权限；②Serv-U 的本地溢出漏洞，即 Serv-U 有一个默认的管理用户（用户名：localadministrator，密码：#|@$ak#.|k;0@p），任何人只要通过一个能访问本地端口 43954 的账号就可以随意增删账号和执行任意内部和外部命令。因此需要关注对 Serv-U 的设置，如设置密码、更改安装目录、设置目录访问权限等。

2. 为 Web 服务器申请和安装数字证书

支持 SSL 协议的 Web 服务器需要申请和安装自己的数字证书，以便将自己的公钥传送给浏览器。在 Web 服务器上配置 SSL 协议需要经过证书的申请、下载、安装，以及 Web 服务器的配置等过程。与此同时，当安装有证书的主机接收到一个证书申请后，需要对证书申请者的信息进行审查，决定是否将证书发给申请人。

3. 服务器的日常安全维护

（1）安装杀毒软件及防火墙。

在服务器端安装杀毒软件及防火墙，并设置好自动升级，一个灵敏的杀毒软件可以查杀 70%以上的病毒和黑客上传的木马程序，一个功能强大的防火墙配以严密的安全策略，可以有效地阻挡非法入侵和攻击。

（2）及时安装 Windows 系统补丁。

安装 Windows 服务器之后应及时打上最新的系统补丁，并开启自动升级，以便当 Microsoft 网站提供新补丁时能自动下载并安装，确保机器处于较为安全的状态。

（3）开启日志记录。

尽管系统能及时更新补丁，但系统漏洞仍然会层出不穷，这包括操作系统漏洞，也包括 Web 程序漏洞。因此，需要开启日志记录对系统运行状况实时监视，以便针对各种不同情况及时作出判断并采取补救措施。

（4）修改远程桌面端口。

在配置远程服务器时，为了远程控制方便，经常启用远程桌面终端。这样虽然使用方便，但也给系统留下了安全隐患。如果系统安全策略配置不好就有可能被人利用而入侵，一般情况下应把默认的 3349 端口改成其他端口，以降低风险，使入侵者难以利用。

（5）定期备份数据。

对于一些重要数据应采取双机热备或镜像克隆，对于本地数据可以备份至其他服务器，如果是 SQL 数据库或 MySQL 数据库，可使用批处理文件添加 Windows 计划任务，定时执行备份。其他数据还可以借助网上的备份软件或备份工具进行日常备份。

任务 3　Windows Server 2008 系统防火墙

【任务描述】

A 公司承接×××大学校园网工程，现需要配置 Windows Server 2008 系统防火墙。

【任务目标】

通过任务实施，掌握 Windows Server 2008 系统防火墙的配置。

【设备清单】

一台计算机（已安装了 Windows Server 2008）。

【实施过程】

Windows 防火墙可以提供数据包筛选和 IP 安全（IPSec）功能。通过这两种功能的结合使用，可以帮助用户防御来自 Internet 和内部局域网的各种恶意攻击，大大提高系统安全性。

1. 使用 Windows 防火墙数据包筛选

（1）创建防火墙规则。

默认情况下，管理员在当前服务器上安装微软公司提供的网络服务后，将自动将其添加在高级防火墙的出站规则列表中，并允许通过防火墙；但是如果安装的是第三方网络服务，则必须通过手动创建相关规则。

在当前服务器上配置基于 Serv-U 的 FTP 服务器，则必须同时创建提供上传和下载的入站规则。

1）以管理员身份登录 Windows Server 2008 系统后，单击“开始”→“管理工具”→“高级安全 Windows 防火墙”选项，显示如图 6-1 所示的“高级安全 Windows 防火墙”窗口。

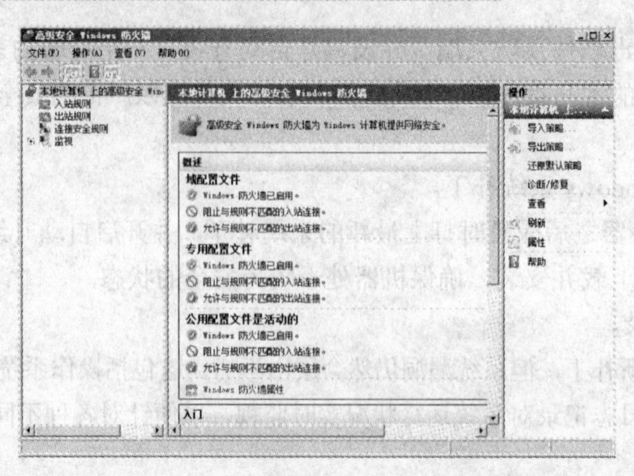

图 6-1 “高级安全 Windows 防火墙”窗口

2）右击“入站规则”，选择快捷菜单中的“新建规则”选项，显示“规则类型”对话框，选择“端口”单选按钮，如图 6-2 所示。

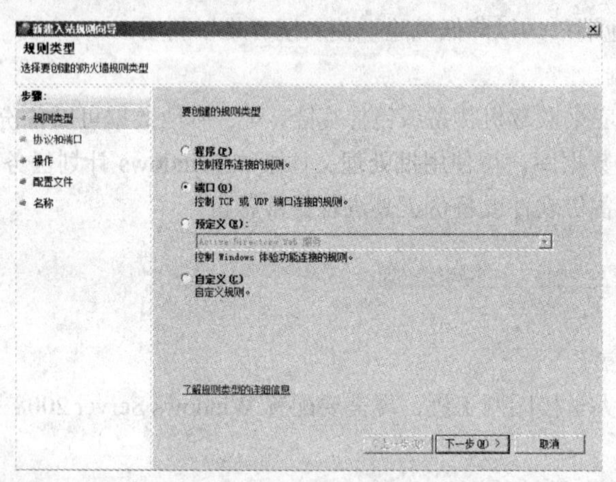

图 6-2 “规则类型”对话框

3）单击“下一步”按钮，选择端口类型“TCP”和“特定本地端口”单选按钮，输入服务使用的端口号，这里输入 21，如图 6-3 所示。

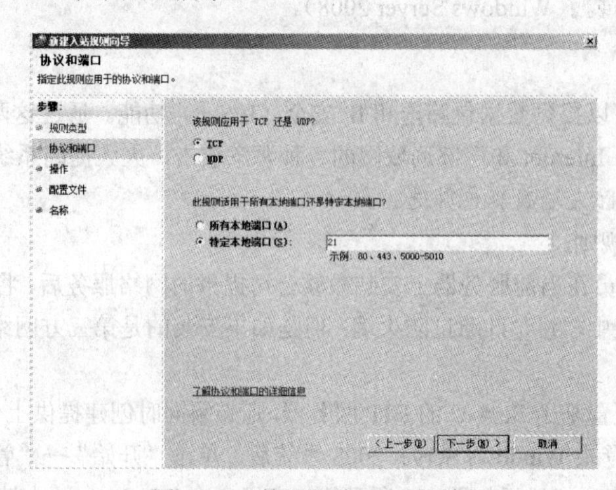

图 6-3 “协议和端口”对话框

4）单击“下一步”按钮，弹出“操作”对话框，选择“允许连接”单选按钮，如图 6-4 所示。

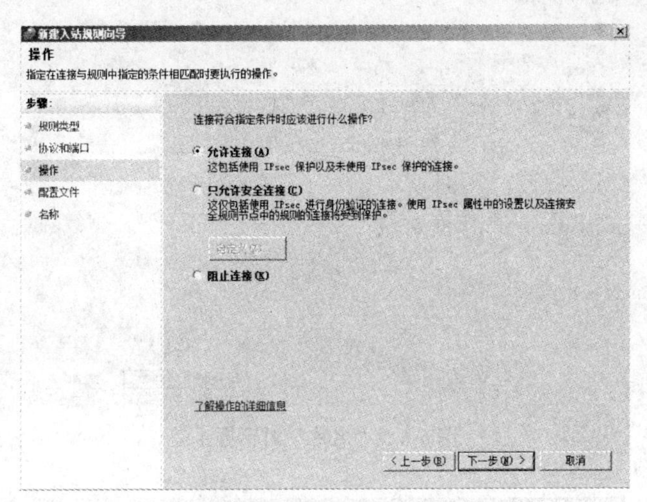

图 6-4 “操作”对话框

5）单击“下一步”按钮，在“配置文件”对话框中，设置应用范围，勾选“公用”复选框，如图 6-5 所示。

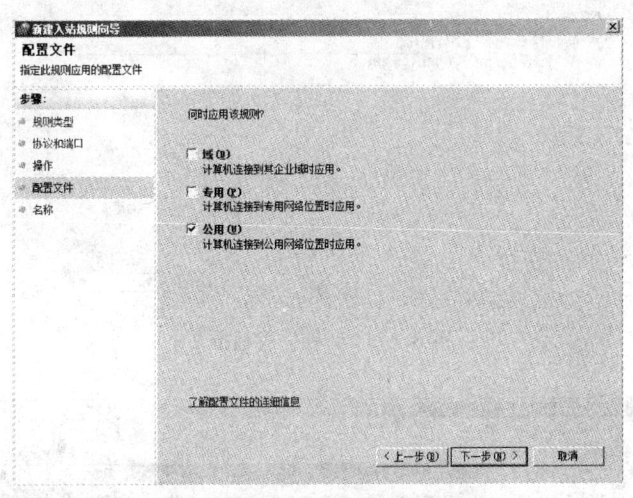

图 6-5 “配置文件”对话框

6）单击“下一步”按钮，输入规则名称和描述信息，如图 6-6 所示，单击“完成”按钮。

7）FTP 服务器提供下载和上传服务时需要使用不同的端口，因此还需要对用于发布上传服务的端口再创建一个入站规则，如图 6-7 所示。

（2）编辑防火墙规则。

在 Windows Server 2008 系统中，ICMP 协议响应机制的防火墙规则已被默认集成在高级安全 Windows 防火墙中的出站/入站规则中。用户可以通过修改配置，实现禁止响应 ping 或者禁止 ping 出。这里以“核心网络－路由器请求”策略为例。

1）在“高级安全 Windows 防火墙”窗口中，在中间的“入站规则”列表中选中“核心网络－路由器请求（ICMPv6-In）”选项，如图 6-8 所示。

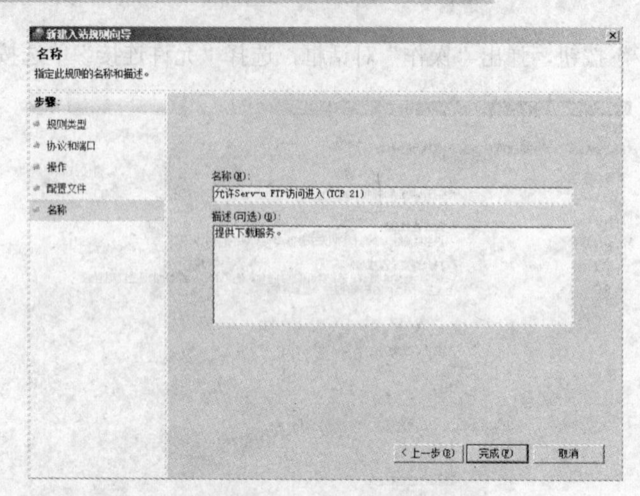

图 6-6　“名称”对话框 1

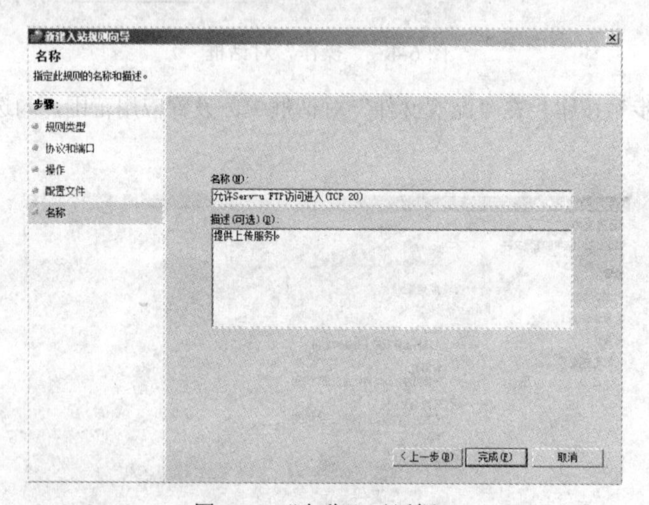

图 6-7　“名称”对话框 2

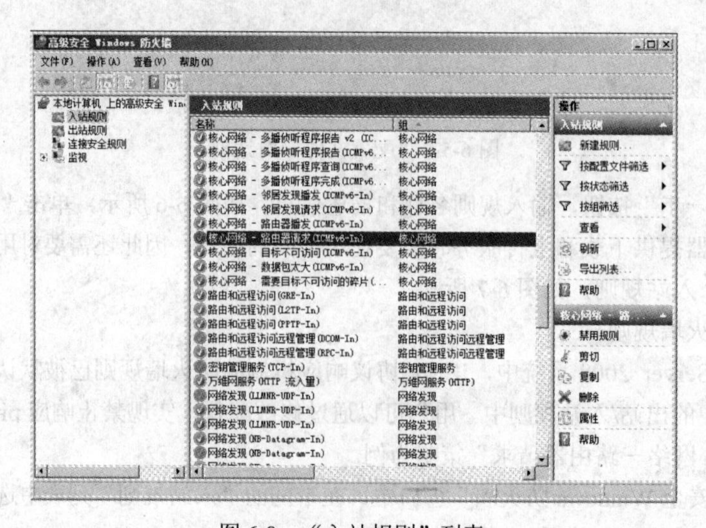

图 6-8　“入站规则”列表

2）右击选择快捷菜单中的“属性”选项，打开“核心网络－路由器请求（ICMPv6-In）属性”对话框，选择“作用域”选项卡，如图 6-9 所示。

3）在“本地 IP 地址”选项组中，选择“下列 IP 地址”单选按钮，单击“添加”按钮，弹出“IP 地址”对话框，如图 6-10 所示。

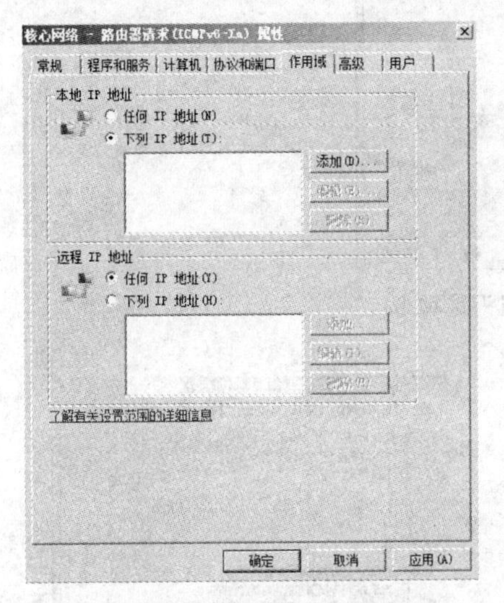

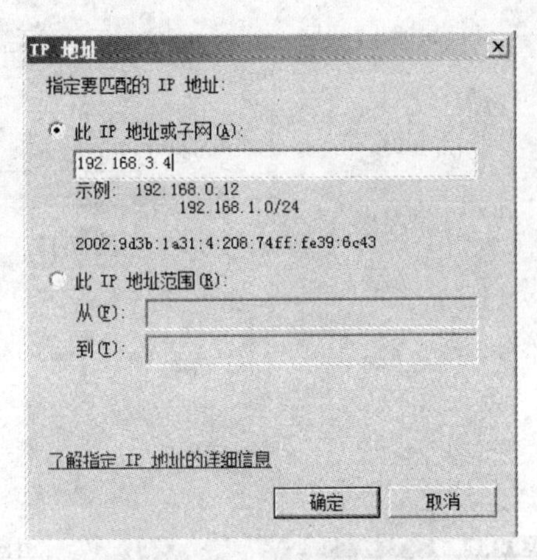

图 6-9 “作用域”选项卡　　　　图 6-10 “IP 地址”对话框

4）单击“确定”按钮，完成添加指定的本地或远程 IP 地址，如图 6-11 所示。

5）选择“常规”选项卡，选中“只允许安全连接”单选按钮，如图 6-12 所示。

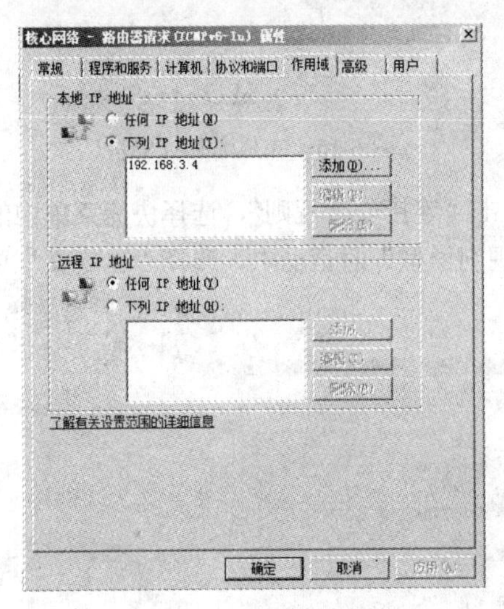

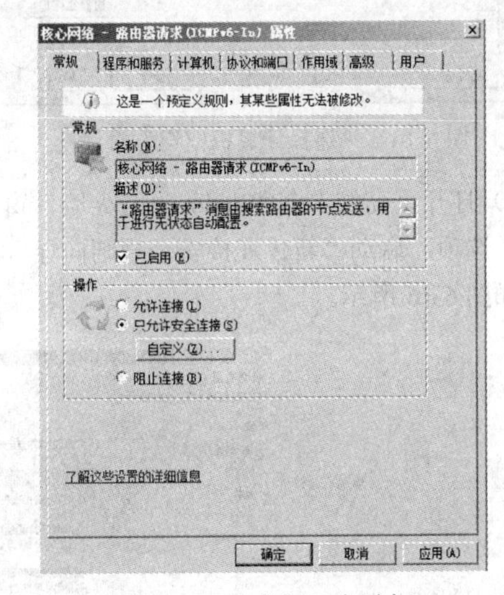

图 6-11 完成添加作用域　　　　图 6-12 “常规”选项卡

6）选择“计算机”选项卡，选中“仅允许来自下列计算机的连接”复选框，如图 6-13 所示。

7）单击“添加”按钮，弹出“选择计算机或组”对话框，输入计算机名，如图 6-14 所示。

8）单击“确定”按钮，完成添加计算机，如图 6-15 所示，单击“确定”按钮即可。

2. 部署 IPSec 连接安全规则

（1）添加 IPSec 连接安全规则。

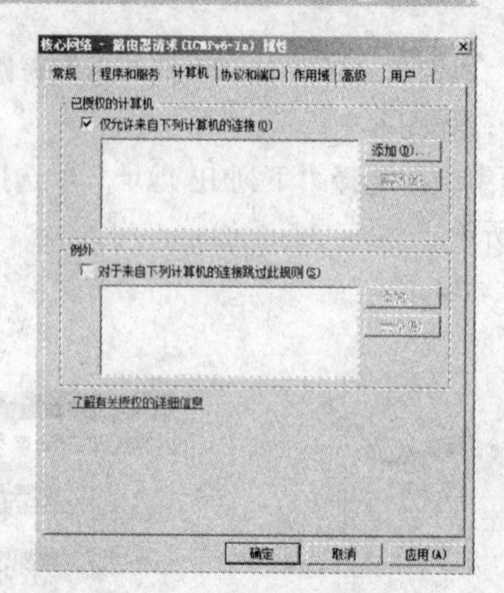

图 6-13　“计算机”选项卡

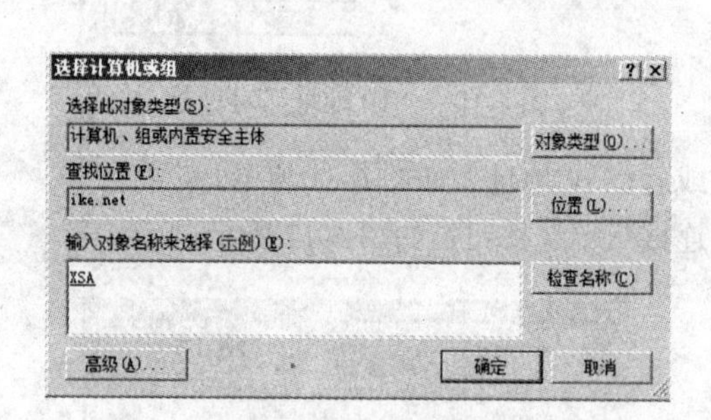

图 6-14　“选择计算机或组”对话框

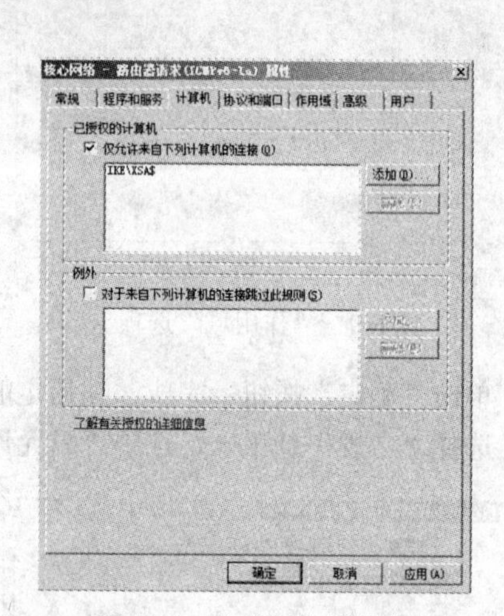

图 6-15　完成添加计算机

1）打开“高级安全 Windows 防火墙”窗口，右击“连接安全规则”，选择快捷菜单中的“新规则”选项，启动“新建连接安全规则向导”，在“规则类型”对话框中，选择“自定义”单选按钮，如图 6-16 所示。

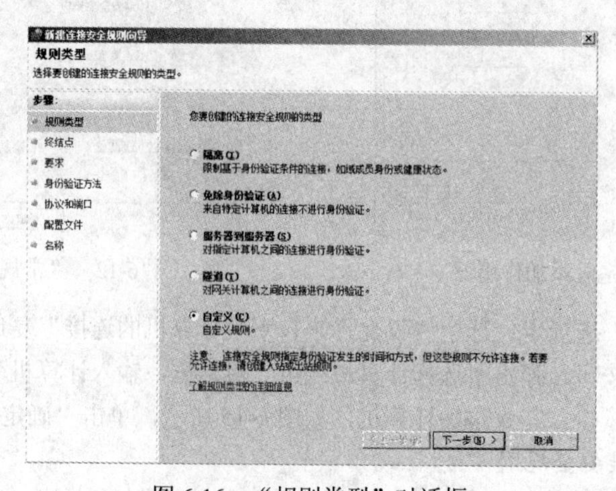

图 6-16　“规则类型”对话框

2）单击“下一步”按钮，在“终结点”对话框中，选择“下列 IP 地址”单选按钮，如图 6-17 所示。终结点是形成对等端连接的计算机或计算机组，可以指单个计算机，也可以指一个本地子网。

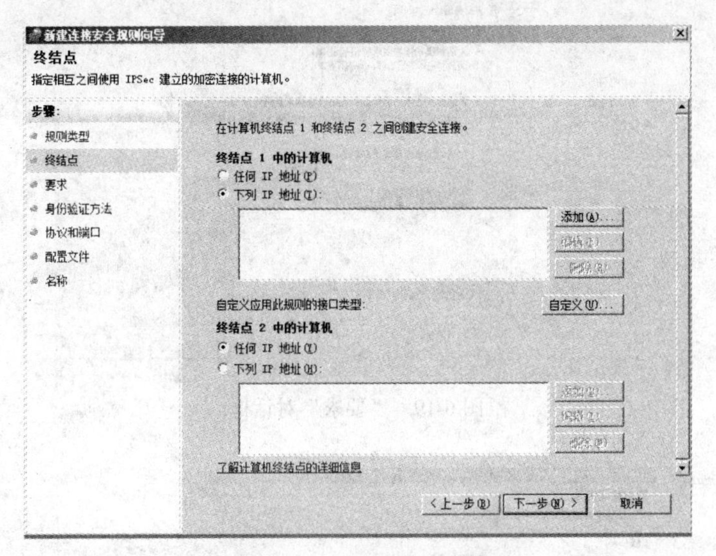

图 6-17　“终结点”对话框

3）单击“添加”按钮，弹出“IP 地址”对话框，在“此 IP 地址或子网”文本框中输入 IP 地址 192.168.3.5，如图 6-18 所示，单击“确定”按钮，完成添加终结点计算机。

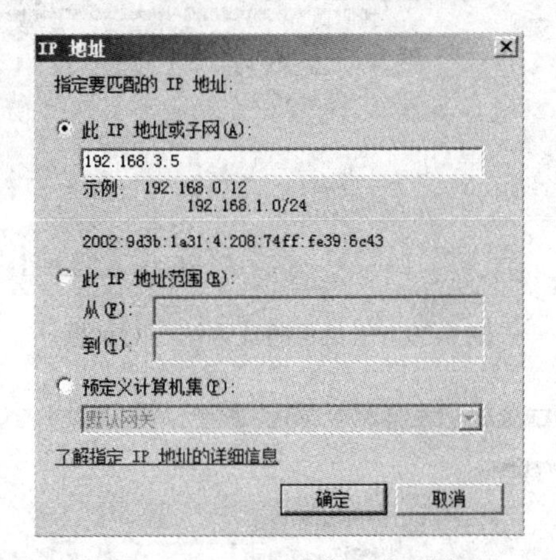

图 6-18　“IP 地址”对话框

4）单击“下一步”按钮，在“要求”对话框中，选择“入站和出站连接请求身份验证”单选按钮，如图 6-19 所示。

5）单击“下一步”按钮，在“身份验证方法”对话框中，选择“默认值”单选按钮，如图 6-20 所示。

6）单击“下一步”按钮，在“协议和端口”对话框中，在“协议类型”下拉列表框中选择“任何”，如图 6-21 所示。

7）单击“下一步”按钮，在“配置文件”对话框中，勾选“域”、“专用”、“公用”复选框，如图 6-22 所示。

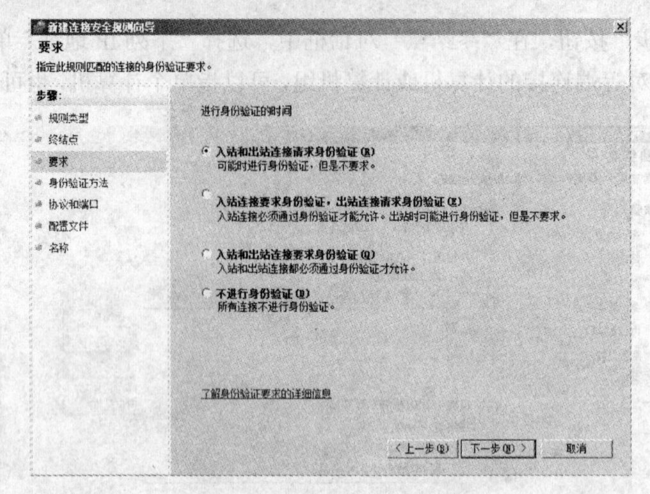

图 6-19　“要求”对话框

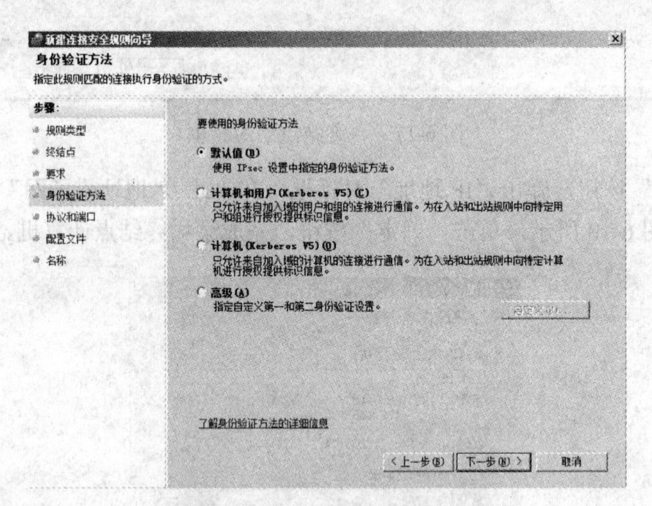

图 6-20　“身份验证方法”对话框

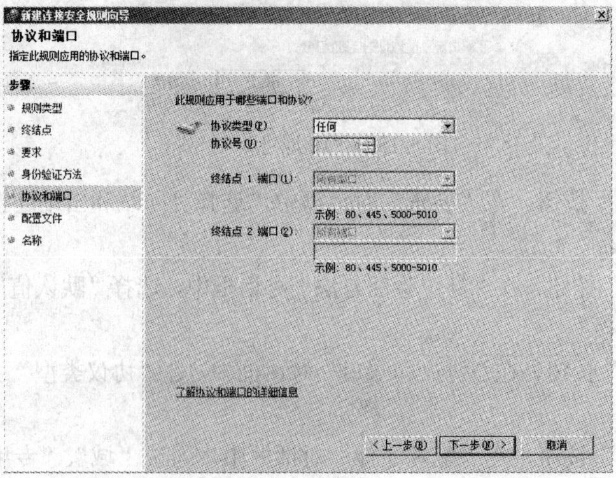

图 6-21　“协议和端口”对话框

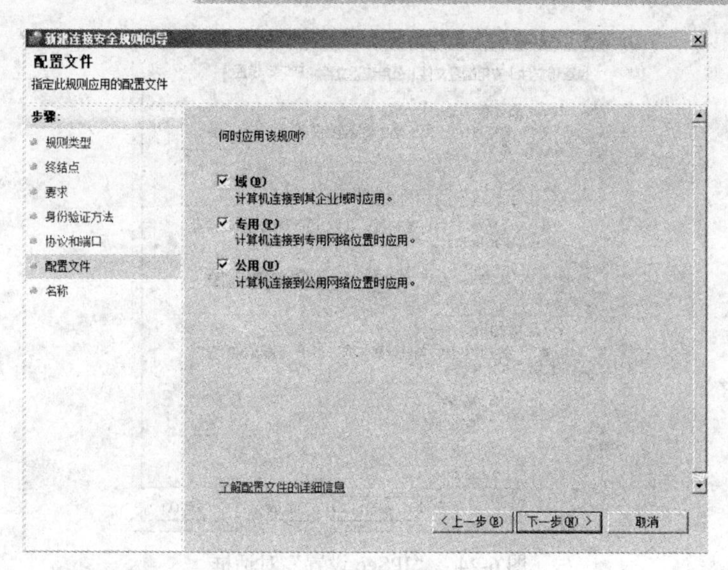

图 6-22　“配置文件”对话框

8）单击“下一步”按钮，在“名称”对话框中，输入此规则的名称和描述，如图 6-23 所示，单击“完成”按钮即可。

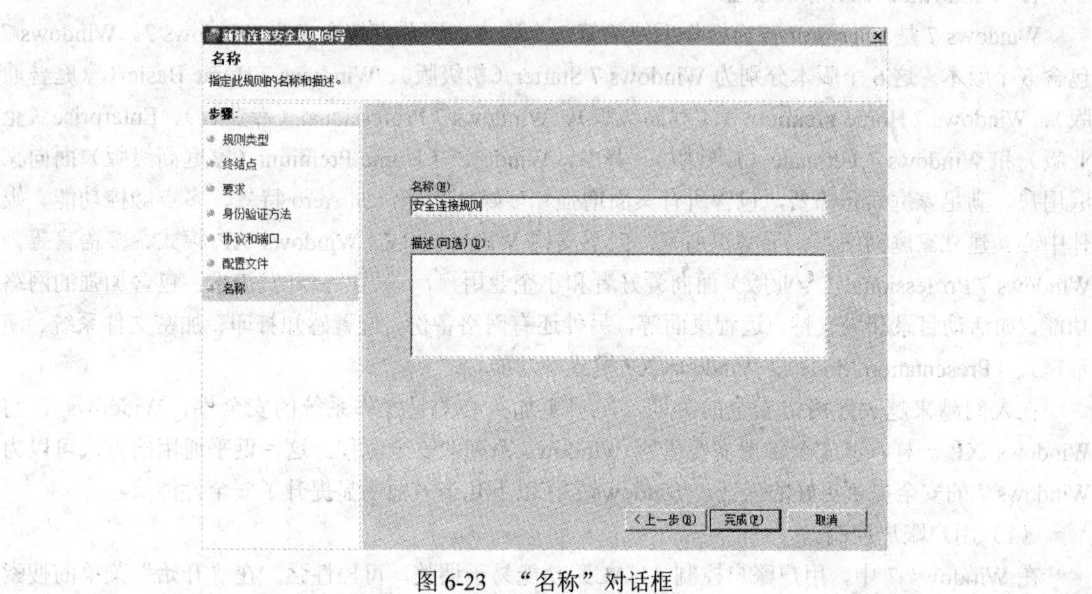

图 6-23　“名称”对话框

（2）配置 ICMP 免除。

管理员经常使用 ICMP 协议中的 ping 命令来确认网络运行状态，需要在 IPSec 安全连接规则中创建 ICMP 免除。

在“高级安全 Windows 防火墙”窗口中，右击“本地计算机上的高级安全 Windows 防火墙”，在弹出的快捷菜单中选择“属性”选项，弹出“本地计算机上的高级安全 Windows 防火墙属性”对话框，选择“IPSec 设置”选项卡，在“从 IPSec 免除 ICMP”下拉列表框中，选择“是”选项，如图 6-24 所示，然后单击“确定”按钮即可。

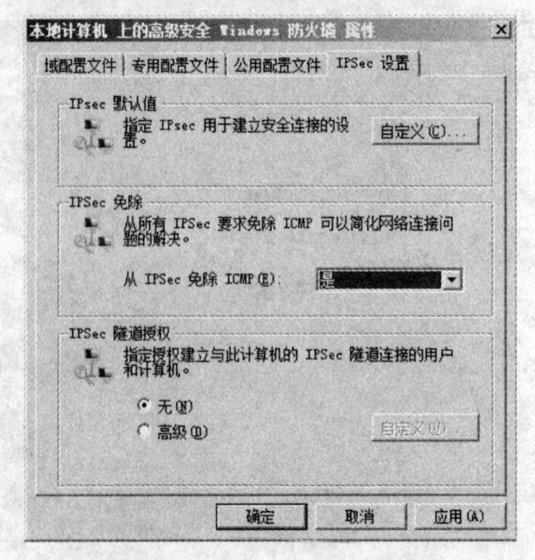

图 6-24 “IPSec 设置”对话框

【知识链接】

1. Windows 7 操作系统安全

Windows 7 是 Microsoft 视窗操作系统的第 7 个版本，因此直接命名为 Windows 7。Windows 7 包含 6 个版本。这 6 个版本分别为 Windows 7 Starter（初级版）、Windows 7 Home Basic（家庭普通版）、Windows 7 Home Premium（家庭高级版）、Windows 7 Professional（专业版）、Enterprise（企业版）和 Windows 7 Ultimate（旗舰版）。其中，Windows 7 Home Premium（家庭高级版）面向家庭用户，满足家庭娱乐需要，包含所有桌面增强和多媒体功能，如 Aero 特效、多点触控功能、媒体中心、建立家庭网络组、手写识别等，但不支持 Windows 域、Windows XP 模式、多语言等。Windows 7 Professional（专业版）面向爱好者和小企业用户，满足办公开发需求，包含加强的网络功能，如活动目录和域支持、远程桌面等，另外还有网络备份、位置感知打印、加密文件系统、演示模式（Presentation Mode）、Windows XP 模式等功能。

在人们越来越关注网络安全的时期，用户更加关心的是操作系统的安全性，Windows 7 与 Windows XP 一样，其安全部署需要借鉴 Windows 系列的安全流程。这种近乎通用的方式可以为 Windows 7 的安全提供更好的保证。Windows 7 在以下几个方面明显提升了安全性能。

（1）用户账户控制。

在 Windows 7 中，用户账户控制（UAC）功能易于调整，可控性强。在“开始”菜单的搜索框中输入“Secpol.msc”后回车，打开本地安全策略编辑器，选择“本地策略”→“安全选项”，然后在右侧列表中找到“用户账户控制：管理员批准模式中管理员的提升提示行为属性”，用户可以看到“本地安全设置”中的下拉列表中共有 6 种选择，分别是：不提示，直接提升；在安全桌面上提示凭据；在安全桌面上同意提示；提示凭据；同意提示；非 Windows 二进制文件的同意提示。注意，对于“非 Windows 二进制文件的同意提示”选项可以将 Windows 系统性文件过滤掉而直接对应用程序使用 UAC 功能，这是 Windows 7 的特色所在。

另外，一种直观的修改方法为：进入“控制面板”的用户账户更改界面，单击“更改用户账户控制设置”，Windows 7 下的 UAC 设置提供了一个滑块，允许用户设置通知的等级，可以选择不同敏感度的防御级别。

（2）行为中心。

Windows 7将最初随Windows XP SP2推出的安全中心（Security Center）改成了行为中心（Action Center）。Windows 7 的行为中心可以为用户的计算机提供更深层的安全和维护管理，其中包括：安全中心，疑难问题解答工具、解决方案，Windows Defender，Windows Update，Diagnostics，网络访问保护，数据备份和系统恢复（Backup and Restore），复原（Recovery），以及用户账户控制（UAC）。在进入行为中心后，Windows 7 支持用 Windows Defender 快速扫描本地计算机。

在安全设置中，用户可以非常清晰地看到当前系统各项服务的启用情况；在维护区域也可以显示诸如检测问题报告或者备份方面的信息。

（3）全新防火墙功能。

自推出 Windows XP 系统内置的第一个防火墙（Internet connection 防火墙）以来，Microsoft 公司一直在稳步改善其后推出的防火墙功能。Windows XP 中的防火墙软件仅提供简单和基本的功能，且只能保护入站流量，阻止任何非本机启动的入站连接；默认情况下，该防火墙是关闭的。Windows XP SP2 系统默认情况下则为开启，使系统管理员可以通过组策略来启用防火墙软件。在 Windows 7 中，Windows 进行了革命性的改进，提供了更加友好的用户功能，特别是在移动计算机中，能够支持多种防火墙策略。

防火墙的最大特点是内外兼防，通过 Home or Work networks 和 Public networks 来对内外网进行防护。Windows 7 防火墙通过“控制面板”进行基本设置，高级设置项目也更加全面，通过入站与出站规则可以清晰勾勒出当前网络流通情况，针对配置文件的操作和策略导入也有较大提升。

（4）BitLocker 驱动器加密。

BitLocker 驱动器加密可以给整个驱动盘加密。Windows 7 提供的磁盘加密位元锁（Enable BitLocker）可以用来加密任何硬盘上的信息，包括移动媒体（如 USB 设备、闪存设备和其他媒体设备等），右击就可以在选项中加密 Windows 资源管理器中的数据。用户可以在设置菜单中选择希望加密的文件，被加密的文件可以设置为只读，且不能被重新加密。

在保存好 BitLocker 信息后关闭计算机，BitLocker 的恢复信息存储在计算机的属性文件中，大多数情况下自动备份用户的密码恢复到 Active Directory。所以要确保可以访问这些属性，防止丢失密码后无法恢复文件。

（5）本地 biometrics。

Microsoft 公司在 Windows 7 中添加了新的 biometrics 支持，使得具有指纹识别的计算机不再需要第三方软件的支持。

（6）系统和安全。

Windows 7 中的系统和安全（System and Security）的子控制面板部分可以充当备份数据的交换中心，用于防止安全漏洞，并维护系统。

相对于 Windows XP 而言，Windows 7 更加安全，也提升了整体的安全水平。面对如此庞大的代码阵营，众多计算机专家搭建起来的 Windows 7 也存在一些瑕疵，随着 Windows 7 市场份额的增长，黑客也将对其发动更多的攻击。

2. Windows Server 2008 服务器安全

Windows Server 2008 是 Microsoft 最新推出的一套服务器操作系统。Windows Server 2008 分别提供了 32 位和 64 位两个版本，Microsoft 宣称 Windows Server 2008 是该公司最后一个支持 32 位

的服务器操作系统，2009 年推出的 Windows Server 2008 R2（以下简称 R2）只有 64 位版。R2 能更好地支持虚拟机迁移，利用 Hyper-V 缩小了与 VMware 架构的差距。除了服务器虚拟化值得关注之外，还有 IIS、网络和终端服务等性能也获得了极大提高。在安全性方面，R2 也进行了更改和增强，以下几个方面更为值得关注。

（1）验证和访问控制。

R2 的安全改进主要体现在验证与访问控制部分，对访问控制做了许多改进。

1）用户账户控制（UAC）。在 R2 中，UAC 减少了许多提示。一些常见的管理任务不再有 UAC 提示。例如：①从 Windows Update 中安装更新；②通过 Windows Update 或操作系统安装驱动；③查看设置；④将计算机与蓝牙设备连接；⑤重置网络适配器以及执行其他网络诊断和修复任务。用户可以通过本地管理权限在“控制面板”中对 UAC 进行配置，也可以通过本地安全策略，用 UAC 更改管理员和标准用户的信息传递行为。

2）AppLocker。AppLocker 是一种简化的规则结构。如果用户是交互式登录或远程登录（包括远程登录的管理员），那么系统会强制使用 AppLocker。

3）Enhanced Storage Access。Enhanced Storage Access 是一个新功能，它提供了一种不需要使用第三方工具来锁定和保护可移动存储设备的组策略。这些策略包括：①允许 Enhanced Storage 认证指配；②配置经认可的 Enhanced Storage 设备列表；③配置经认可的 IEEE 1667 存储列表；④不允许 Enhanced Storage 设备的密码验证；⑤不允许非 Enhanced Storage 可移动设备；⑥当计算机被锁定后，锁定 Enhanced Storage。

4）Managed Service Accounts。Managed Service Accounts 是 Windows Server 2008 R2 中另一个新增的安全功能。托管服务账户用来为 Exchange Server 和 SQL Server 等应用提供自动密码管理。托管服务账户只能通过 PowerShell 管理，其中不存在 GUI 界面。对于那些以混合模式出现的域，可以使用 Windows Server 2008 中的服务账户和 Server 2008 域控制器来管理。

（2）身份认证。

身份认证部分的新增功能大多用来增强 Windows 7 的客户机性能。这些性能一般只出现在 Windows 7 客户端。身份认证部分的新增功能包括以下几个方面。

1）在线身份集成。该功能可以让 Windows 7 用户将其 Windows 账户连接到在线 ID（使用 PKU2U），组策略可以让用户决定是否启用这一功能。PKU2U 允许使用 SSP（Service Switching Points）基于证书的验证。其中，SSP 是一种能执行多种七号信令应用服务（用户呼叫处理、800 号服务、他方付费电话等）的程控数字交换机的电话局。

2）PKU2U（基于用户到用户的公共密钥密码学）。PKU2U 可以让用户用系统间的证书来验证用户，这些系统不是域的一部分。PKU2U 与在线身份集成一起，可以让用户共享资源。

3）认证数据包的扩展。NegoExts（negoexts.dll）是一个身份认证包，该包协商对由 Microsoft 和其他软件公司实现的应用程序以及方案是否使用 SSP。这些扩展为 Office Live 和 Hosted Exchange 服务提供了丰富的支持。

4）智能卡即插即用。用户可以使用供应商提供的智能卡，如果供应商已经用 Windows Update 发布了他们的驱动程序，那么用户在没有中间件的情况下也能利用这一功能使用智能卡。

5）TLS 和 Schannel。Microsoft 使用 Schannel 身份验证包（schannel.dll）实现了安全套接字层（SSL）协议和 TLS 协议。对于 Windows 7 和 Windows Server 2008 R2，已经将 TLS 提高到 1.2 版本以便支持：①Hash 协商：客户和服务器可以协商使用作内置功能的任何 Hash 算法，并将默认的密码对 MD5/SHA-1 替换为 SHA-256；②证书 Hash 或签名控制：将证书请求程序配置为仅接受指定的 Hash 或仅接受认证路径中的签名运算法则；③符合 Suite B 的密码套件：已经添加了两个密码套件，以便使 TLS 符合 Suite B（TLS_ECDHE_ECDSA_WITH_AES_128_GCM_SHA256，TLS_ECDHE_ECDSA_WITH_AES_128 _GCM_SHA384）。

6）NTLM 验证的限制。NTLM 即 Windows NT LAN Manager，是 Windows 2000 中的 Telnet 的一种身份验证方式；新的组策略设置允许对 Windows Server 2008、Windows 7 和域控制器中的 NTLM 验证进行限制。Windows Server 2008 R2 具备用于审计和限制 NTLM 验证的资源。

7）Windows 生物计量服务。该服务可以让管理员和用户使用指纹生物计量设备登录计算机，这为 UAC 提供了更大特权，而且它还能对指纹设备执行基本的管理。管理员可以在组策略中管理生物计量设备（包括启用、限制或阻止使用）。

另外，还有许多其他更新，譬如在 Kerberos 中使用了 NTLM，要求至少使用 128 位的密码加密。

（3）Server Roles。

R2 在 Windows Server 2008 的基础上又作了许多安全性改进，其中一个就是 Server Roles。它在安全性方面的改进主要体现在如下几个方面：

1）活动目录证书服务。Certificate Enrollment Web Service 可以通过 HTTP 进行认证登记，R2 还添加了“Renewal on Behalf of feature”，这种认证登记使用起来更为方便。

2）DNS。域名系统安全扩展（DNSSEC）可以让用户签署并托管有 DNSSEC 标记的区域以增加 DNS 的安全作用。这项用户期待已久的功能，可以保护 DNS DNSSEC，从而让服务器和客户机更安全。

3）网络访问保护。R2 允许从“控制面板”中的“系统与安全项目”中查看网络访问保护服务项目。网络访问保护更易于使用和管理。

4）分布式文件系统（DFS）。只读域控制器中存在只读 SYSVOL 文件夹，它可以防止该文件夹中的文件发生更改。系统会添加复制的只读文件夹，用来防止文件的增改。使用分布式 DFS Management 嵌入式单元，可以对命名空间进行以存取为基础的列举。有了这些功能，DFS 才能被锁定，而且列举 DFS 命名空间也变得更容易。

5）活动目录域服务。R2 中新增的活动目录域服务验证机制主要用于控制资源访问。这一机制以用户是否使用认证登录以及所使用的认证类型为基础。

6）Web Server（IIS）。新增的请求过滤功能，可以严格限制 IIS 要处理的 HTTP 请求类型。这是一个能锁定 IIS 服务器的好帮手。

7）网络连接。Direct Access 可以为远程互联网用户提供网络资源访问权，且用户不需要再使用 Terminal Services 或 VPN 等网关技术。

【拓展训练】

读者根据以上知识，独立完成以下任务：

根据×××大学校园网的实际情况，为校园网的 Web 服务器、FTP 服务器进行系统安全配置。

【分析和讨论】

（1）为什么说操作系统的安全是整个计算机系统安全的基础？

（2）为什么说不存在真正安全的操作系统？

模块二　局域网网络管理

网络建成之后交付给用户使用，在使用中网络能否发挥其功能，除了前期的规划设计、设备系统选型以及施工质量水平等原因以外，网络管理是另一个非常重要的因素。缺乏管理或者管理不善的网络系统是不能满足用户需求的。本模块通过进行局域网网络管理，掌握局域网安全管理办法。

任务1　网络故障诊断和排除

【任务描述】

公司承建×××大学校园网工程，现要求你为学校网络管理人员培训，应对今后可能遇到的网络故障。

【任务目标】

掌握ping命令、tracert命令和ipconfig命令。

【实施过程】

1. 导致网络故障的主要原因

导致网络故障的主要原因有以下几点：

（1）网络链路。包括双绞线故障和光纤故障。

（2）配置文件和选项。为了达到网络的正常通信，所有的网络设备都有自己的配置文件和配置选项，如果配置文件和配置选项设置错误，将导致网络故障的发生。

（3）网络协议。包括计算机、交换机和路由器执行的网络协议，一般由网络协议的安装或配置错误导致。当物理网络连接一切正常，链路测试没有问题，但无法与其他设备连通，这时就要考虑网络协议故障。

（4）网络服务器故障。网络服务器故障主要包括3个方面，分别是服务器硬件故障、网络操作系统复杂和网络服务故障。

2. 网络故障诊断的一般方法

网络故障诊断的一般方法有：

（1）排除法。排除法主要是根据所观察到的故障现象，尽可能全面地列举出所有可能导致故障发生的原因，然后逐一分析、诊断、排除。

（2）替换法。在排除故障时，使用正常的设备替换故障设备。

3. 故障诊断常用工具

（1）ping命令。用于测试网络物理链路和逻辑链路的连通性。

（2）tracert命令。用于测试包含有网关和路由的IP逻辑链路，从而判断故障发生的位置。

（3）ipconfig命令。用于显示本地计算机的IP地址配置信息和网卡的MAC地址，当网络连接发生故障时，在排除物理链路因素之前，应检查IP地址信息的设置是否正确。

任务 2 使用网络管理系统

【任务描述】

×××大学校园网建成后维护量很大，公司现要求你为学校网络管理人员培训使用网络管理系统的方法。

【任务目标】

掌握网络管理系统的使用。

【设备清单】

网首 IT 运维服务管理系统。

【实施过程】

（1）在 IE 浏览器中输入网首网管系统 IP 地址，显示登录界面，输入用户名和密码，如图 6-25 所示。

图 6-25 登录界面

（2）进入系统后，显示首页界面，如图 6-26 所示。

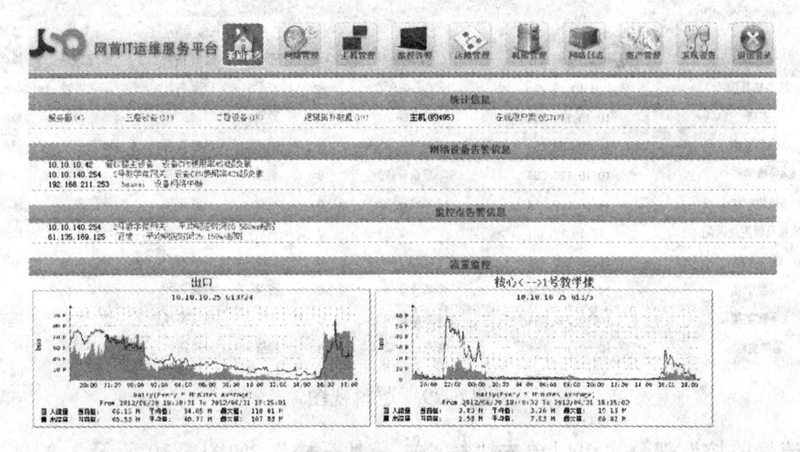

图 6-26 首页界面

（3）单击“网络管理”按钮，显示网络管理界面，如图 6-27 所示。

拓扑管理
- 拓扑列表
- 计算拓扑

网络设备
- 设备列表
- IPv6三层设备列表
- 扫描设备
- 批量修改
- 批量修改端口属性
- 批量删除
- 厂商列表
- 设备类型列表
- 导出交换机信息
- 导出端口信息
- 导入端口信息
- 设备逻辑关系列表
- 重复设备列表

设备视图

服务器(4)　三层设备(11)　二层设备(15)　主机(约495)

交换机分类

厂商	型号	数量
		1
锐捷	S2100	15
锐捷	S3760	7
锐捷	S5750	2
锐捷	S7600	1

逻辑视图

1号教学楼	10.10.150.254	设备数(2)	查看
2号教学楼	10.10.140.254	设备数(2)	查看
3号教学楼	10.10.170.254	设备数(2)	查看
主楼	10.10.110.254	设备数(6)	查看
5号教学楼	10.10.190.254	设备数(3)	查看
留学生楼	10.10.160.254	设备数(2)	查看
核心拓扑图	10.10.10.25	设备数(10)	查看

图 6-27　网络管理界面

1）在“设备视图”部分，单击“设备视图”，查看设备情况，如图 6-28 所示。

交换机信息

搜索IP: 提交　添加交换机

地址	描述	厂商	类型	层	状态	在线用户	端口信息	端口状态	连接关系	查看拓扑	修改	删除
10.10.10.25	Ruijie	锐捷	S7600	3	1%	察看	端口信息	端口状态	连接关系	查看拓扑	修改	删除
10.10.10.42	餐饮楼主设备	锐捷	S5750	3	44%	察看	端口信息	端口状态	连接关系	查看拓扑	修改	删除
10.10.110.1	A_1_1	锐捷	S2100	2	2%	察看	端口信息	端口状态	连接关系	查看拓扑	修改	删除
10.10.110.2	A_1_2	锐捷	S2100	2	2%	察看	端口信息	端口状态	连接关系	查看拓扑	修改	删除
10.10.110.3	A_1_3	锐捷	S2100	2	3%	察看	端口信息	端口状态	连接关系	查看拓扑	修改	删除
10.10.110.4	A_1_4	锐捷	S2100	2	1%	察看	端口信息	端口状态	连接关系	查看拓扑	修改	删除
10.10.110.5	A_1_5	锐捷	S2100	2	1%	察看	端口信息	端口状态	连接关系	查看拓扑	修改	删除
10.10.110.254	主楼网关	锐捷	S3760	3	1%	察看	端口信息	端口状态	连接关系	查看拓扑	修改	删除

图 6-28　设备视图

2）在“逻辑视图”部分，单击“逻辑视图”，显示“拓扑图管理”界面，如图 6-29 所示，可以单击“查看”链接，查看整体或某个楼的拓扑结构。

拓扑图管理

新建拓扑

名称	核心设备地址	设备数	排序	查看	计算拓扑	清空关系	修改	删除
核心拓扑图	10.10.10.25	增减设备(10)	-2	查看	计算拓扑	清空关系	修改	删除
主楼	10.10.110.254	增减设备(6)	-1	查看	计算拓扑	清空关系	修改	删除
1号教学楼	10.10.150.254	增减设备(2)	0	查看	计算拓扑	清空关系	修改	删除
4号教学楼	10.10.120.254	增减设备(2)	0	查看	计算拓扑	清空关系	修改	删除
5号教学楼	10.10.190.254	增减设备(3)	0	查看	计算拓扑	清空关系	修改	删除
餐饮楼及保卫处西门	10.10.10.42	增减设备(1)	0	查看	计算拓扑	清空关系	修改	删除
新办公楼	10.10.200.254	增减设备(4)	0	查看	计算拓扑	清空关系	修改	删除
3号教学楼	10.10.170.254	增减设备(2)	0	查看	计算拓扑	清空关系	修改	删除
2号教学楼	10.10.140.254	增减设备(2)	0	查看	计算拓扑	清空关系	修改	删除
留学生楼	10.10.160.254	增减设备(2)	0	查看	计算拓扑	清空关系	修改	删除

图 6-29　逻辑视图

3）在“流量监控”部分，可以单击“核心 1 号教学楼”，如图 6-30 所示。

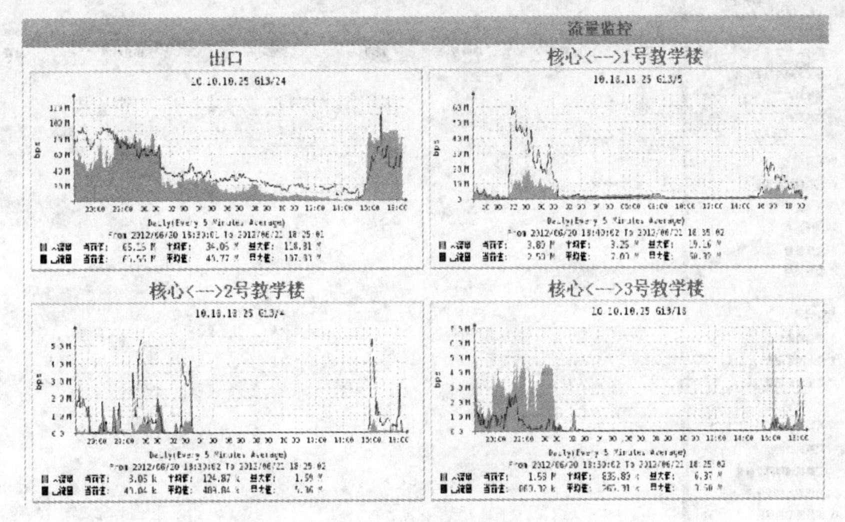

图 6-30 流量监控

（4）单击“主机管理”按钮，显示主机管理界面，如图 6-31 所示。

主机管理
- 服务器列表
- 服务器连接信息
- 扫描服务器
- 批量修改
- 批量删除
- 导出服务器信息
- 导入服务器信息
- 导出服务信息
- 导入服务信息
- 服务器监控
- 内部监控

服务器列表

添加服务器

IP地址	服务器名	服务器描述	操作系统	部门	管理员	服务数	修改	删除
192.168.254.2	大学服务器	大学服务器	windows2003			1	修改	删除
192.168.254.4						1	修改	删除
192.168.254.10						1	修改	删除
192.168.254.30	网管服务器	网管服务器	linux			1	修改	删除

图 6-31 主机管理界面

（5）单击“监控告警”按钮，显示监控告警界面，如图 6-32 所示。

设备IP	设备名称	错误信息	错误日期	恢复日期	删除
61.135.169.125	百度	百度 监控点丢包率超标	2012-06-21 18:05:12	2012-06-21 18:10:11	删除
61.135.169.125	百度	百度 监控点丢包率超标	2012-06-21 17:35:11	2012-06-21 18:00:12	删除
61.135.169.125	百度	百度 监控点丢包率超标	2012-06-21 17:25:12	2012-06-21 17:30:12	删除
61.135.169.125	百度	百度 监控点丢包率超标	2012-06-21 17:00:11	2012-06-21 17:20:11	删除
10.10.10.42	餐饮楼主设备	交换机网络中断	2012-06-21 00:19:13	2012-06-21 00:20:02	删除
10.10.160.254	留学生楼网关	留学生楼网关 监控点无法访问	2012-06-21 00:06:01	2012-06-21 17:11:01	删除
10.10.160.254	留学生楼网关	交换机网络中断	2012-06-21 00:04:38	2012-06-21 17:07:01	删除
10.10.160.1	A_6_1	交换机网络中断	2012-06-21 00:04:26	2012-06-21 17:07:01	删除
10.10.10.42	餐饮楼主设备	交换机网络中断	2012-06-20 23:55:14	2012-06-21 00:13:02	删除
10.10.10.42	餐饮楼主设备	交换机网络中断	2012-06-20 23:47:13	2012-06-20 23:54:02	删除
10.10.10.42	餐饮楼主设备	交换机网络中断	2012-06-20 23:40:14	2012-06-20 23:46:02	删除
10.10.10.42	餐饮楼主设备	交换机网络中断	2012-06-20 23:30:13	2012-06-20 23:37:01	删除
61.135.169.125	百度	百度 监控点丢包率超标	2012-06-20 23:15:12	2012-06-20 23:20:11	删除
10.10.10.42	餐饮楼主设备	交换机网络中断	2012-06-20 23:07:13	2012-06-20 23:28:05	删除

图 6-32 监控告警界面

（6）单击“运维管理”按钮，显示运维管理界面，如图 6-33 所示。

图 6-33　运维管理界面

（7）单击“机房管理”按钮，显示机房管理界面，如图 6-34 所示。

图 6-34　机房管理界面

（8）单击“网络日志”按钮，显示网络日志界面，如图 6-35 所示。

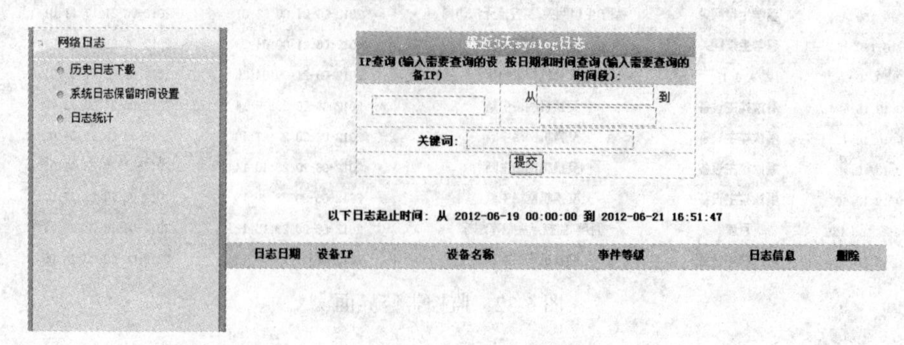

图 6-35　网络日志界面

（9）单击“资产管理”按钮，显示资产管理界面，如图 6-36 所示。

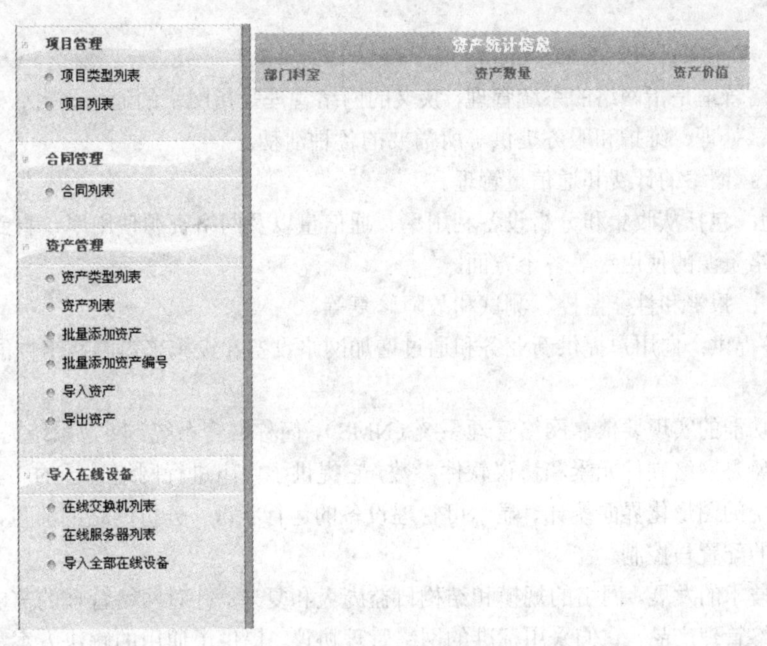

图 6-36　资产管理界面

（10）单击“系统设置”按钮，显示系统设置界面，如图 6-37 所示。

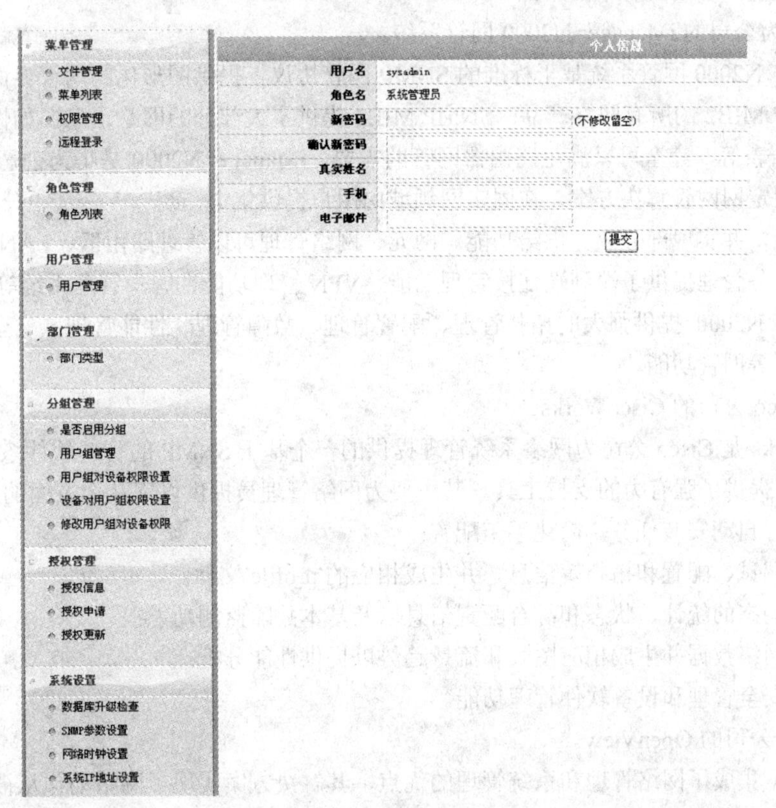

图 6-37　系统设置界面

【知识链接】

1. 网络管理（Network Management）

广义的网络管理是指网络的系统管理，狭义的网络管理是指网络的通信平台管理，功能包括管理网络的运行、处理、维护和服务提供等所需要的各种活动。

（1）运行：网络的计费和通信量管理。

（2）处理：包括从收集和分析设备利用率、通信量以及网络资源使用率，直到作出相应的控制，以优化网络资源的使用率等各个方面。

（3）维护：报警和性能监控、测试和故障修复等。

（4）服务提供：向用户提供新业务和通过增加网络设备和设施来提高网络性能。

2. 网管系统

网络管理功能的实现要依靠网络管理系统（NMS），简称网管系统。网管系统提供人—网接口，它所管理的对象是网络硬件元素和协议软件参数，它提供了一组进行网络管理的工具，网络管理人员通过网管系统的图形化界面统计、显示可管理设备的运行状况，分析网络的流量，查找故障，并且实施对网络的配置与控制。

随着网络技术的发展，网络的规模和结构日益庞大和复杂。针对网络管理的需求，许多厂商开发了自己的网络管理产品，它们采用标准的网络管理协议，提供了通用的解决方案，形成了一个网络管理系统平台，其他的厂商在这些平台的基础上又提供了各种管理工具。下面介绍在国内市场上具有较高的性能和市场占有率的产品。

（1）华为公司的 iManager N2000 网管系统。

iManager N2000 网管系统基于标准的 SNMP 网管协议，提供图形化的网管界面，可以管理支持标准 SNMP MIB2 的所有网络产品；SNMP MIB2 提供了大部分的网管信息，如性能监视、端口状态、IP 路由表等，完全可以满足路由器网管的需要。iManager N2000 是华为公司的 IP 网、综合网和话音等固定网网管解决方案，在固定网领域向用户提供集中、统一、分级、分权的网元管理、网络管理功能，并实现部分业务供给功能。网元、网络管理可以管理路由器、LAN Switch 等数据通信设备，业务管理提供了端到端连接管理功能、VPN 管理功能、客户管理系统等业务。

iManager N2000 提供强大的拓扑管理、配置管理、故障管理、性能管理、安全管理、计费管理、日志管理等网管功能。

（2）Cisco 公司的 CiscoWorks。

CiscoWorks 是 Cisco 公司为网络系统管理提供的一个基于 SNMP 的管理软件系列。CiscoWorks 为路由器管理提供了强有力的支持工具。其主要为网络管理员提供以下几个方面的应用：

1）可执行自动安装任务，简化手工配置；

2）提供调试、配置和拓扑等信息，并生成相应的 profile 文件；

3）提供动态的统计、状态和综合配置信息以及基本故障监测功能；

4）搜集网络数据并生成相应图表和流量趋势以提供性能分析；

5）具有安全管理和设备软件管理功能。

（3）HP 公司的 OpenView。

OpenView 集成了网络管理和系统管理的优点，其解决方案实现了网络动作从被动无序到主动控制的过渡，使网络管理员能及时了解整个网络当前的真实状况，实现主动控制。其中的预防式管理工具，即临界值设定与趋势分析报表，可以让网络管理员采取更具预防性的措施来管理网络的整体状态。

OpenView 包括统一管理平台、资产管理、故障自动监测和处理、设备搜索、网络存储、智能代理和 Internet 环境的开放式服务等功能。OpenView 是第一个支持多厂商设备的网络管理系统，而且公布了开放的 API 接口，网络设备厂商可以利用这些编程接口使自己的产品能让 OpenView 进行管理。

3. 网络管理标准

国际标准化组织（ISO）在 1989 年颁布了第一个关于网络管理的国际标准性文件，即 ISO DIS 7498-4（X.700），其定义了网络管理的基本概念和总体框架。随后又在 1991 年发布的两个文件中规定了网络管理提供的服务和网络管理协议，即 ISO 9595 公共管理信息服务定义（CMIS）和 ISO 9596 公共管理信息协议规范（CMIP）。1992 年公布的 ISO 10164 和 ISO 10165 两个文件分别定义了系统管理功能（SMF）和管理信息结构（SMI）。这些文件共同组成了 ISO 的网络管理标准，但由于过于复杂，至今还没有真正实用的网管产品。

TCP/IP 网络管理最初使用的是 1987 年 11 月提出的简单网关监控协议（SGMP），在此基础上改进成简单网络管理协议第一版（SNMPv1）。在 20 世纪 90 年代初又公布了几个 RFC 文件，即 RFC 1155（SMI）、RFC 1157（SNMP）、RFC 1212（MIB 定义）和 RFC 1213（MIB-II规范）。由于其简单性和易于实现，SNMPv1 得到了许多厂商的支持和广泛应用。几年后，该协议改进功能并增加了安全性，产生了 SNMPv2。由于 SNMPv2 没有达到“商业级别”的安全要求，1999 年 4 月又发布了最新的网络管理标准 SNMPv3。

网络管理标准的制定，使计算机网络系统的管理技术不断取得突破性的进展。SNMP 已成为网络管理领域中事实上的工业标准，大多数网络管理系统和平台都是基于 SNMP 的体系结构，管理的对象主要是网络互联设备，如路由器、交换机、打印机、UPS 等设备。

4. 网络管理模式

网络管理员对网络及其设备的管理有 3 种方式：本地终端方式、远程 telnet 命令方式和基于 SNMP 的代理/服务器方式。

（1）本地终端方式。

本地终端方式是通过被管理设备的 RS-232 接口与网管机相连接，进行相应的监控、配置、计费、性能和安全等管理的方式。一般适用于管理单台重要的网络设备，如路由器等。

（2）远程 telnet 命令方式。

此方式通过计算机网络对已知地址和管理口令的设备进行远程登录，并进行各种命令操作和管理。这种方式也只适用于对网络中的单台设备进行管理。但与本地终端方式管理的区别是远程 telnet 命令方式可以异地操作，不必亲临现场。

（3）基于 SNMP 的代理/服务器方式。

在 SNMP 管理模型中，有 3 个基本组成部分，分别为：管理站（Manager）、代理（Agent）和管理信息库（MIB）。SNMP 的管理模式如图 6-38 所示。

管理站是一个或一组软件程序，它一般运行在网络管理中心的主机上，可以在 SNMP 的支持下命令代理执行各种管理操作。

代理是一种在被管理的网络设备中运行的软件，负责执行管理进程的管理操作。管理代理直接操作本地信息库，可以根据要求改变本地信息库或将数据传送到管理进程。

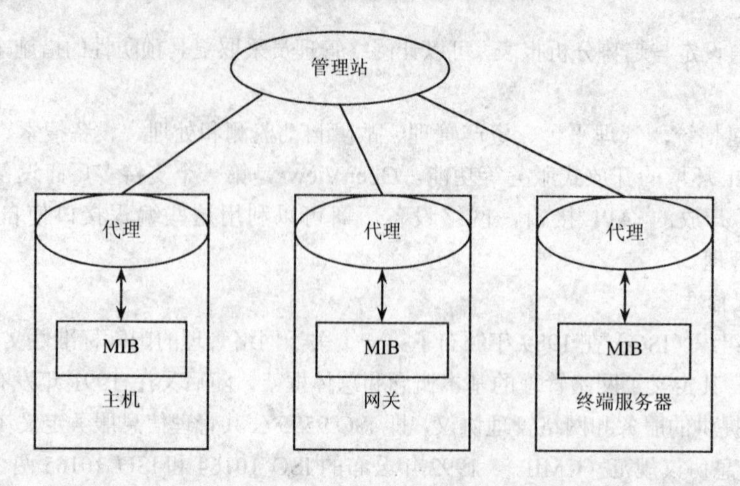

图 6-38 SNMP 管理模式

管理信息库是一个概念上的数据库，它是由管理对象组成的，每个代理管理 MIB 中属于本地的管理对象，各代理控制的管理对象共同构成全网的管理信息库。

每个代理拥有自己的本地 MIB，一个代理管理的本地 MIB 不一定具有 Internet 定义的 MIB 的全部内容，而只需要包括与本地设备或设施有关的管理对象。代理具有两个基本管理功能：一是读取 MIB 中各种变量值，二是修改 MIB 中各种变量值。这里的变量就是管理对象。

管理站完成各种网络管理功能，通过各设备中的代理实现对网络内的各种设备、设施和资源的控制。另外，操作人员通过管理进程对全网进行管理。管理进程可以通过图形用户接口，以容易操作的方式显示各种网络信息、网络中各管理代理的配置图等。有时管理进程也会对各个代理中的数据集中存储，以备事后分析。

5. 网络故障诊断和排除

网络中可能出现的故障多种多样，往往解决一个复杂的网络故障需要广泛的网络知识与丰富的工作经验。

（1）根据网络故障的性质可以把故障分为物理故障与逻辑故障。

1）物理故障。

物理故障是指设备或线路损坏、插头松动、线路受到严重电磁干扰等情况。

2）逻辑故障。

逻辑故障中的一种常见情况就是配置错误，就是指因为网络设备的配置原因而导致的网络异常或故障。

逻辑故障中另一类故障就是一些重要进程或端口关闭，以及系统负载过高。如路由器的 SNMP 进程意外关闭或死掉，这时网络管理系统将不能从路由器中采集到任何数据，因此网络管理系统失去了对该路由器的控制。另一种常见情况是路由器、交换机的负载过高。表现为路由器、交换机的 CPU 温度太高、CPU 利用率太高，以及内存余量太小等，虽然这种故障不能直接影响网络的连通，但却影响到网络提供服务的质量，而且也容易导致硬件设备的损害。

（2）根据故障的不同对象可以把故障划分为线路故障、网络设备故障和主机故障。

1）线路故障。

线路故障最常见的情况就是线路不通。确定故障原因的方法是：首先使用 ping 命令检查线路两端路由器、交换机的端口是否关闭。如果其中一端没有响应，则可能是路由器、交换机的端口故障。如果是近端口关闭，则可检查端口插头是否松动、路由器端口是否处于down状态；如果是远端端口关闭，则要到线路对方进行检查。

2）网络设备故障。

典型的网络设备故障是路由器、交换机的负载过高。表现为路由器、交换机的CPU温度太高、CPU 利用率太高，以及内存余量太小等，虽然这种故障不能直接影响网络的连通，但却影响到网络提供服务的质量，而且也容易导致硬件设备的损害。检查这种类型的故障，需要利用 MIB 变量浏览器这种工具，从路由器 MIB 变量中读出有关的数据。

3）主机故障。

主机故障常见的现象是主机的配置不当，如主机的IP地址与其他主机冲突，或IP地址根本就不在子网范围内，这将导致主机不能连通。还有一些服务的设置故障，如 E-mail 服务器设置不当导致不能收发E-mail，或者域名服务器设置不当导致不能解析域名。主机故障的另一种可能是主机安全故障，如防火墙设置不当将阻断一些通信。

6. 网络管理工具

（1）连通性测试程序。

连通性测试程序就是ping命令，是一种最常见的网络工具。用ping命令可以测试端到端的连通性，即检测源端到目的端是否畅通。

ping 命令有一个局限性，它一次只能检测一端到另一端的连通性，而不能一次检测一端到多端的连通性。ping有一种衍生工具fping，fping可以ping多个IP地址，如C类的整个网段地址等。

（2）路由跟踪程序。

路由跟踪程序是 traceroute，该工具最大的优点是可以了解线路中哪条线路延迟大，哪条线路质量不好。traceroute与ping的区别在于traceroute把端到端的线路按线路所经过的路由器分成多段，然后按每段返回的响应与延迟进行检测。如果端到端不同，则用该工具可以检查到哪个路由器之前都能正常响应，到哪个路由器就不能响应了，这样就很容易知道故障源出在哪里。另一方面，如果在线路中某个路由器的路由配置不当，导致路由循环，用traceroute工具可以方便地发现问题。

（3）MIB变量浏览器。

MIB变量浏览器是另一种重要的网络管理工具。在SNMP中，MIB变量包含了路由器、交换机几乎所有的重要参数，对路由器、交换机进行管理很大程度上是利用MIB变量来实现的。

一般MIB变量浏览器都按照MIB变量的树型命名结构进行设计，这样就可以自顶向下根据所要浏览的MIB变量的类别逐步找到该变量，而无需记住该变量复杂的名字。网络管理人员可以利用MIB变量浏览器取出路由器、交换机当前的配置信息、性能参数以及统计数据等，对网络情况进行监视。

【拓展训练】

读者根据以上知识，独立完成以下任务：

针对×××大学校园网，使用网首网管系统进行网络设备的故障管理。

【分析和讨论】

（1）网络管理系统的作用是什么？

（2）SNMP 管理模式由哪三部分组成？各自的功能是？

模块三　局域网灾难备份与恢复

存储在局域网计算机系统的数据是一笔难以估量的巨大财富，数据一旦丢失将造成无可挽回的损失，同时人们对局域网计算机系统的连接、可用性的要求也在不断提高。保证数据安全的办法是对数据进行软、硬件备份。到现在为止，还很难预测和防止网络计算机系统灾难的发生，因此，更好地保护重要数据的安全，保证网络及计算机系统连续、可靠地运行，是局域网建设的重中之重。本模块通过对局域网存储设备的配置和系统备份，掌握局域网灾难备份与恢复办法。

任务 1　创建 RAID 10

【任务描述】

RAID 10 适合应用于那些写入操作较少，读取操作较多的应用环境，如数据库和 Web 服务器等。现 A 公司在×××大学校园网工程中，在存储设备上配置 RAID 10。

【任务目标】

掌握 RAID 10 的创建。

【设备清单】

华为 OceanStor S2600 一台。

【实施过程】

（1）打开 IE 浏览器，在 IE 地址栏中输入访问地址，通过浏览器登录 OSM3.0，如图 6-39 所示，在“语言”下拉列表框中选择“中文”，单击“登录”按钮后，输入用户名和密码。

图 6-39　“登录”对话框

（2）系统进入 ISM 界面，如图 6-40 所示。

（3）单击“发现设备”链接，进入“发现设备”对话框，输入用户名和密码，并根据需要选择发现方式，这里选择“同一子网”单选按钮，如图 6-41所示。

（4）单击“确定”按钮，打开如图 6-42 所示的“任务管理器”对话框，执行发现设备任务。

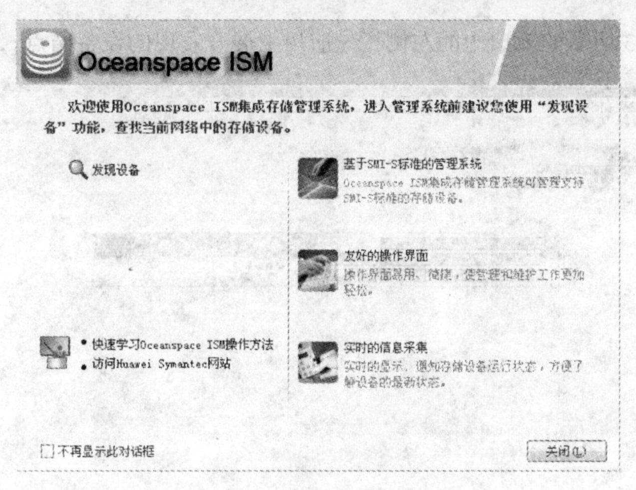

图 6-40　ISM 界面

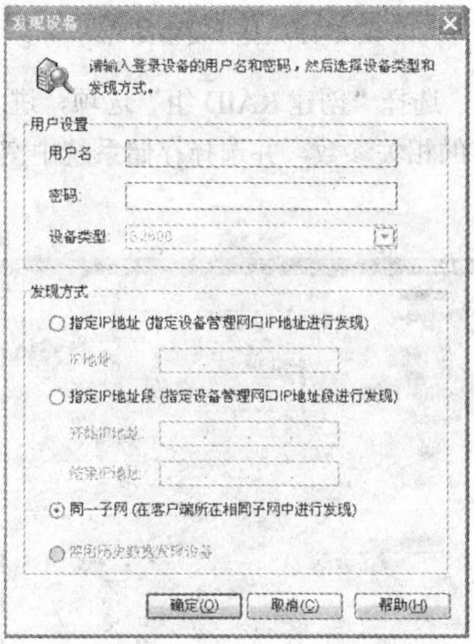

发现设备
请输入登录设备的用户名和密码，然后选择设备类型和发现方式。
用户设置
用户名
密码
设备类型
发现方式
指定IP地址 (指定设备管理网口IP地址进行发现)
IP地址
指定IP地址段 (指定设备管理网口IP地址段进行发现)
开始IP地址
结束IP地址
同一子网 (在客户端所在相同子网中进行发现)
启用历史数据发现设备
确定(O)　取消(C)　帮助(H)

图 6-41　“发现设备”对话框

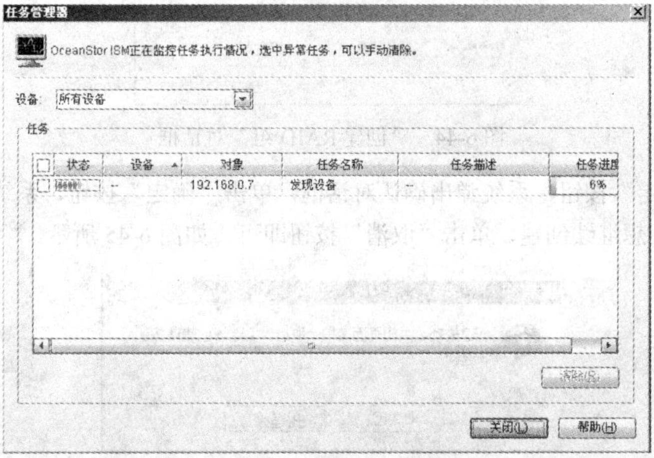

任务管理器
OceanStor ISM正在监控任务执行情况，选中异常任务，可以手动清除。
设备：所有设备
任务

状态	设备	对象	任务名称	任务描述	任务进度
	--	192.168.0.7	发现设备	--	6%

清除(R)
关闭(L)　帮助(H)

图 6-42　“任务管理器”对话框

（5）在如图 6-43 所示的窗口中的左侧栏导航树上展开发现的设备结点。

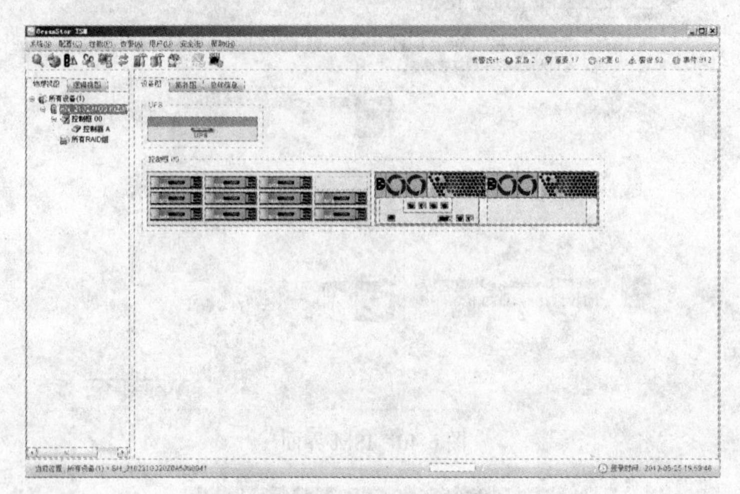

图 6-43　展开设备结点

（6）右击“所有 RAID 组”，选择“创建 RAID 组”选项，进入“创建 RAID 组”对话框，输入创建的 RAID 级别的 RAID 组的相关参数，并选择存储系统中空闲的硬盘，组成 RAID 10 组的成员盘，如图 6-44 所示。

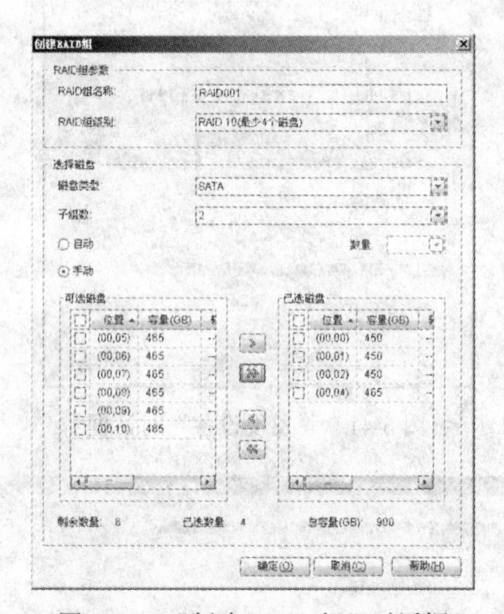

图 6-44　“创建 RAID 组”对话框

（7）单击“确定”按钮，系统弹出确认对话框，单击“确定”按钮，系统提示创建成功，完成创建操作，如果不想继续创建，单击“取消”按钮即可，如图 6-45 所示。

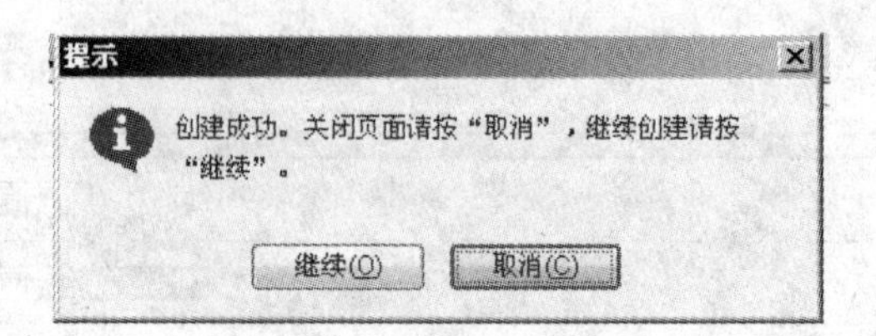

图 6-45　提示创建成功

任务2 创建存储热备盘

【任务描述】

A公司承接×××大学校园网工程，为保证存储系统的可靠性，创建热备盘。

【任务目标】

通过任务实施，熟练掌握ISM界面下S2600存储阵列的热备盘配置流程，熟悉S2600存储阵列的热备盘状态及熟练掌握创建存储热备盘的操作流程。

【设备清单】

存储设备S2600一套。

【实施过程】

1. 实验前准备

（1）S2600已经完成硬件安装，上电无异常，ISM初始化配置完成。

（2）在PC已经安装ISM客户端并正常运行，维护PC的地址和S2600的管理地址在同一网段，且能够正常通信的前提下，才可以进行以下操作。

2. 创建热备盘

热备盘是被指定用于替代RAID组故障成员盘的硬盘，用于承载故障硬盘中的数据。为保证存储系统的可靠性，建议在创建RAID组后创建热备盘。需要注意的是，系统中一定要存在空闲盘；保险箱盘不能作为热备盘。

创建热备盘的操作步骤如下：

（1）登录ISM，选择“逻辑视图”页签，然后在导航树上选择需创建热备盘的存储设备。

（2）在菜单栏上，选择“配置”→“热备盘管理”选项，系统弹出“热备盘管理”对话框，如图6-46所示。

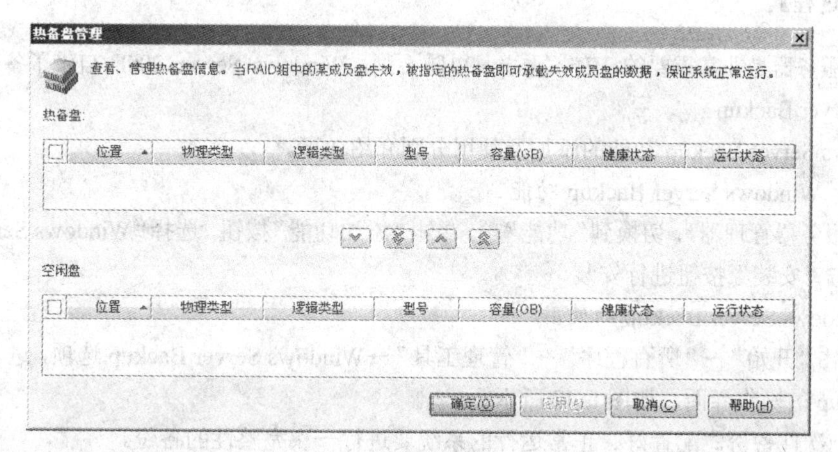

图6-46 “热备盘管理”对话框

（3）勾选需要创建为热备盘的硬盘。

（4）单击[图标]，将选中的“空闲盘”添加到“热备盘”中。系统提示设置热备盘的结果。

1）当系统提示创建成功时，在硬盘列表中该硬盘的“逻辑类型”变为“热备盘”。

2）当系统提示创建失败时，请根据系统的提示选择满足条件的硬盘作为热备盘。

（5）单击“确定”按钮，系统弹出“警告”对话框。

（6）单击“确定”按钮，系统弹出“执行结果”对话框，提示设置热备盘的结果。

1）当系统提示创建成功时，在硬盘列表中该硬盘的“逻辑类型”变为“空闲热备盘”。

2）当系统提示创建失败时，请根据系统的提示选择满足条件的硬盘作为热备盘。

（7）单击“完成”按钮。

3. 操作结果

创建热备盘成功，热备盘的“运行状态”为“空闲热备盘”。当成员盘故障导致 RAID 组失效时，热备盘将承载故障成员盘中的数据，保证 RAID 组能正常工作，此时热备盘的“运行状态”变为“已用热备盘”。

4. 注意事项

（1）为保证存储系统的可靠性，必须要创建热备盘，且热备盘的个数建议与系统中 RAID 组的个数一致。

（2）热备盘的类型与 RAID 组成员盘的类型保持一致。

（3）只读用户不能创建热备盘。

任务 3　Windows Server 2008 系统备份和恢复

【任务描述】

A 公司在×××大学校园网工程中培训学校网络管理员进行系统备份和恢复。

【任务目标】

通过任务实施，掌握 Windows Server 2008 系统的备份和恢复。

【实施过程】

备份对服务器是非常重要的，有备无患，以防不测。Windows Server 2008 自带了备份工具——Windows Server Backup。

Windows Server Backup 功能的添加及使用分别介绍如下。

1. 添加 Windows Server Backup 功能

运行“服务器管理器”，切换到“功能”项，单击“添加功能”按钮，选择“Windows Server Backup 功能”，单击“安装”按钮进行安装。

2. Windows Server Backup 的使用

依次单击“开始”→“所有程序”→“管理工具”→Windows Server Backup 选项，进入 Windows Server Backup 的操作界面，如图 6-47 所示。

（1）一次性备份。配置好、正常运行的系统要进行一次完整性的备份。

1）单击右侧操作栏中的“一次性备份”链接，打开一次性备份向导，弹出“备份选项”对话框，如图 6-48 所示。

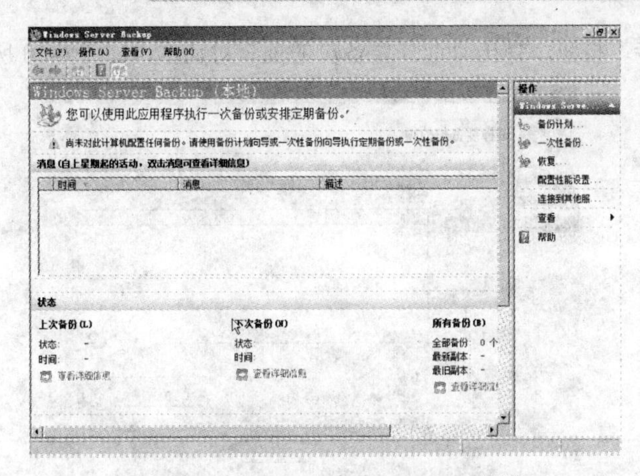

图 6-47　Windows Server Backup 界面

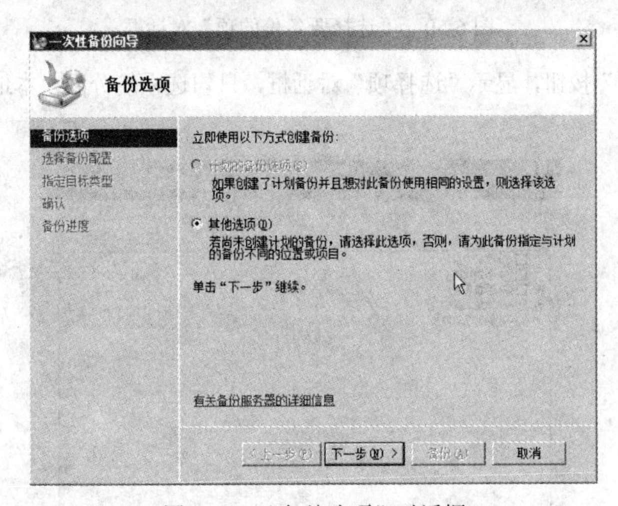

图 6-48　“备份选项”对话框

2）单击“下一步”按钮，显示“选择备份配置”对话框，选择“自定义”单选按钮，如图 6-49 所示。

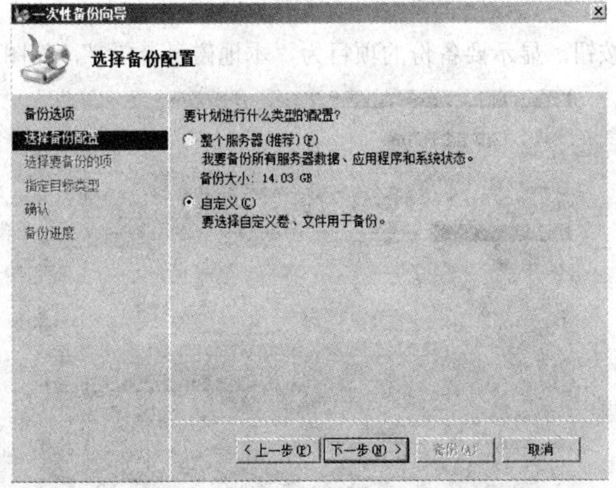

图 6-49　“选择备份配置”对话框

3）单击“下一步”按钮，弹出“选择要备份的项”对话框，如图 6-50 所示。

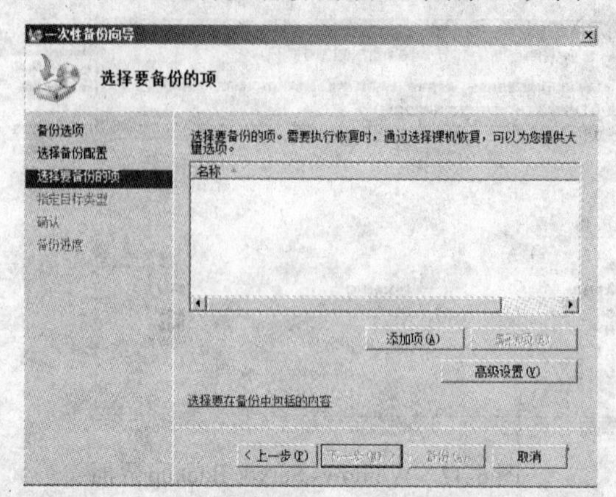

图 6-50　“选择要备份的项”对话框

4）单击“添加项”按钮，显示“选择项”对话框，只勾选系统分区“本地磁盘（C:）”复选框，如图 6-51 所示。

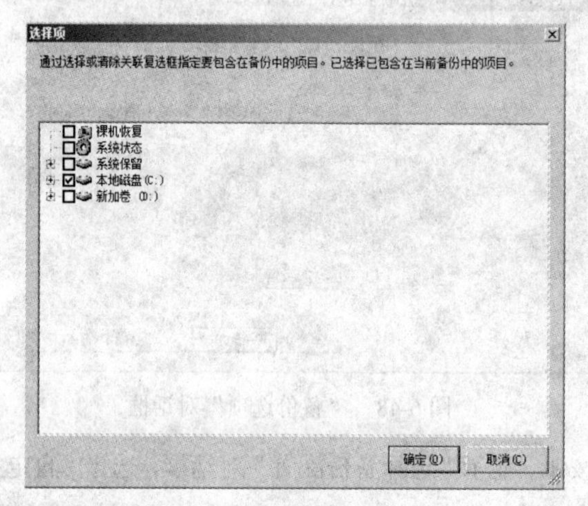

图 6-51　“选择项”对话框

5）单击“确定”按钮，显示要备份的项目为“本地磁盘（C:）”，如图 6-52 所示。

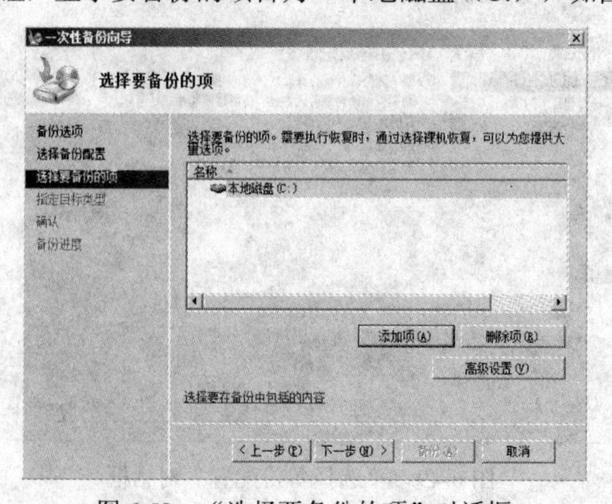

图 6-52　“选择要备份的项”对话框

6）单击“高级设置”按钮，显示“高级设置”对话框，选择“VSS 设置”选项卡，选择“VSS 副本备份”单选按钮，如图 6-53 所示，单击“确定”按钮。

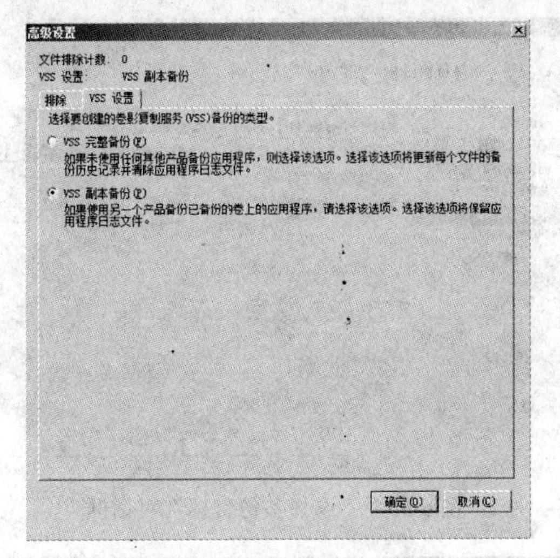

图 6-53 “高级设置”对话框

7）单击“下一步”按钮，在“指定目标类型”对话框中选择“本地驱动器”单选按钮，如图 6-54 所示。

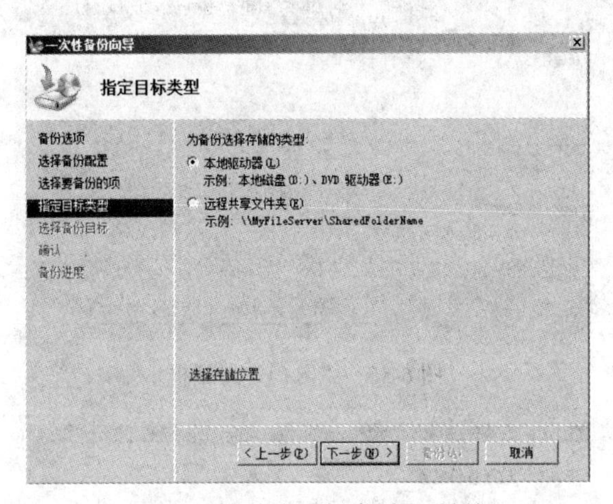

图 6-54 “指定目标类型”对话框

8）单击“下一步”按钮，显示“选择备份目标”对话框，在“备份目标”后的下拉列表框中选择“新加卷（D:)”，如图 6-55 所示。

9）单击“下一步”按钮，显示“确认”对话框，对以上的配置进行确认，然后单击“备份”按钮开始备份，状态提示“已完成备份”，单击“关闭”按钮即可。注意：要备份盘（卷）的大小必须小于存储备份盘（卷），否则无法完成备份。

（2）备份策略——设置备份计划。

在第一次完全备份系统后，要设置一个合理的备份计划，让系统动态、自动地完成备份。

1）单击 Windows Server Backup 窗口右侧操作栏中“备份计划”链接，打开备份计划向导的“入门”对话框，如图 6-56 所示。

2）单击“下一步”按钮，弹出“选择备份配置”对话框，选择“自定义”单选按钮，如图 6-57 所示。

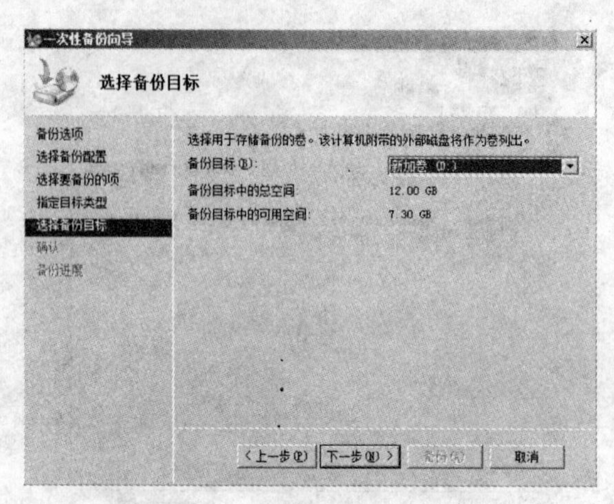

图 6-55 “选择备份目标”对话框

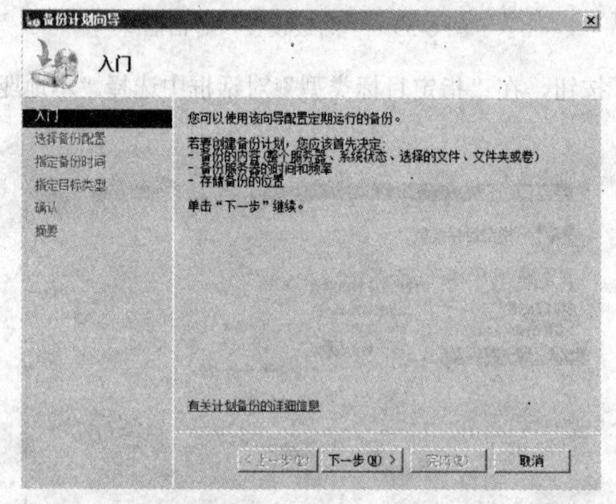

图 6-56 “入门”对话框

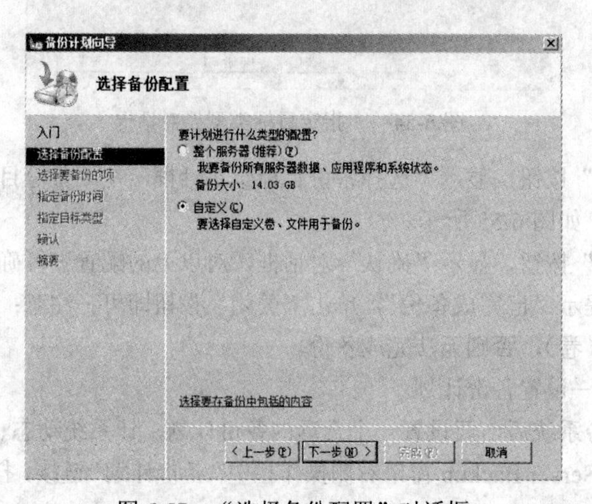

图 6-57 “选择备份配置”对话框

3）单击“下一步”按钮，显示“选择要备份的项”对话框，如图 6-58 所示。

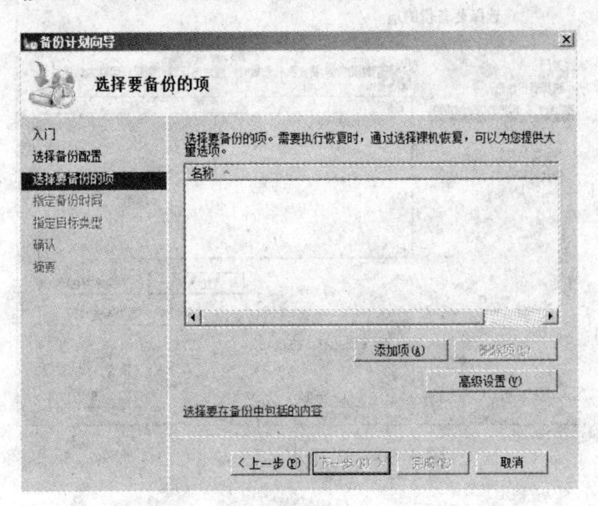

图 6-58　“选择要备份的项”对话框

4）单击“添加项”按钮，显示“选择项”对话框，只勾选系统分区“本地磁盘（C:）”复选框，如图 6-59 所示。

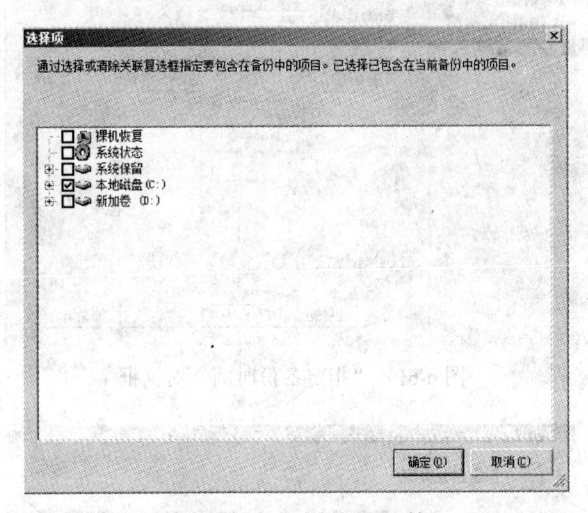

图 6-59　“选择项”对话框

5）单击“确定”按钮，显示要备份的项为“本地磁盘（C:）”，如图 6-60 所示。

6）单击“下一步”按钮，显示“指定备份时间”对话框，勾选“每日一次”单选按钮，选择时间为 21:00，如图 6-61 所示。

7）单击“下一步”按钮，显示“指定目标类型”对话框，选择要在何处存储备份，如图 6-62 所示。

8）单击“下一步”按钮，显示“选择目标卷”对话框，单击“添加”按钮，选择“新加卷（D:）”，如图 6-63 所示。

9）单击“下一步”按钮，显示“确认”对话框，对以上的配置进行确认，然后单击“备份”按钮开始备份，状态提示“已完成备份”，单击“关闭”按钮即可。

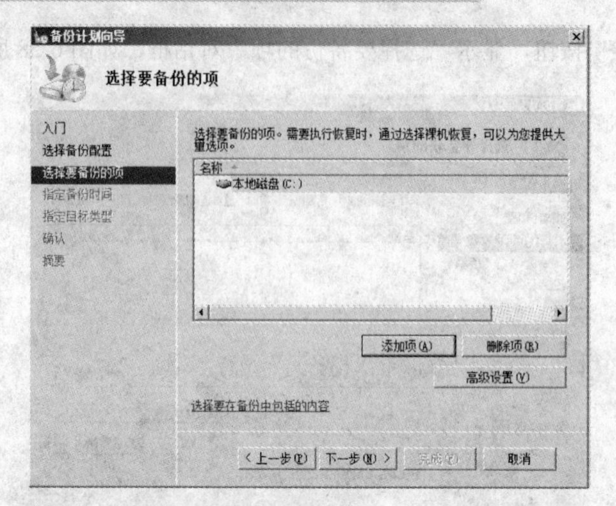

图 6-60　选择本地磁盘（C:）

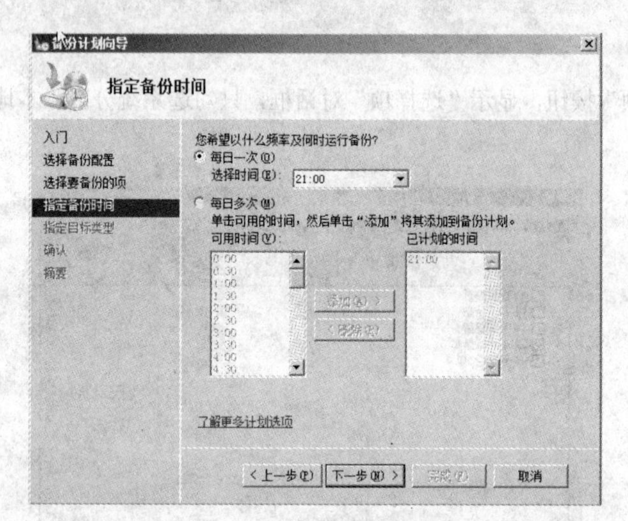

图 6-61　“指定备份时间”对话框

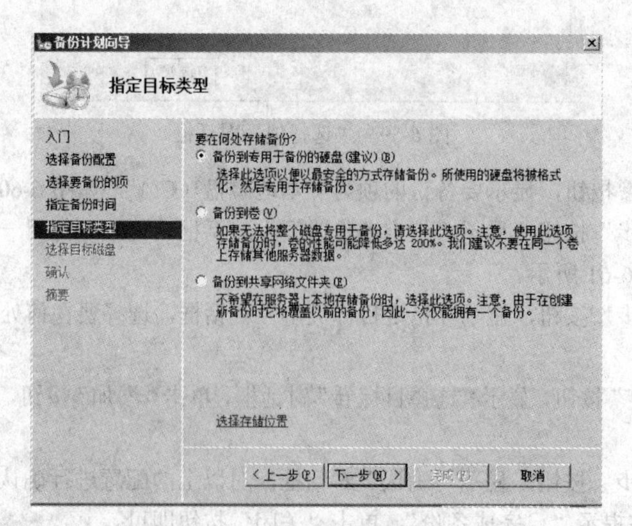

图 6-62　“指定目标类型”对话框

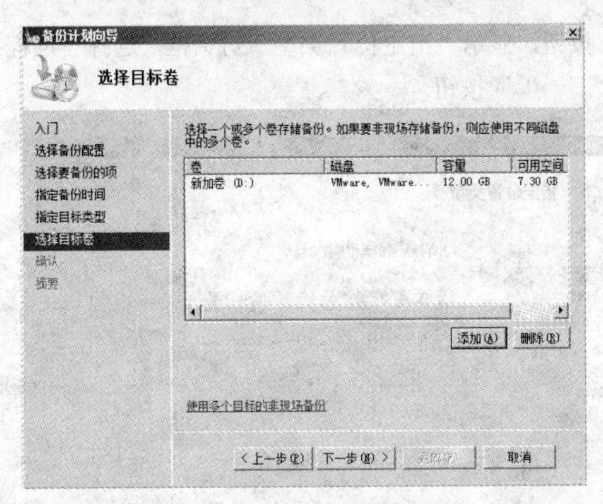

图 6-63 “选择目标卷”对话框

（3）恢复。

1）单击 Windows Server Backup 窗口右侧“操作”栏中的“恢复”链接，如图 6-64 所示。

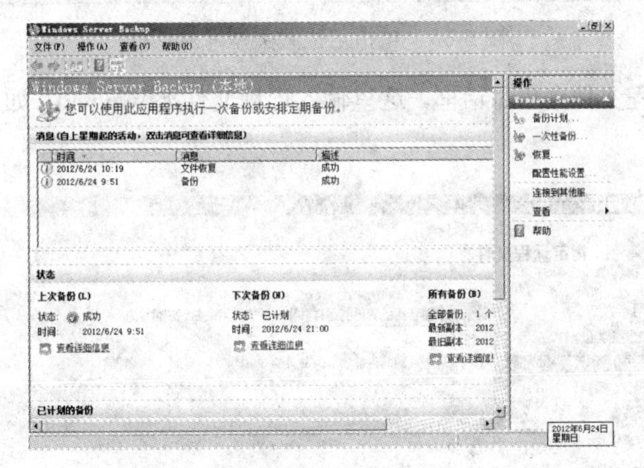

图 6-64 Windows Server Backup 窗口

2）打开“恢复向导”，弹出“入门”对话框，选择“在其他位置存储备份”单选按钮，如图 6-65 所示。

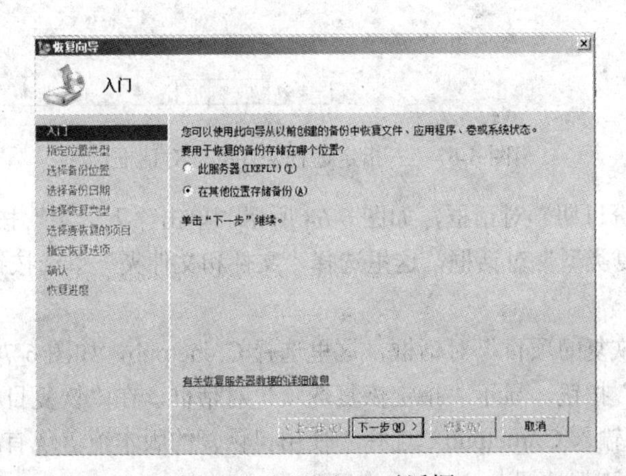

图 6-65 “入门”对话框

3）单击“下一步”按钮，显示“指定位置类型”对话框，选择“远程共享文件夹”单选按钮，如图 6-66 所示，单击“下一步”按钮。

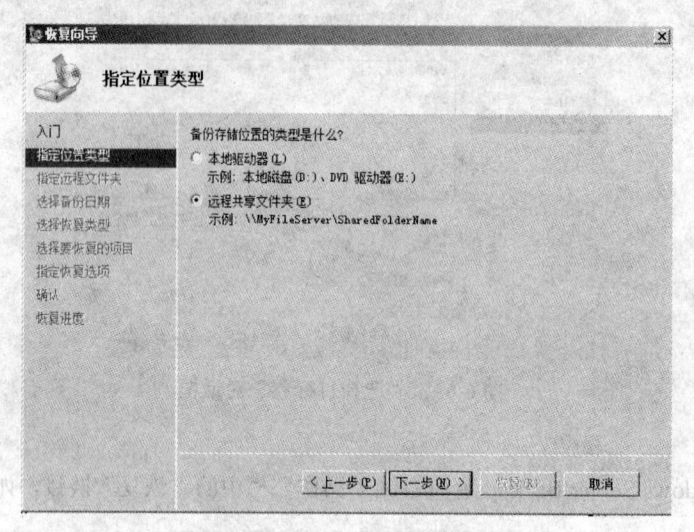

图 6-66 “指定位置类型”对话框

4）显示“指定远程文件夹”对话框，这里输入远程文件夹\\www\d，如图 6-67 所示，单击“下一步”按钮。

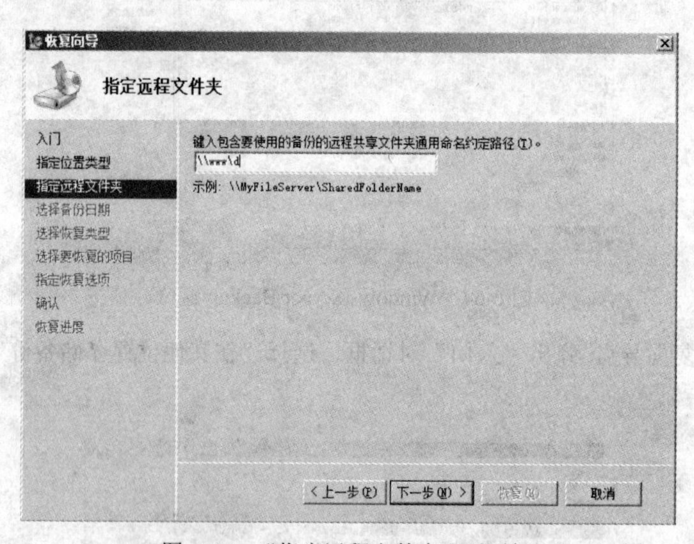

图 6-67 “指定远程文件夹”对话框

5）显示“选择备份日期”对话框，如图 6-68 所示，单击“下一步”按钮。

6）显示“选择恢复类型”对话框，这里选择“文件和文件夹”单选按钮，如图 6-69 所示，单击“下一步”按钮。

7）弹出“选择要恢复的项目”对话框，这里选择 C:\inetpub，如图 6-70 所示。

8）单击“下一步”按钮，显示“指定恢复选项”对话框，在“恢复目标”选项组中选择“另一个位置”单选按钮，输入 C:\inetpub，选择“使用已恢复的版本覆盖现有版本”单选按钮，如图 6-71 所示，单击“下一步”按钮。

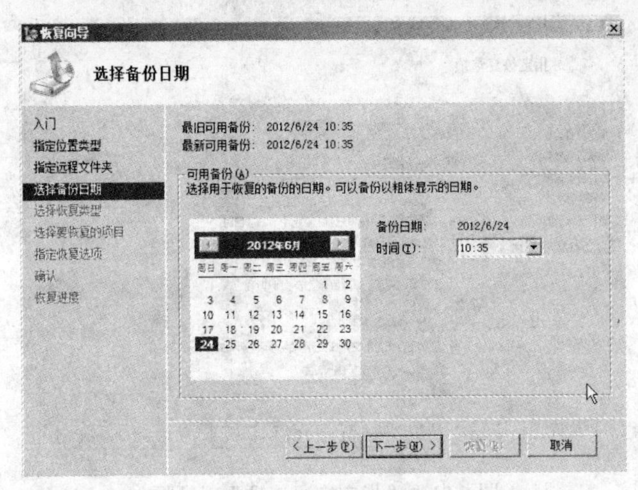

图 6-68 “选择备份日期”对话框

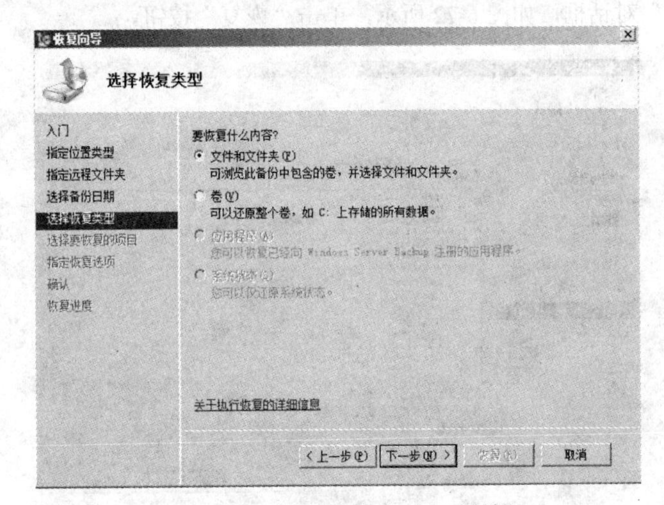

图 6-69 “选择恢复类型”对话框

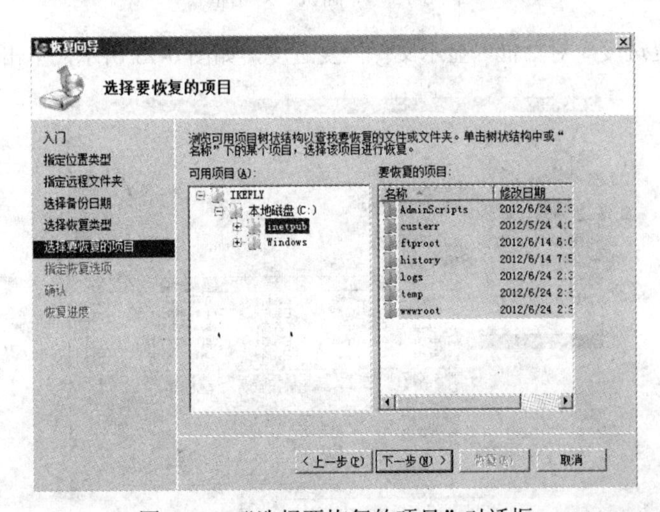

图 6-70 “选择要恢复的项目”对话框

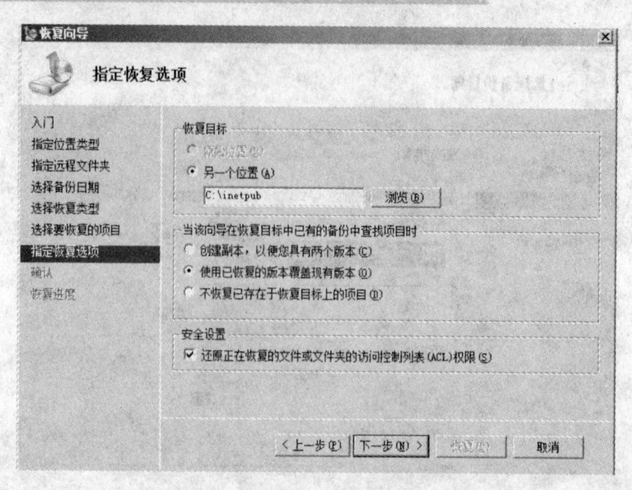

图 6-71 “指定恢复选项”对话框

9）显示“确认”对话框，如图 6-72 所示，单击“恢复”按钮。

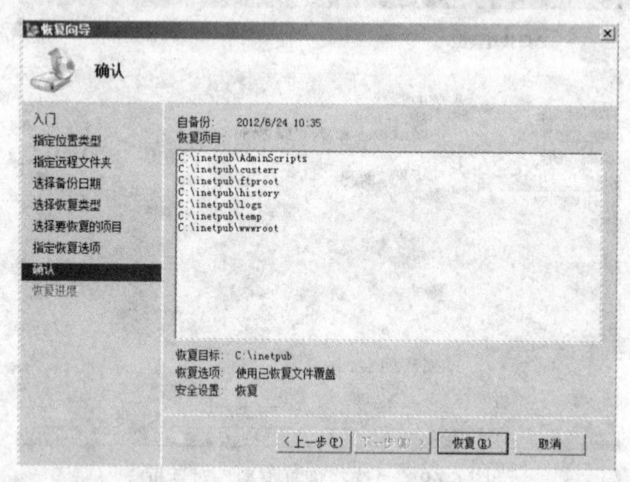

图 6-72 “确认”对话框

10）弹出“恢复进度”对话框，显示文件恢复进度，如图 6-73 所示，单击“关闭”按钮。

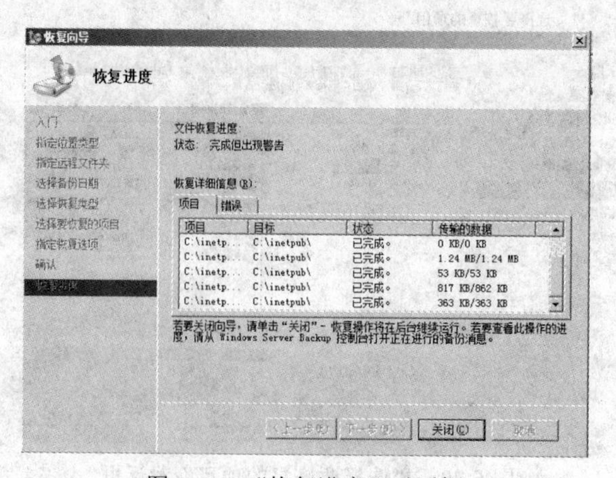

图 6-73 “恢复进度”对话框

11）回到 Windows Server Backup 窗口界面，如图 6-74 所示。

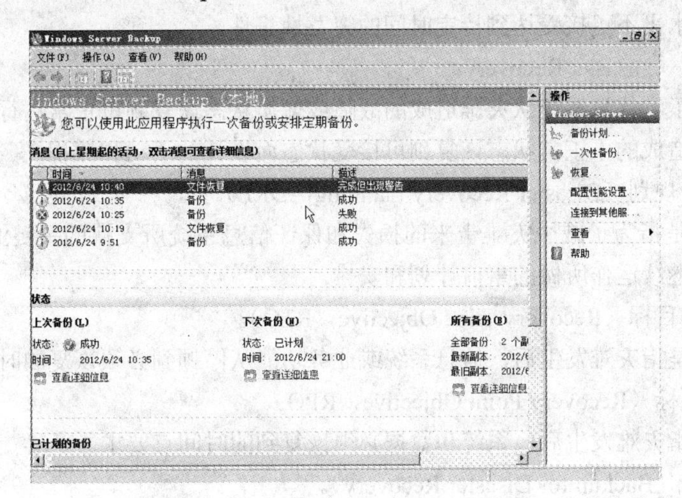

图 6-74 Windows Server Backup 窗口

12）在“消息”栏中双击本次“文件恢复”消息，显示“文件恢复”对话框，在“项目”选项卡下，显示完成的详细信息，如图 6-75 所示。

13）单击“错误”选项卡，显示文件恢复过程中发生的详细错误信息，如图 6-76 所示。

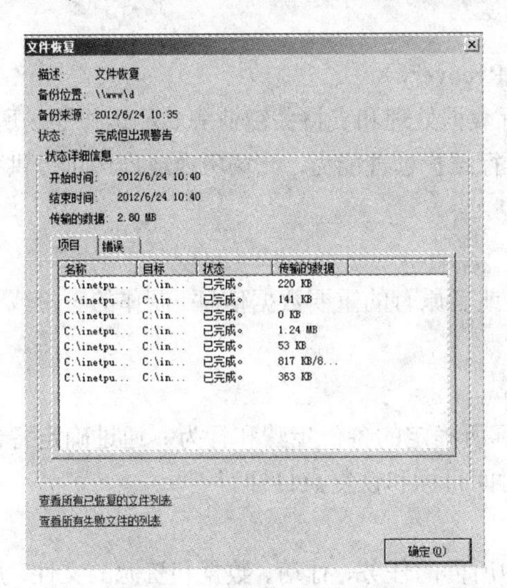

图 6-75 “项目”选项卡

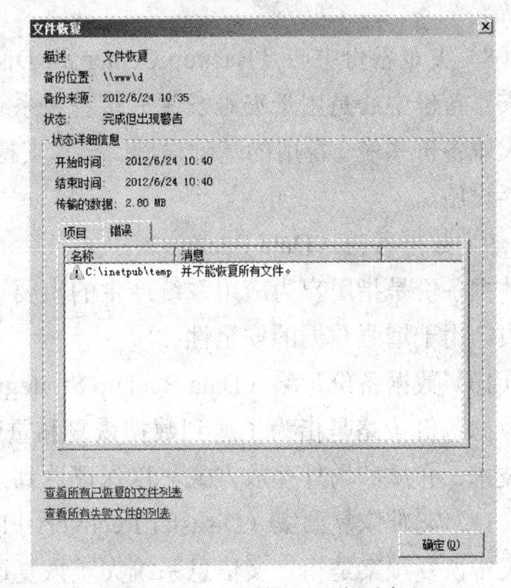

图 6-76 “错误”选项卡

【知识链接】

1. 灾难备份与恢复

灾难备份与恢复是信息安全的重要手段和最后手段。它旨在用来保障数据的安全，利用先进的软、硬件设备和环境，以灾难恢复等级为中心，综合运用各种技术手段和管理措施，实现信息系统的灾难恢复要求，使数据能在任何情况下都具有可使用性。

2. 重要术语及其含义

（1）灾难（Disaster）。

这里的灾难是指由于人为或自然的原因，造成信息系统严重故障或瘫痪，使信息系统支持的业务功能停顿或服务水平不可接受达到特定时间的突发性事件。

（2）灾难恢复（Disaster Recovery）。

灾难恢复是为了将信息系统从灾难造成的故障或瘫痪状态恢复到可正常运行状态，并将其支持的业务功能从灾难造成的不正常状态恢复到可接受状态而设计的活动和流程。

（3）灾难恢复规划（Disaster Recovery Planning，DRP）。

灾难恢复规划是指为了减少灾难带来的损失和保证信息系统所支持的关键业务功能在灾难发生后能及时恢复和继续运作所做的事前计划和安排。

（4）恢复时间目标（Recovery Time Objective，RTO）。

恢复时间目标是指灾难发生后，信息系统或业务功能从停顿到必须恢复的时间要求。

（5）恢复点目标（Recovery Point Objective，RPO）。

恢复点目标是指灾难发生后，系统和数据必须恢复到的时间点要求。

（6）灾难备份（Backup for Disaster Recovery）。

灾难备份是指为了灾难恢复而对数据、数据处理系统、网络系统、基础设施、技术支持能力和运行管理能力进行备份的过程。

（7）灾难备份系统（Backup System for Disaster Recovery）。

灾难备份系统是用于灾难恢复，由数据备份系统、备用数据处理系统和备用网络系统组成的信息系统。

（8）灾难备份中心（Backup Center for Disaster Recovery）。

灾难备份中心是用于灾难发生后接替主系统进行数据处理和支持关键业务功能运作的场所，可提供灾难备份系统、备用的基础设施、技术支持及运行维护管理能力，此场所内或周边可提供备用的生活设施。

（9）数据备份（Data Backup）。

数据备份是指用户为应用系统产生的重要数据（或者原有的重要数据信息）制作的一份或者多份拷贝，用于增强数据的安全性。

（10）数据备份策略（Data Backup Strategy）。

数据备份策略是指为了达到数据恢复和重建目标所确定的备份步骤和行为。通过确定备份时间、技术、介质和场外存放方式，以保证达到恢复时间目标和恢复点目标。

（11）灾难恢复预案（Disaster Recovery Plan）。

灾难恢复预案是指定义信息系统灾难恢复过程中所需的任务、行动、数据和资源的文件，用于指导相关人员在预定的灾难恢复目标内恢复信息系统支持的关键业务功能。

3. 信息系统灾难恢复技术规范

2003 年，国家信息化领导小组通过了《关于加强信息安全保障工作的意见》（中办发[2003]27号），这份文件明确规定了应急响应流程。

2005 年 4 月，国务院信息化工作办公室正式向信息产业部、广电总局、中国人民银行等下发了《重要信息系统灾难恢复指南》，《指南》按照轻重缓急将灾难恢复划分为 6 级，将支持灾难恢复各个等级所需的资源分为 7 个要素。

2007 年 7 月，《指南》正式升级成为国家标准《信息系统灾难恢复规范》（GB/T 20988－2007），2007 年 11 月 1 日开始正式实施。

4. 选择与企业对应的灾难恢复级别

（1）衡量灾难恢复级别的技术指标。

衡量灾难恢复的级别有两个技术指标，分别为 RPO 和 RTO。其中，RPO（Recovery Point Objective）即数据恢复点目标，主要是指业务系统所能容忍的数据丢失量；RTO（Recovery Time Objective）即恢复时间目标，主要是指所能容忍的业务停止服务的最长时间，也就是从灾难发生到业务系统恢复服务功能所允许的最长时间周期。

RPO 针对的是数据丢失，而 RTO 针对的是服务丢失，二者没有必然的关联性。RTO 和 RPO 的确定必须在进行风险分析和业务影响分析后根据不同的业务需求确定。对于不同企业的同一种业务，RTO 和 RPO 的需求也会有所不同。

（2）评判灾难恢复的级别。

做信息系统灾备建设应首先确定灾难恢复的等级。《规范》将灾难恢复划分为 6 级、7 个要素。

1）灾难恢复的七大要素，如表 6-1 所示。

表 6-1　灾难恢复的七大要素

序号	要素	要素的考虑要点
1	备用基础设施	灾难备份中心选址与建设 备用的机房及工作辅助设施和生活设施
2	数据备份系统	数据备份范围与 RPO 数据备份技术 数据备份线路
3	备用数据处理系统	数据处理能力；与生产系统的兼容性要求 平时的状态（处于就绪还是运行）
4	备用网络系统	备用网络通信设备系统与备用通信线路的选择 备用通信线路的使用状况
5	灾难恢复预案	明确灾难恢复预案： 整体要求 制定过程的要求 教育、培训和演练要求 管理要求
6	运行维护管理能力	运行维护管理组织架构 人员的数量和素质 运行维护管理制度 其他要求
7	技术支持能力	软件、硬件和网络等方面的技术支持要求 技术支持的组织架构 各类技术支持人员的数量和素质等

2）灾难恢复等级划分。

灾难恢复等级的定义基于对灾难恢复七要素的不同要求，如图 6-77 所示。

3）确定信息系统灾难恢复等级。

等级一：基本支持。要求数据备份系统能够保证每周至少进行一次数据备份，备份介质能够提供场外存放。对于备用数据处理系统和备用网络系统，没有具体要求。

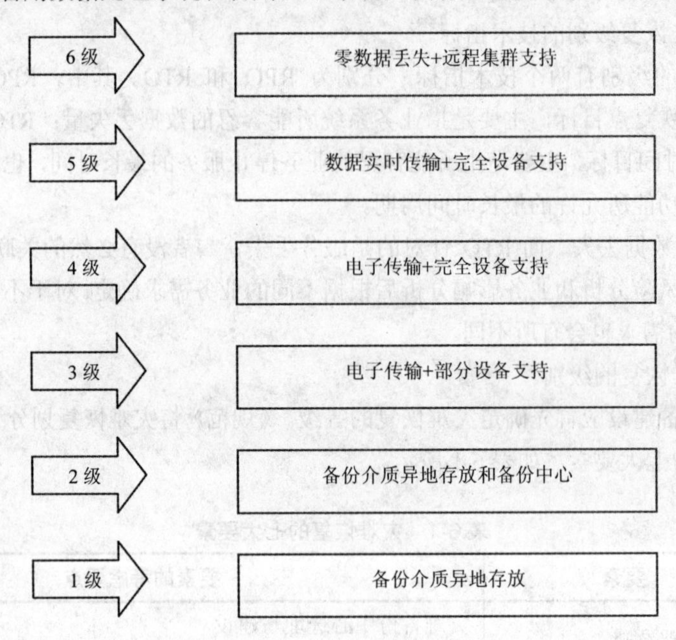

图 6-77　灾难恢复等级

等级二：备用场地支持。在满足等级一的条件基础上，要求配备灾难恢复所需的部分数据处理设备，或灾难发生后能在预定时间内调配所需的数据处理设备到备用场地；要求配备部分通信线路和相应的网络设备，或灾难发生后能在预定时间内调配所需的通信线路和网络设备到备用场地。

等级三：电子传输和部分设备支持。要求每天至少进行一次完全数据备份，备份介质场外存放，同时每天多次利用通信网络将关键数据定时批量传送至备用场地。配备灾难恢复所需的部分数据处理设备、通信线路和相应的网络设备。

等级四：电子传输及完整设备支持。在等级三的基础上，要求配置灾难恢复所需的所有数据处理设备、通信线路和相应的网络设备，并且出于就绪或运行状态。

等级五：实时数据传输及完整设备支持。除要求每天至少进行一次完全数据备份，备份介质场外存放外，还要求采用远程数据复制技术，利用通信网络将关键数据实时复制到备用场地。

等级六：数据零丢失和远程集群支持。要求实现远程实时备份，数据零丢失；备用数据处理系统具备与生产数据处理系统一致的处理能力，应用软件是“集群的”，可实时无缝切换。

由此可见，灾难恢复能力等级越高，对于信息系统的保护效果越好，但同时成本也会急剧上升。因此，需要根据成本风险平衡原则（即灾难恢复资源的成本与风险可能造成的损失之间取得平衡），确定业务系统的合理的灾难恢复能力等级，如图 6-78 所示。对于多个业务系统，不同业务可采用不同的灾难恢复策略。

信息系统灾难恢复能力等级与恢复时间目标（RTO）和恢复点目标（RPO）具有一定的对应关系，各行业可根据行业特点和信息技术的应用情况制定相应的灾难恢复能力等级要求和指标体系。

（3）实施建设灾难恢复方案时，还需要考虑如下因素：

1）要考虑到可能会破坏基础设施和数据运行的所有可能性。除了显而易见的病毒，如木马、蠕虫等威胁，还需要想到所处的地理位置发生自然灾害的可能性。在制定灾备计划时，一定要把这些看似无关的因素也考虑进去，如果自然条件实在太恶劣，可以考虑换个地方建设数据中心。

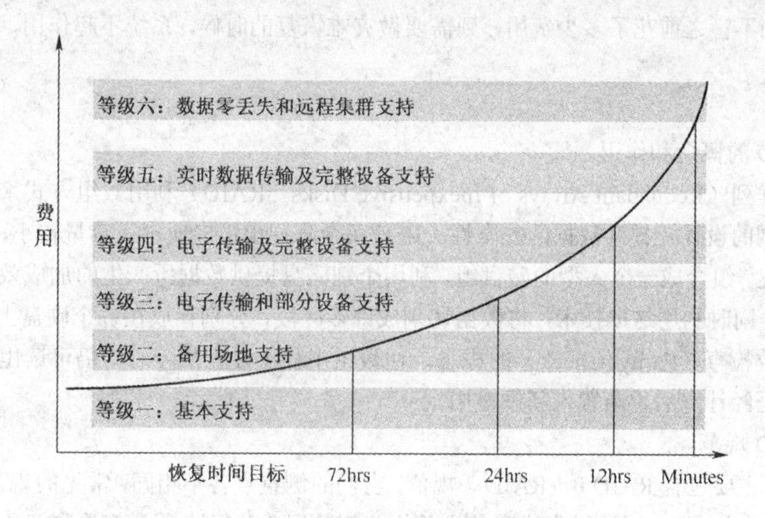

图 6-78　业务系统的合理的灾难恢复能力等级

2）不要把灾备计划只分配给某几个员工。需要确定员工也得有“备份”，负责灾备的员工分布的地理位置最好是分散的，以防某一地区发生重大灾害。

3）故障或灾难来临时，不能依靠手工流程通知工作人员。需要建立一套自动化的系统，发生灾难或者服务中断时它可以自动地通知维护人员。还可以选择第三方服务，请服务商来监控设施并且指派受过灾备培训的专业人员来执行灾难恢复计划。

4）要提供充足的后备电源。如果机房所在地常受到断电影响，一定要购买寿命最长、最不易受干扰而间断的电力供应。还要准备好额外的备用电池以保证业务的持续能力。

5）排列资源恢复的优先级。排列出哪些资源是最重要的，是否有一些等待一两天再恢复也不会影响到业务，即需要事先安排好应用与服务的恢复顺序。比如，可以选择首先重启公司的电子邮件应用，然后再恢复部门文件服务器。在安排这个顺序时，需要考虑到相关的法规、要求。

6）要制定灾难恢复的计划文档。在制订了一套灾备计划之后，一定要把恢复的步骤写下来，要详细到每一个进程以及记录，描述所有系统资源的位置。这个灾备恢复步骤手册一定要多印几份，并且存储在多个不同的地方，并确保所有关键恢复人员人手一份。

7）一定要测试灾难恢复计划。确保在有紧急状况时依据恢复计划真的可以进行恢复。要充分测试灾备恢复计划。并且定期进行灾难演习，测试每种可能发生的情况，从基本的电力故障到可能导致持续几个月的重大灾难性事件。

8）安排好密码存放地。虽然密码保护是数据安全的重要环节，还是建议最好至少在两个不同的、安全的地方保存系统密码。确保一个以上的 IT 工作人员有机会进入那里，并能获得所有密码。并且，如果这些关键人员辞职了，一定要及时更改密码。

9）保持恢复计划的更新。需要不断更新灾难恢复计划，确保调用该计划的触发点，如人员、设备、地点或应用的改变等，进行了相应调整。这不仅有利于 IT 工作人员的技能保持更新，还将让您有机会发现灾备计划程序中的漏洞并优化之。

（4）灾难恢复系统建设之后需要做的事。

灾难恢复系统建设完成后，对学校和企业来说并不是就高枕无忧了，需要在日常的系统维护中更加小心谨慎。所以，对于灾难恢复的使用者来说，必须制定完整的灾难恢复计划、定时做灾难恢复演练等。否则不管之前花了多少费用，到需要做灾难恢复的时候，系统不起作用，也只能是废铜烂铁。

5. RAID

（1）RAID 的概念和作用。

磁盘冗余阵列（Redundant Arrays of Inexpensive Disks，RAID）利用数组方式来作磁盘组，配合数据分散排列的设计，提升数据的安全性。磁盘冗余阵列由很多便宜、容量较小、稳定性较高、速度较慢的磁盘，组合成一个大型的磁盘组，利用个别磁盘提供数据所产生的加成效果提升整个磁盘系统的效能。同时利用这项技术，将数据切割成许多区段，分别存放在各个硬盘上。磁盘冗余阵列还能利用同位检查（Parity Check）的概念，在数组中任一硬盘故障时，仍可读出数据，在数据重构时，将数据经计算后重新置入新硬盘中。

（2）RAID 规范。

RAID 技术主要包含 RAID 0～RAID 7 规范，它们的侧重点各不相同，常见的规范有如下几种：

1）RAID 0：RAID 0 连续以位或字节为单位分割数据，并行读/写于多个磁盘上，因此具有很高的数据传输率，但它没有数据冗余，因此并不能算是真正的 RAID 结构。RAID 0 只是单纯地提高性能，并没有为数据的可靠性提供保证，而且其中的一个磁盘失效将影响到所有数据。因此，RAID 0 不能应用于数据安全性要求高的场合。

2）RAID 1：RAID 1 通过磁盘数据镜像实现数据冗余，在成对的独立磁盘上产生互为备份的数据。当原始数据繁忙时，可直接从镜像拷贝中读取数据，因此 RAID 1 可以提高读取性能。RAID 1 是磁盘冗余阵列中单位成本最高的，但它提供了很高的数据安全性和可用性。当一个磁盘失效时，系统可以自动切换到镜像磁盘上读写，而不需要重组失效的数据。

3）RAID 0+1：也被称为 RAID 10 标准，实际是将 RAID 0 和 RAID 1 标准结合的产物，在连续地以位或字节为单位分割数据并且并行读/写多个磁盘的同时，为每一块磁盘作磁盘镜像进行冗余。它的优点是同时拥有 RAID 0 的超凡速度和 RAID 1 的数据高可靠性，但是 CPU 占用率同样也更高，而且磁盘的利用率比较低。

4）RAID 2：RAID 2 将数据条块化地分布于不同的硬盘上，条块单位为位或字节，并使用称为“加重平均纠错码（海明码）”的编码技术来提供错误检查及恢复。这种编码技术需要多个磁盘存放检查及恢复信息，使得 RAID 2 技术实施更复杂，因此在商业环境中很少使用。

5）RAID 3：它同 RAID 2 非常类似，都是将数据条块化地分布于不同的硬盘上，区别在于 RAID 3 使用简单的奇偶校验，并用单块磁盘存放奇偶校验信息。如果一块磁盘失效，奇偶盘及其他数据盘可以重新产生数据；如果奇偶盘失效则不影响数据使用。RAID 3 对于大量的连续数据可提供很好的传输率，但对于随机数据来说，奇偶盘会成为写操作的瓶颈。

6）RAID 4：RAID 4 同样也将数据条块化并分布于不同的磁盘上，但条块单位为块或记录。RAID 4 使用一块磁盘作为奇偶校验盘，每次写操作都需要访问奇偶盘，这时奇偶校验盘会成为写操作的瓶颈，因此 RAID 4 在商业环境中也很少使用。

7）RAID 5：RAID 5 不单独指定奇偶盘，而是在所有磁盘上交叉地存取数据及奇偶校验信息。在 RAID 5 上，读/写指针可同时对阵列设备进行操作，提供了更高的数据流量。RAID 5 更适合于小数据块和随机读写的数据。RAID 3 与 RAID 5 相比，最主要的区别在于 RAID 3 每进行一次数据传输就需涉及到所有的阵列盘；而对于 RAID 5 来说，大部分数据传输只对一块磁盘操作，并可进行并行操作。在 RAID 5 中有“写损失”，即每一次写操作将产生四个实际的读/写操作，其中两次读旧的数据及奇偶信息，两次写新的数据及奇偶信息。

8）RAID 6：与 RAID 5 相比，RAID 6 增加了第二个独立的奇偶校验信息块。两个独立的奇偶系统使用不同的算法，数据的可靠性非常高，即使两块磁盘同时失效也不会影响数据的使用。但 RAID 6 需要分配给奇偶校验信息更大的磁盘空间，相对于 RAID 5 有更大的“写损失”，因此“写性能”非常差。较差的性能和复杂的实施方式使得 RAID 6 很少得到实际应用。

9）RAID 7：这是一种新的 RAID 标准，其自身带有智能化实时操作系统和用于存储管理的软件工具，可完全独立于主机运行，不占用主机 CPU 资源。RAID 7 可以看作是一种存储计算机（Storage Computer），它与其他 RAID 标准有明显区别。除了以上的各种标准，可以如 RAID 0+1 那样结合多种 RAID 规范来构筑所需的 RAID 阵列，例如 RAID 5+3（RAID 53）就是一种应用较为广泛的阵列形式。用户一般可以通过灵活配置磁盘阵列来获得更加符合其要求的磁盘存储系统。

10）RAID 5E（RAID 5 Enhancement）：RAID 5E 是在 RAID 5 级别基础上的改进，与 RAID 5 类似，数据的校验信息均匀分布在各硬盘上，但是，在每个硬盘上都保留了一部分未使用的空间，这部分空间没有进行条块化，最多允许两块物理硬盘出现故障。看起来，RAID 5E 和 RAID 5 加一块热备盘好像差不多，其实由于 RAID 5E 是把数据分布在所有的硬盘上，性能会比 RAID 5 加一块热备盘要好。当一块硬盘出现故障时，故障硬盘上的数据会被压缩到其他硬盘上未使用的空间，逻辑盘保持 RAID 5 级别。

11）RAID 5EE：与 RAID 5E 相比，RAID 5EE 的数据分布更有效率，每个硬盘的一部分空间被用作分布的热备盘，它们是阵列的一部分，当阵列中一个物理硬盘出现故障时，数据重建的速度会更快。

12）RAID 50：RAID 50 是 RAID 5 与 RAID 0 的结合。此配置在 RAID 5 的子磁盘组的每个磁盘上进行包括奇偶信息在内的数据的剥离。每个 RAID 5 子磁盘组要求三个硬盘。RAID 50 具备更高的容错能力，因为它允许某个组内有一个磁盘出现故障，而不会造成数据丢失。而且因为奇偶位分布于 RAID 5 子磁盘组上，故重建速度有很大提高。优势：更高的容错能力，具备更快数据读取速率的潜力。需要注意的是：磁盘故障会影响吞吐量。故障后重建信息的时间比镜像配置情况下要长。

6. 网络存储

（1）存储技术。

传统的存储网络根据其实现的方式可分为三类，分别为：DAS、NAS 和 SAN。

DAS（Direct Attached Storage，直连方式存储），在这种方式中，存储设备通过电缆与服务器进行连接，并将 I/O 请求直接发送到 DAS 存储设备。DAS 依赖于服务器，其本身是硬件的堆叠，不带有任何存储操作系统。它常用于服务器在地理分布上很分散的情况。

NAS（Network Attached Storage，网络附属存储）是一种通过网络将分散的、独立的数据整合为大型、集中化管理的数据中心，以便于对不同主机和应用服务器进行访问的存储技术。NAS 改变了传统的文件共享方式，它通过网络来提供文件级别的共享服务的集中存储。

SAN（Storage Area Network，存储区域网络）是一种高可用、高性能的专业存储网络，可以实现服务器和存储设备的快速、安全、高效的连接，且具有连接的灵活性和可扩展性；SAN 对于数据库环境、数据备份和恢复存在巨大的优势。

（2）SAN 存储。

最早的SAN是通过FC协议实现的，即光纤通道存储区域网络（FC-SAN），后来随着TCP/IP协议的广泛应用，又出现了在TCP/IP网络上传输SCSI-3指令的IP存储区域网络（IP-SAN）。

1）FC-SAN。

FC-SAN是通过光纤线缆连接的光纤网作为传输介质的存储组网方式，使用FC协议栈传输上层的SCSI指令和数据。由于光纤的物理特性以及FC协议的可靠性，FC-SAN具备极高的传输速度和性能。但是由于FC-SAN是异构网络，其标准不够统一，各厂商间的设备难以实现完全兼容，导致其构建、维护费用较高。FC-SAN架构如图6-79所示。

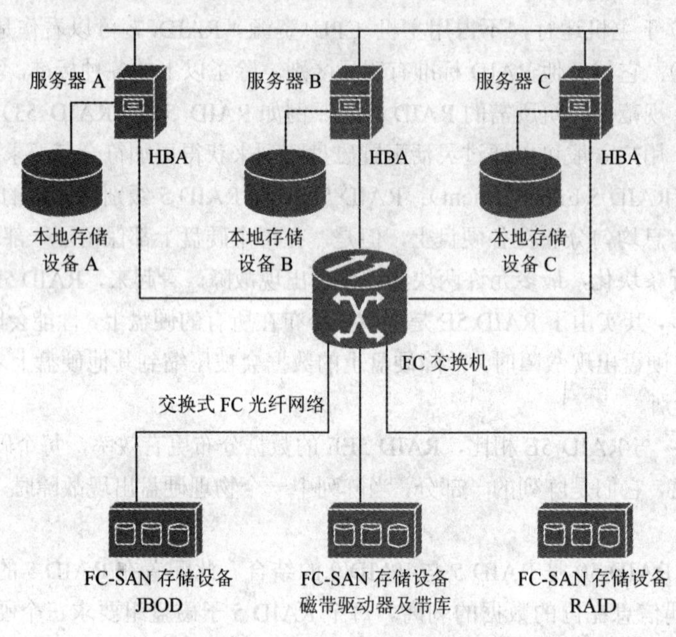

图6-79　FC-SAN架构

2）IP-SAN。

IP-SAN是使用TCP/IP协议作为传输协议，采用以太网作为承载介质构建起来的存取区域网络架构。实现IP-SAN的典型协议是iSCSI，它定义了如何使用IP协议来承载和封装高层的SCSI协议指令和数据。

由于IP的广泛应用，IP-SAN允许数据存储在企业网络的任何地方而没有物理位置的限制，从而可以很方便的实现远程备份和灾难恢复；此外还可以充分利用目前在IP网络方面已经大量部署的设备和投资，且不需要新购昂贵的光纤交换机，从而有效的降低了用户的投资。

IP-SAN架构如图6-80所示。

IP存储是基于IP网络来实现数据块级别存储的方式，基于iSCSI的SAN的目的就是要使本地iSCSI Initiator和iSCSI Target之间建立SAN连接。

（3）iSCSI技术。

使用SCSI可以连接多个设备以形成一个小型的通信网络，但这个“网络”仅局限于与所附加的主机进行通信，并不能通过以太网进行共享。iSCSI技术是对传统IP技术的继承和发展，满足了在以太网进行传输的需求。基于iSCSI协议的IP-SAN是把用户的访问请求转换成SCSI命令和数据，并将其封装进IP包中在以太网中进行传输。

1）iSCSI 协议。

iSCSI 协议位于 TCP/IP 协议和 SCSI 协议之间，可以起到连接这两种协议网络的作用。在物理层，iSCSI 实现了对以太网接口的支持，这使得所有支持 iSCSI 接口的系统都可以方便的直接连接到 TCP/IP 以太网交换机或路由器上。iSCSI 位于物理层和数据链路层之上，直接面向操作系统的标准 SCSI 命令集。

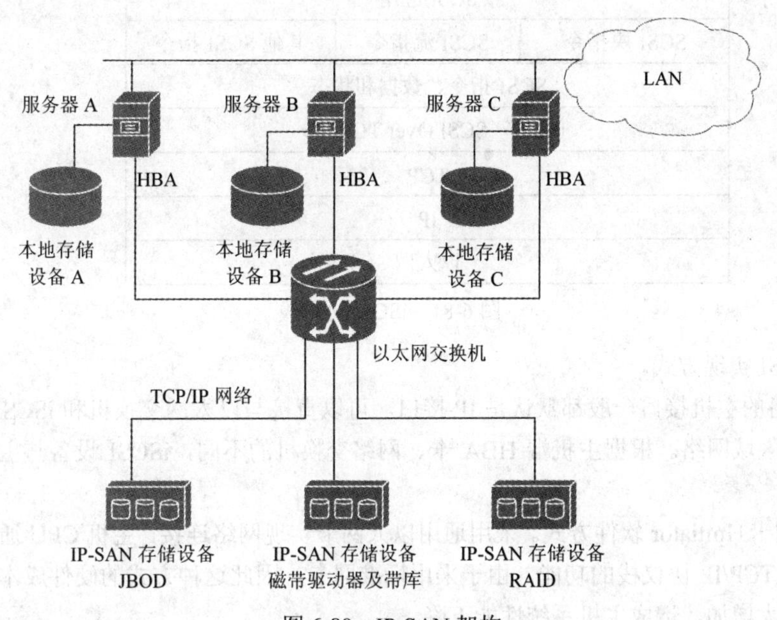

图 6-80　IP-SAN 架构

在 iSCSI 通信中，具有一个发起 I/O 请求的启动器设备（Initiator）和响应请求并执行实际 I/O 操作的目标器设备（Target）。在 Initiator 和 Target 建立连接后，Target 在操作中作为主设备控制整个工作过程。

2）iSCSI Initiator。

iSCSI Initiator 即 iSCSI 启动器，iSCSI Initiator 可分为三种，即软件 Initiator 驱动程序、硬件的 TOE（TCP Offload Engine，TCP 卸载引擎）卡以及 iSCSI HBA 卡。就性能而言，软件 Initiator 驱动程序性能最差，TOE 卡性能居中，iSCSI HBA 卡性能最佳。

3）iSCSI Target。

iSCSI Target 即 iSCSI 目标器，通常为 iSCSI 磁盘阵列、iSCSI 磁带库等。

iSCSI 协议为 Initiator 和 Target 定义了一套命名和寻址方法。所有的 iSCSI 结点都是通过其 iSCSI 名称被标识的。这种命名方式使得 iSCSI 名称不会与主机名混淆。目前共有两种 iSCSI 命名格式，包括 iqn（iSCSI qualifier name，iSCSI 合格名称）和 IEEE EUI，最常用的是 iqn 命名格式。iqn 命名规则为：

iqn.domaindate.reverse domain name:optional name

例如：iqn.1991-05.com.microsoft:huaweisymantec。

iSCSI 使用 iSCSI Name 来唯一鉴别启动设备和目标设备。地址会随着启动设备和目标设备的移动而改变，但是名字始终是不变的。建立连接时，启动设备发出一个请求，目标设备接收到请求后，确认启动设备发起的请求中所携带的 iSCSI Name 是否与目标设备绑定的 iSCSI Name 一致，如果一致，便建立通信连接。每个 iSCSI 结点只允许有一个 iSCSI Name，一个 iSCSI Name 可以被用来建立一个启动设备到多个目标设备的连接，多个 iSCSI Name 可以被用来建立一个目标设备到多个启动设备的连接。

iSCSI 协议栈示意图如图 6-81 所示。

SCSI 应用		
SCSI 块指令	SCSI 流指令	其他 SCSI 指令
SCSI 指令、数据和状态		
iSCSI（SCSI Over TCP/IP）		
TCP		
IP		
以太网		

图 6-81　iSCSI 协议栈

（4）iSCSI 实现方式。

iSCSI 设备的主机接口一般都默认是 IP 接口，可以直接与以太网交换机和 iSCSI 交换机连接，形成一个存储区域网络。根据主机端 HBA 卡、网络交换机的不同，iSCSI 设备与主机之间有三种连接方式。

1）以太网卡+Initiator 软件方式。采用通用以太网卡实现网络连接，主机 CPU 通过运行软件完成 iSCSI 层和 TCP/IP 协议栈的功能。由于采用标准网卡，因此这种方式的硬件成本最低。但主机的运行开销大大增加，造成主机系统性能下降。

2）TOE 网卡+Initiator 软件方式。采用特定的智能网卡，iSCSI 层的功能由主机来完成，而 TCP/IP 协议栈的功能由网卡来完成，这样就降低了主机的运行开销。

3）iSCSI HBA 卡实现方式。iSCSI 层和 TCP/IP 协议栈的功能均由主机总线适配器来完成。

【拓展训练】

读者根据以上知识，独立完成以下任务：

编制一个针对×××大学校园网的灾难备份与恢复技术方案。

【分析和讨论】

（1）常见的 RAID 级别有哪些？

（2）iSCSI 技术的优势有哪些？

（3）如果多台主机通过 IP-SAN 技术与存储设备连接，存储设备是通过什么来识别不同主机的？

单元七

工程技术文档的撰写

本单元通过展示 A 公司建设×××大学校园网工程的综合项目书和验收报告的格式来学习工程技术文档的撰写，具体包括以下几个方面：

- 制作综合项目书
- 编写验收报告

模块一 制作综合项目书

局域网工程的质量必须依靠一个严格的工程项目管理体系来保障。在局域网工程项目管理中主要包括以下环节：工程的招标、工程的投标、工程监理、工程验收、项目鉴定。作为局域网工程技术人员，必须熟悉工程项目管理的各个环节，并自觉地遵照相关规范执行。在局域网项目管理中，工程文档是必不可少的，它直接贯穿整个工程项目的各个环节，在局域网工程施工过程中，技术人员必须注意整理、搜集和制作各种文档资料。本模块通过综合项目书的制作，掌握局域网工程项目文档的制作方法。

任务 1 制作项目总体设计方案

【任务描述】

某公司根据×××大学校园网的建设需求和实际情况，编制项目总体设计方案。

【任务目标】

掌握项目总体设计方案的制作。

【实施过程】

一、校园网项目概述

1. 项目概况

2. 项目建设目标

3. 项目建设特点

（1）用户数量大；

（2）网络流量负荷大；

（3）对网络的带宽要求较高；

（4）管理维护工作量大；

（5）虚拟局域网；

（6）全交换网络。

4. 项目实现功能

（1）办公自动化；

（2）网络多媒体教学；

（3）学生自主学习；

（4）电子图书馆；

（5）电子邮件；

（6）远程教育；

（7）校园一卡通工程。

二、校园网设计思想与原则

1. 统筹规划、分步实施

一个大学校园网的建设通常呈现出由简单到复杂、由低级到高级的三个阶段。

2. 项目指导方针

现代教育过程的四要素为：教师、学生、教学内容及教育技术。随着教育信息化的发展，以计算机、网络、多媒体集成的现代教育技术对教育过程的支持，显得越来越重要。因此，项目建设的指导方针为：

（1）以应用为主，为校领导决策、业务管理、教学保障和管理提供服务。

（2）采用成熟先进的技术，实用、够用，又留有发展余地。

（3）统一标准，逐步建设，充分考虑二期工程规划及网络的扩展性。

（4）充分重视网络系统和信息的安全。

（5）在限定的时间和要求内，降低费用的支出，提高系统的性能价格比。

（6）组织各方面力量，网络通信系统和网络资源系统同步建设。

（7）网络管理员队伍建设、加强培训，做到网络建设与网络管理员培养同步发展。

3. 项目技术要求

项目技术要求如下：

（1）采用先进成熟的网络技术。

（2）统一技术规范、标准和方案，统一设备选型，统一组织实施。

（3）网络系统采用三层架构，采用 TCP/IP 协议，采用统一的客户端应用软件。

（4）网络系统采用全交换网络，主干 1000Mb/s，10/100Mb/s 自适应到房间或桌面。

（5）网络系统按部门、业务划分 VLAN，网络多层交换采用 802.lq 协议。

（6）网络综合布线采用 EIA/TIA 568B、EIA/TIA 569、TSB-36、TSB-40 等标准施工。

（7）网络系统必须满足标准化的要求，以实现开放性、可扩展性。

（8）重要部件、文档要有备份，保证系统每天 24h 运转。

（9）重视数据的安全与保密。建立完善的网络安全管理系统。

4. 项目建设原则

具体的实施原则如下：

（1）良好的开放性和可扩展性；

（2）校园网软件平台的针对性；

（3）高度的安全性和可靠性；

（4）经济实用性。

三、综合布线系统设计校园网设计思想与原则

1. 布线系统需求分析

2. 用户需求可行性分析

根据×××大学校园网的需求，共设信息点 501 个。其信息点分布及配置如表 7-1 所示。

表 7-1　信息点分布及配置表

序号	楼号	1 层	2 层	3 层	4 层	5 层	6 层	信息点数	双绞线（箱）	模块/面板	配线架 24 口	光纤/m 50/125	光纤配线架	机柜
1	教学 1 号楼	2	4	12	10			28	5.5	28	2	150	1	1m*1
2	教学 2 号楼		10					10	2	10	1	115	1	1m*1
3	教学 3 号楼	18	29	42	5			94	19	94	4	140	2	1m*1
4	主楼	7	8	5	8			28	5.5	28	2	50	1	1m*1
5	实验楼	10	5	7	10			32	6.5	32	2		1	1m*1
6	图书馆楼	2	10	13				25	5	25	2	50	1	1m*1
7	基础部楼	2	18	10	1			31	6	31	2	470	2	1m*1
8	文学院楼	8	8	9	23			48	9.5	48	2	440	1	1m*1
9	理学院楼	4	19	7	4			34	6.5	34	2	415	1	1m*1
10	宿舍 1 号楼	6	21	21	21	21	21	111	18	90	4	535	1	1m*1
11	宿舍 2 号楼	4	8	4	4			20	4	20	1	520	1	1m*1
12	宿舍 3 号楼	21	9	6	8	8	9	61	12	61	3	525	1	m*1
13	主配线间												2	m*2
14	合计							522	100	501	27	3410	16	14

- 双绞线设备端口至终端（信息模块）距离不得超过 90m。
- 多模（50/125）光缆设备端口至设备端口距离不得超过 550m。
- 数据传输：两个校区之间 1000Mb/s，图书馆楼 1000Mb/s，其他建筑楼 200Mb/s（FEC），

楼内水平区 100Mb/s。

- 交流电压：相电压 380～400V，线电压 180～230V，需要采用净化电源和 UPS。
- 部分建筑楼的设备间需要安装防雷地和工作保护地，接地电阻小于 4Ω。
- 外部网络连接（CERNET/Internet）用光纤连接 CERNET 地区结点学校或当地 ISP。

3. 综合布线产品选型与标准

（1）信息点产品型号的选型。

（2）UTP 电缆和配线架选型。

（3）光缆和光纤跳线及配线盒选型。

①建筑楼互连采用×××多模（50/125）八芯室外金属光缆。

②光纤跳线采用×××双芯 SC-SC 多模 3m（50/125）跳线。

③光纤配线盒采用×××简易式 12/24/48 口机架式光纤盒和简易式 8 口墙挂式光纤盒。

（4）布线系统应符合的工业标准。

1）ISO/IEC 11801《信息技术——布线标准》。

2）ANSI EIA/TIA 568A《商务建筑电信布线标准》。

3）GB/T 50312－2009《建筑与建筑群综合布线系统工程验收规范》。

（5）方案的预期目标。

（6）综合布线系统组成。

整个布线系统由工作区子系统、水平子系统、管理间子系统、垂直干线子系统、设备间子系统、建筑群子系统构成。以下按各个子系统分别进行说明。在本方案中充分考虑布线系统的高度可靠性、高速率传输特性及可扩充性和安全性。

4. 建筑群骨干光缆设计

学校的教学楼、主楼、实验楼、图书馆楼、基础部楼、文学院楼、理学院楼、宿舍楼等建筑物之间有大量的语音、数据、图像等传输的需要，由两个及以上建筑物的数据、电话、视频系统光缆组成建筑群子系统。包括大楼设备间子系统配线设备、室外线缆等。光缆的路由主要采用架空光缆、埋入地下和地下管道（暖气管道）敷设光缆。

5. 楼内垂直、水平布线设计

（1）垂直干线子系统。

（2）水平子系统。

①每标准箱双绞线为 305m。

②Y÷305m/箱=Y/305 箱，订 Y/305 箱（取整）非屏蔽双绞线。

（3）工作区子系统。

6. 设备间、管理间设计

（1）设备间子系统。

（2）管理间子系统。

7. 网络设备电力系统设计

电力系统的稳定、可靠也是网络系统正常运行的主要因素之一。设备间要安装配电箱，以保证网络设备运行及维护的供电。室内照明不低于 150LX，主设备间内应提供长延时 UPS 电源，每个电源插座的容量不小于 300W。在一般设备间内安装 1000VA 的净化电源，以防止过流、过压造成交换机的损坏。

设备间的环境条件如下：温度保持在 10℃～25℃之间，湿度保持在 30%～50%之间，通风良好，室内无尘。

四、网络系统设计

1. 网络拓扑结构

（1）物理拓扑结构。

根据×××大学建筑楼群光缆连接示意图，该校园网物理拓扑图可以是三个星型结构。其主星位于南校区主楼三层网络中心，另外两个星型结构网络分别位于南校区文学院楼和北校区理学院楼，其他建筑楼均为接入层，如图 7-1 所示。

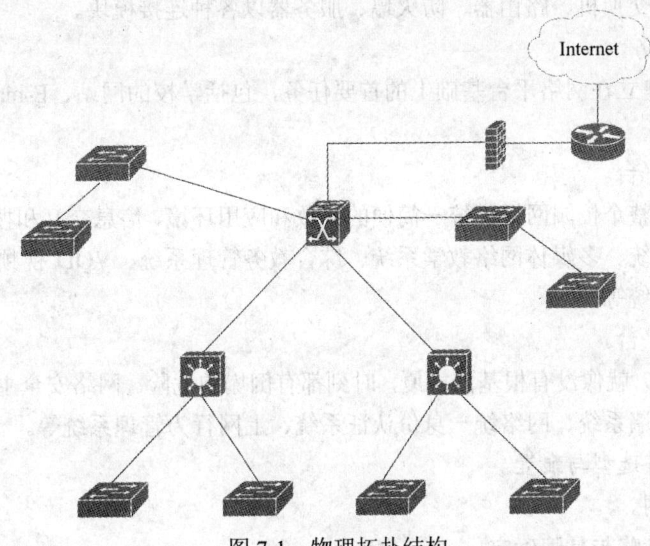

图 7-1 物理拓扑结构

（2）逻辑拓扑结构。

校园网的逻辑拓扑可划分为若干虚拟局域网（逻辑子网），虚拟局域网不受设备物理位置的限制，灵活性较大。按某学校校园网各部分功能划分：Server VLAN 为服务器群子网，将各种主要服务器（Web、E-mail、FTP 服务器、数据服务器等）放在一个子网内便于管理、维护，同时也可以尽可能减少外部入侵及破坏系统的可能性；VLAN 1 为多媒体教学系统（多媒体教室），方便教师进行管理和教学；其余子网可按教师信息管理系统、财务系统、图书馆系统、学生信息管理系统、多媒体网上教学系统、办公自动化系统等划分，如图 7-2 所示。

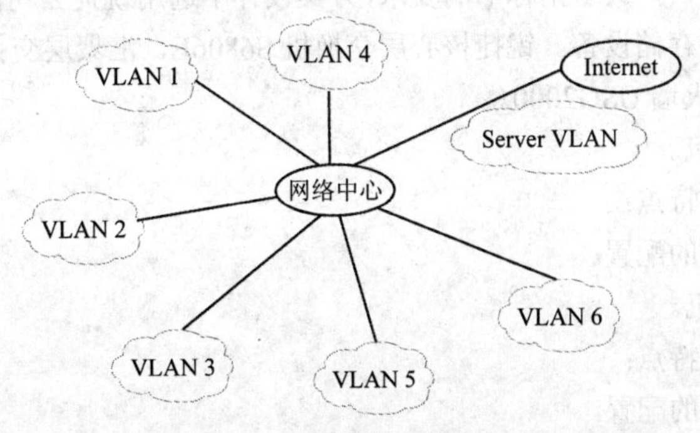

图 7-2 网络逻辑拓扑结构

2. 网络系统组成

（1）网络基础平台。

网络基础平台是提供计算机网络通信的物理线路基础。对×××大学而言，应包括骨干光缆铺设，楼内垂直、水平综合布线系统，设备间、管理间以及他们的管理子系统（含供配电系统）。此外，还包括 Internet/CERNET 专线的开通。

（2）网络平台。

在网络基础平台的基础上，建设支撑校园网数据传输的计算机网络，这是×××大学校园网建设的核心。网络平台应当提供便于扩展、易于管理、可靠性高、性能好、性价比高的网络系统，包括二层变换机、三层交换机、路由器、防火墙、服务器以各种连接模块。

（3）Internet 服务。

Internet 服务是建立在网络平台基础上的首要任务，包括学校的网站、E-mail 系统、文件共享 FTP 系统等。

（4）网络应用平台。

网络应用平台为整个校园网提供统一简便的开放和应用环境、信息交互和搜索平台，如数据库系统、办公自动化系统、多媒体网络教学系统、综合教务管理系统、VOD 视频点播和组播、课件制作管理、图书馆系统等。

（5）网络安全平台。

没有安全的网络，就像没有根基的大厦，时刻都有倒塌的危险。网络安全主要包括：网络防毒杀毒系统、网络防火墙系统、网络统一身份认证系统、上网行为管理系统等。

3. 网络通信设备选型与配置

（1）千兆以太网。

（2）设备选型策略与品牌确定。

网络通信设备主要包括：核心层交换机、汇聚层交换机、接入层交换机、路由器、防火墙等设备。主要从以下几点考虑设备的选型。

①尽量选取同一厂家的设备，这样在设备互连性、技术支持、价格等各方面都有优势。

②在网络的层次结构中，主干设备选择应预留一定的能力，以便于将来扩展，而低端设备则够用即可。因为低端设备更新较快，且易于扩展。

③选择的设备要满足用户的需要。

④选择行业内有名的设备厂商，以获得性能价格比更优的设备以及更好的售后服务保证。

根据以上策略和×××大学招标书的要求，方案设计中选用锐捷公司的数据通信设备和华为公司的防火墙设备和数据存储设备。锐捷核心层交换机 S6806E、汇聚层交换机 S3550-24、接入层交换机 S2126G，华为防火墙 USG2000。

（3）核心层交换机。

①交换机的性能与特点；

②本项目中交换机的配置。

（4）汇聚层交换机。

①交换机的性能与特点；

②本项目中交换机的配置。

（5）接入层交换机。

①交换机的性能与特点；

②本项目中交换机的配置。

（6）路由器。

①设备的性能与特点；

②本项目中路由器的配置。

（7）防火墙。

①设备的性能与特点；

②本项目中防火墙的配置。

4. 校园网其他设备选型与配置

（1）需求分析。

根据《×××大学校园网建设工程招标书》及前期对客户需求的了解、调查，分析服务器系统的主要需求为：

①整个校园网系统需要配备高性能部门级服务器8台，服务器为用户提供Internet服务、办公自动化、网上教学开发及视频点播服务（VOD）。

②选用业界优秀的服务器产品，服务器产品必须是基于标准的高可靠性、高稳定性、先进性、高性能、开放性和可扩展性的产品。

③服务器产品具有很高的性能价格比，丰富的软件资源，服务器商家需提供完善的培训、售后服务和技术支持。

④在选定的服务器平台上，合理构建网络教学服务器、E-mail 服务器、WWW 服务器、FTP 服务器、OA 服务器、VOD 服务器、DNS 服务器、计费服务器等。

（2）服务器选型策略与品牌确定。

①具有极好的高可用性、高可靠性和安全性。

②系统的先进性和扩充性。

③具有优良的实时处理能力。

④生产厂商业务发展良好。

（3）本项目中服务器的配置。

5. 存储设备选型与配置

（1）存储设备功能需求。

（2）华为 OceanStor V1000 存储设备的性能与配置。

6. 网管系统软件配置

完成局域网管理任务，如配置、报警、监控等。

7. 服务器操作系统

（1）操作系统选型策略。

（2）本项目服务器操作系统选型。

Windows Server 2008 和 Red Hat Enterprise Linux（v.5 for 32-bit x86）运用在PC服务器均有优良的性能，一个服务器安装哪种操作系统，完全取决于网络应用系统的运行环境。如 WWW 服务采用 Windows Server 2008，E-mail 服务采用 Red Hat Enterprise Linux（v.5 for 32-bit x86）等。

因此，为了便于用户架构网络应用系统，服务器操作系统的架构可以采用 Windows Server 2008 和 Red Hat Enterprise Linux（v.5 for 32-bit x86）。

任务2 制作项目实施方案

【任务描述】

×××公司进一步提供×××大学校园网工程网络应用平台设计方案，提出并制定项目实施方案。

【任务目标】

掌握项目实施方案的书写。

【实施过程】

一、网络应用系统平台设计

网络应用系统平台主要包括：网络基本服务（Internet、WWW、DNS、E-mail、FTP）、网络教育资源库、网络教学系统、网络信息管理系统等应用平台。

1. 网络基本服务

（1）WWW 服务。

1）WWW 服务器系统需求。

Web 服务器是 Intranet 环境下构建应用系统、信息发布、信息共享的基础。随着校园网络的建立，WWW 应用必不可少。而且，由于×××大学校园网要接入 Internet，必然要建立自己的 Web 站点介绍自己，并与国内外进行交流。同时，为全校师生提供 WWW 服务。

Web 服务器具有以下特点：

- 在线率高，访问量峰谷差大。
- 随着站点的扩充和文件的增多，存储空间需要有好的扩充能力。
- 任务并发数量大。
- 24h 不间断服务。
- 易受破坏。

根据×××大学的 Web 服务的需求和 Web 服务器的特点，×××大学的 WWW 服务器系统必须具备高可用性、高安全性、可管理性、可扩展性。

2）WWW 服务器系统选型。

设计 WWW 服务器采用 Windows Server 2008 的 Web 服务器 IIS，该服务器具有很好的性能，支持众多信息格式，并可以远程控制和维护。另外 Windows Server 2008 是一个很好的基于 Web 的应用开发平台，它支持大多数开发方式和开发语言，包括 HTML、ASP、ASP.net、JSP、PHP 等。利用 Windows Server 2008 的 Web 服务，可以开发出基于 Web 的各种应用。

（2）E-mail 服务。

1）E-mail 服务器系统需求。

E-mail、News 服务是网络提供的最基本、最常被终端用户使用的服务。×××大学的 E-mail 服务器要为全校的用户提供 E-mail、News 服务，因此，×××大学 E-mail 服务器具有以下特点：

①数据更新、交换频繁。

②必须具有足够大的存储空间。

③24h 不间断服务，保证 E-mail 的随时收发。

④用户数目较多，需要便于管理。

⑤易受破坏。

根据×××大学的E-mail服务的需求和E-mail服务器的特点，×××大学的E-mail服务器系统必须具备高可用性、高安全性、可管理性、可扩展性。

2）E-mail服务器系统设计。

E-mail服务器采用亿邮邮件系统。该系统基于UNIX，主要运行平台为Solaris、Linux、AIX，是大容量、高可靠性、商业级邮件系统。单机支持用户达十万，支持多域，利于管理以及商业托管信箱。支持从各种现有系统中升级，如Sendmail，Netscape等。采用的核心技术是亿邮自主版权的智能分级队列处理技术、可扩展的SMTP处理功能、海量数据管理机制。用户数据按照树状结构存储。采用Web-mail界面，功能完备而简洁，可定制性强。还有丰富的网络存储、语音邮件等扩展功能。具有API接口，支持C、PHP、JSP、ASP等多种语言，方便用户编程。

本项目中E-mail服务器操作系统选用Red Hat Enterprise Linux（v.5 for 32-bit x86）。

（3）FTP服务。

1）FTP服务器需求。

FTP服务是网络提供的最基本、最常被终端用户使用的服务之一。×××大学的FTP服务器要为校内外所有需要的用户提供服务。

对于FTP服务器，主要应考虑对师生的教育资源服务及学生对其参与的热情程度。教育资源库主要包括教育教学资源库、电子图书库、工具软件库、影片库等。

2）FTP服务器系统选型。

一般的网络操作系统都支持FTP功能。考虑用户对操作系统熟悉的程度，可采用Windows Server 2008 的FTP服务。

（4）DNS服务。

1）DNS需求分析。

初期×××大学的DNS规模不必很大，只需完成校内的二级域名解析。对于其他的解析工作可由CERNET地区结点/ISP结点来做，当然对于一些访问量大的站点，也可自己完成。

2）DNS服务器系统设计。

考虑到×××大学的实际情况，主DNS服务器与E-mail服务器共用硬件平台，备份DNS服务器与FTP服务器共用硬件平台。分别采用Red Hat Enterprise Linux（v.5 for 32-bit x86）和Windows Server 2008系统的DNS服务器系统实现。

2. 网络教学平台

（1）网络教学平台选型。

（2）主要特点。

3. 校园网络管理平台

（1）校园网络管理平台选型。

（2）主要特点。

1）决策分析。

2）技术先进。

3）模块式架构。

4）功能强大。

5）操作简单。

6）安全保密。

7）体系开放。

4. 网上教育资源库

（1）网上教育资源库选型。

1）教育教学资源库。

2）电子图书库。

3）工具软件库。

4）影片库。

（2）主要特点。

1）高性能的Web集成应用系统。

2）可扩展的网络教育系统支撑环境。

3）基于Web形式的管理功能。

4）浏览和预览结合的资源查看方式。

二、服务器系统安全策略

（1）服务器内网、外网隔离。

（2）网络防病毒软件系统。

三、人员培训及技术服务

本公司负责为×××大学校园网络工程提供全面的技术服务和技术培训，对网络工程竣工后的质量提供保证。

（1）质量保证。

1）综合布线系统的质量保证。

2）网络设备的质量保证。

3）系统软件的质量保证。

4）应用系统的质量保证。

（2）技术服务。

技术服务包括以下几方面的内容：

应用系统需求详细分析、定期举办双方会谈、工程实施动态管理、应用软件现场开发调试、协助整理用户历史数据、协助建立完善的系统管理制度、随时提供应用系统的咨询和服务。

（3）技术培训。

1）网络管理员培训。

2）网络应用培训。

3）培训地点、时间与方式。

四、项目组织管理和进度计划

根据校园网工程的要求和特点，计划将网络工程项目实施分为三个阶段，即工程设计和准备阶段（3个月，主要是定货周期、综合布线）、项目实施和调试阶段（1个月，设备安装与调试）、项目测试验收及试运行阶段（1个月）。

（1）工程设计和准备。

设计和备货，是整个项目实施的基础工作。主要工作包括设备订货、工程总体方案设计、项目实施方案设计。

1）设备订货。

2）工程总体方案设计。

3）详细方案设计。

（2）项目实施和调试。

此阶段是项目工程实施的核心阶段，主要包括如下5方面的工作。

1）设备到货验收。

2）实验调试。

3）网络技术和设备培训。

4）网络调试。

5）整体联调测试。

（3）项目测试验收及试运行。

五、设备与工程费用

以下是商务标书的具体内容，限于篇幅，只列举标题。实际做工程方案时，可根据上面的要求，制作分项与总项报价表。

（1）综合布线系统报价。

（2）网络通信设备报价。

（3）网络服务器报价。

（4）计算机设备报价（如网络教室、多媒体机房、电子阅览室等）。

（5）UPS后备电源系统报价。

（6）系统软件和应用软件报价。

（7）工程费用（系统集成费、工程总税费）。

（8）工程总报价。

（9）对用户的优惠。

六、投标方资质材料

投标方资质材料是网络工程项目投标文件中的系统集成商的资质文件，简称资质标。主要包括以下内容：

（1）×××公司简介、营业执照、综合布线资质证书、系统集成资质证书。

（2）×××公司从事网络工程项目的成功案例。

（3）参与本项目的网络工程技术人员名单。

（4）联系电话。

【知识链接】

一、网络工程综合项目书的基本内容

一个完整的网络工程综合项目书，应包括以下基本内容：

（1）设计总说明。对系统工程起动的背景进行简要的说明，主要包括：

1）技术的普及与应用。

2）业主发展的需要（对需求分析书进行概括）。

（2）设计总则。在这一部分阐述整个系统设计的总体原则，主要包括：

1）系统设计思想。

2）总体目标。

3）所遵循的标准。

（3）技术方案设计。对所采用的技术进行详细说明，给出全面的技术方案，主要包括：

1）整体设计概要。

2）设计思想与设计原则。

3）综合布线系统设计。

4）网络系统设计。

5）网络应用系统平台设计。

6）服务器系统安全策略。

（4）预算。对整个系统项目进行预算。主要内容包括：列出整个系统的设备、材料用量表及费用；成本分析；以综合单价法给出整个系统的预算表。

（5）项目实施管理。对整个项目的实施进行管理控制的方法，主要包括：

1）项目实施组织构架及管理。

2）奖惩体系。

3）施工方案。

4）技术措施方案。

5）项目进度计划。

6）对业主配合的要求。

（6）供货计划、方式。主要描述项目的材料、设备到达现场的计划及供货方式。

（7）培训工作计划、方式。在此项目实施过程中，对业主方相关人员进行的所有培训计划，主要包括：

1）培训的内容。

2）培训的方式。

3）培训的时间安排。

4）培训教师资历等。

（8）技术支持及售后服务工作计划、方式。主要内容包括：

1）技术支持方式。

2）技术支持内容。

3）售后现场服务的内容。

4）售后现场服务的时限规定。

5）售后现场服务质量保证措施。

6）公司的其他相关规定。

（9）公司近几年的主要业绩。列出公司近几年内在网络工程方面的主要业绩。

（10）公司的资质。主要包括以下复印件：

1）公司营业执照。

2）税务登记证。

3）法人代码证。

4）与此项目有关的工程师认证资格证书。

二、方案书写的一般原则

（1）用词和语法。

方案书写时，尽量使用通俗易懂的语言，用词准确，避免造成歧义。在用到新专业词汇时，应适当给予注解。

（2）图形符号。

方案中的图表，要使用专业的工具软件制作。尤其是图形，要使用标准的符号集。

（3）文档格式。

一般建议采用 Word 文档格式。

（4）能准确表达设计工程师的意图。

（5）尽量避免枯燥乏味的专业词汇罗列。

实际操作中应注意以下几点：

1）所描述的设计应能解决需求文档中所列出的问题。

2）进行支持与服务的承诺时，保证真实、可行，以免引起纠纷。

3）定稿时，应要求所有参与设计的人员讨论通过并签名。

三、方案的修改

在某些技术方面需要修改时，由相应的设计工程师提出书面请求，报部门经理批准并召开所有参与设计人员的会议讨论通过，以防止个别方面的改动影响其他模块功能实现时的技术可行性，同时对预算应进行修改。

技术支持与服务承诺的变更，要经过公司分管副经理或经理的批准。

四、综合项目书的印刷与装订

定稿后的综合项目书的印刷应遵循以下原则：

（1）保密原则。

任何设计方案的泄密都可能会给公司造成重大的损失。所以在印刷装订期间应注意设计方案的保密工作。要防止非授权人员接触设计方案的草稿和正式文稿，为此应制订相应的保密制度。

（2）高质量印刷。

一般采用激光打印机输出，而后进行复印。如果设计中用到彩图，应使用彩色激光打印机打印，彩色喷墨打印机输出，以保证项目书中图的质量。

（3）专业化装订。

印刷好的设计方案的装订应精美、漂亮，以体现其专业化方面的精益求精。

印刷质量与装订方式，从细节上体现了一个公司管理的水平，所以应认真对待，尽量做到专业化。

【拓展训练】

读者根据以上知识，独立完成以下任务：

以网络工程技术人员的身份向客户（老师或同学）介绍进行×××大学校园网工程的规划设计、工程实施和链路测试的过程，最后展示大学校园网综合项目书，包括总体设计项目方案和实施方案。

【分析和讨论】

（1）综合项目书书写的内容。

（2）综合项目书书写的一般原则。

模块二　编写验收报告

局域网网络工程的竣工验收工作，是指对整个局域网工程进行全面验证和施工质量评定。因此，必须按照国家规定的工程建设项目竣工验收办法和工作要求实施并编写验收报告，不应有丝毫草率从事或形式主义的作法，力求工程总体质量符合预定的目标要求。本模块通过项目竣工报告和验收报告的编写，掌握局域网工程项目文档的制作方法。

任务1　编写项目竣工报告

【任务描述】

×××大学校园网工程完工后，A公司书写项目竣工报告。

【任务目标】

掌握竣工报告的书写格式。

【实施过程】

编写项目竣工报告如下（只给出格式和目录结构）：

工程编号：

竣 工 报 告

类　　别：	竣工文档
案卷题名：	×××大学校园网工程竣工报告
编制单位：	×××公司
编制日期：	2012年6月15日
保管期限：	长期
密　　级：	商密

文件目录

工程名称：×××大学校园网工程项目

序号		文件标题名称	页数	备注
1	交工技术文件	工程说明	1	
		开工报告	1	
		材料进场记录表	1	
		设备进场记录表	1	
		设计变更报告	1	
		已安装工程量总表	1	
		重大工程质量事故报告	1	
		工程交接书（一）	1	
		工程交接书（二）	1	
		工程竣工验收报告	5	
2	验收技术文件	已安装设备清单	3	
		设备安装工艺检查情况表	3	
		线缆穿布检查记录表	3	
		信息点抽检电气测试验收记录表	3	
		机柜安装检查记录表	1	
		线缆配线信息点对应表	2	
3	施工管理	项目联系人列表	1	
		项目管理结构	1	
		施工进度表	1	
4	竣工图纸	各楼弱电平面图	2	
		计算机网络拓扑图	10	
		电话网络拓扑图	1	
		各楼综合布线图	10	
		网络中心机房综合布线图	1	

任务 2　编写验收报告

【任务描述】

×××大学校园网工程完工后，A 公司书写验收报告。

【任务目标】

掌握验收报告的书写格式。

【实施过程】

验收报告如下（只给出样式）：

×××大学

校园网网络工程验收方案

×××公司

年　月

×××大学校园网络工程验收

（1）验收时间。

年　　月　　日

（2）验收地点。

（3）验收条件。

甲方需为乙方及第三方公司机构提供完善的验收环境，并在第三方都认可具备验收条件的情况下进行验收测试工作。

（4）验收方式。

验收采取现场测试的方法，采用国际及业界通用的标准，由经甲方、乙方认可的第三方公司进行验收测试，现场产生测试数据，验收完毕后，甲方、乙方负责人进行签字确认。

（5）验收内容。

验收内容可分为 4 部分：综合布线验收、网络设备验收、系统性能测试和应用系统功能验收。验收详细内容参照验收表格。

（6）参加人员。

甲方：

乙方：

第三方：

（7）验收报告。

1）项目日期及验收日期。

2）综合布线系统。

综合布线系统验收报告

工程名称	×××大学 综合布线工程	工程地址	×××大学
建设单位			
工程范围			
开工日期	年　月　日	完工日期	年　月　日
承包单位		施工单位	
竣工条件	项目内容	施工单位自检情况	
竣工条件 具备情况	完成合同约定的情况		
	硬件设备到位及检测 设备数量偏差情况表		
	产品配套资料（书及光盘）		
	验收文档的组成	《综合布线工程验收申请书》	
		《验收项目》	
		《验收结论》	
已完成合同约定的各项内容，工程质量符合有关法律法规和工程建设强制性标准，将申请办理工程竣工验收手续。			

3）网络设备运行状况。

网络设备运行情况表

设备名称	目前运行状况	设备名称	目前运行状况
核心交换机		……	
汇聚交换机 1		路由器	
接入交换机 1		防火墙	

4）服务器运行情况。

服务器运行情况表

设备名称	目前运行状况	设备名称	目前运行状况
Web 服务器		FTP 服务器	
数据库服务器		匿名服务器	
域名服务器 邮件服务器		代理服务器	

5）应用软件运行测试。

应用软件运行情况表

软件名称	正常否

6）网络性能测试。

网络性能测试情况表

测试方法	技术指标	正常否
从网络中心 ping 网络中心机器		
从网络中心 ping 办公楼 1 机器		
从网络中心 ping 办公楼 2 机器		
从网络中心 ping 办公楼 3 机器		
从网络中心 ping 办公楼 4 机器		
从网络中心 ping 上网用户的机器 1		
从网络中心 ping 上网用户的机器 2		
从网络中心 ping 上网用户的机器 3		
网内任意两台上网机器间 ping 测试 1		
网内任意两台上网机器间 ping 测试 2		
网内任意两台上网机器间 ping 测试 3		
网内任意一台局域网机器用 FTP 上传文件 1		
网内任意一台局域网机器用 FTP 上传文件 2		
网内任意一台上网机器用 FTP 上传文件 1		
网内任意一台上网机器用 FTP 上传文件 2		
通过边缘路由器 ping 本省内一台机器的 IP 地址		
通过边缘路由器 ping 外省内一台机器的 IP 地址		
登录到边缘路由器查看广域网端口状态		

7）性能分析及验收结论。

综合布线系统：

局域网性能分析：

局域网接入 Internet 性能分析：

应用系统性能分析：

验收结论：

本局域网项目经过试运行及调试后得出如下验收结论：

设备运行情况：

系统在当前配置状态下运行情况：

网络系统各项性能指标：

验收地址：

验收人员：

组　　长：

成　　员：

日　　期：

【知识链接】

1. 验收的组织管理

网络工程采取三级验收方式：

- 自检自验：由施工单位自检、自验，发现问题及时完善。
- 现场验收：由施工单位和建设单位联合验收，作为工程结算的根据。
- 鉴定验收：上述两项验收后，乙方提出正式报告作为正式竣工报告共同上报上级主管部门或委托专业验收机构进行鉴定。

网络工程验收是施工方向用户方移交的正式手续，也是用户对工程的认可。验收工作的主要内容包括如下几个方面。

（1）验收组织的准备。

工程竣工后，施工单位应在工程计划验收十日前，通知验收机构，同时送交一套完整的竣工报告。并将竣工技术资料一式三份交给建设单位。竣工资料包括工程说明、安装工程量、设备器材明细表、随工测试记录、竣工图纸、隐藏工程记录等。验收前的准备工作包括编制竣工验收工作计划书、技术档案的整理汇总、拟定验收范围、依据和要求、编制竣工验收程序。

有时在联合的正式验收之前还进行一次初步的调试验收。初步调试验收包括技术资料的审核、工程实物验收、系统测试和调试情况的审定。要事先制定出一个详尽的调试验收方案，包括问题与要求、组织分工、主要方法及主要的检测手段等，然后对各施工基本班组以及参与现场管理的全体技术人员做出技术交底。

正式的竣工验收由业主、施工单位及有关部门联合参加，其验收结论具有合法性。正式验收的内容包括总体检验、质量评定、专项检验、各子系统提供的竣工图、文档和施工质量技术资料等。

正式的联合验收之前应成立综合布线工程验收的组织机构，如专业验收小组，全面负责综合布线工程的验收工作。专业验收小组由施工单位、用户和其他外聘单位联合组成，人数为5～9人，一般由专业技术人员组成，持证上岗。

验收工作分为两个重点部分进行：第一部分是物理验收，第二部分是文档验收。验收不合格的项目，由验收机构查明原因，提出解决办法。

（2）工程竣工技术文件。

为了便于工程验收和今后管理，施工单位应编制工程竣工技术文件，按协定或合同规定的要求，交付所需要的文档。工程竣工技术文件包括以下几个方面：

1）竣工图纸。

总体设计图、施工设计图，包括配线架、色场区的配置图、色场图、配线架布放位置的详细图、配线表、点位布置竣工图。

2）工程核算。

综合布线系统工程的主要安装工程量，如主干布线的缆线规格和长度，装设楼层配线架的规格和数量等。

3）器件明细。

设备、机架和主要部件的数量明细表，将整个工程中所用的设备、机架和主要部件分别统计，清晰地列出其型号、规格、程式和数量。

4）测试记录。

工程中各项技术指标和技术要求的随工验收、测试记录，如缆线的主要电气性能、光缆的光线传输特性等测试数据。

5）隐蔽工程。

直埋电缆或地下电缆管道等隐蔽工程经工程监理人员认可的签证；设备安装和缆线敷设工序告一段落时，经常驻工地代表或工程监理人员随工检查后的证明等原始记录。

6）设计更改。

在施工中有少量修改时，可利用原工程设计图更改补充，不需再重做竣工图纸，但在施工中改动较大时，则应另作竣工图纸。

7）施工说明。

在安装施工中一些重要部位或关键段落的施工说明，如建筑群配线架和建筑物配线架合用时，它们连接端子的分区和容量等内容。

8）软件文档。

网络工程中如采用计算机辅助设计时，应提供程序设计说明和有关数据，如磁盘、操作说明、用户手册等文件资料。

9）会议记录。

在施工过程中由于各种客观因素部分变更或修改原有设计或采取相关技术措施时，应提供建设、设计和施工等单位之间对于这些变动情况的洽商记录以及在施工中的检查记录等基础资料。

工程竣工技术文件在工程施工过程中或竣工后应及早编制，并在工程验收前提交建设单位。竣工技术文件通常一式三份，如有多个单位需要时，可适当增加份数。竣工技术文件和相关资料应做到内容齐全、资料真实可靠、数据准确无误、文字表达条理清楚、文件外观整洁、图表内容清晰、不应有互相矛盾、彼此脱节和错误遗漏等现象。

2. 网络工程的鉴定

当验收通过后，就是鉴定程序。尽管有时常把验收与鉴定结合在一起进行，但验收与鉴定还是有区别的。

验收是用户对网络工程施工工作的认可，检查工程施工是否符合设计要求和符合有关施工规范。用户要确认工程是否达到原来的设计目标，质量是否符合要求，有没有不符合原设计的有关施工规范的地方。正式竣工验收由业主、施工总承包人及有关部门参加，其验收结论具有合法性。正式验收的内容包括总体检验、质量评定、专项检验、各子系统提供的竣工图、文档和施工质量技术资料等。

鉴定是对工程施工的水平做评价。鉴定评价来自专家、教授组成的鉴定小组，用户只能向鉴定小组客观地反映使用情况，鉴定小组组织人员对工程系统进行全面的考察。鉴定小组写出鉴定书提交上级主管部门。作为鉴定，是由专家组和甲方、乙方共同进行的。专家组、用户和施工单位三方对工程进行验收，施工单位应报告系统方案设计、施工情况和运行情况等，专家应实地参观测试，开会总结，确认合格与否。

对国家或地方政府有关职能部门管理的项目必须由政府部门出具相关验收合格文件。一般施工单位要为用户和有关专家提供详细的技术文档，例如系统设计方案、布线系统图、布线系统配置清单、布线材料清单、安装图、操作维护手册等。这些资料均应标注工程名称、工程编号、现场代表、施工技术负责人及编制文档和审核人、编制日期等。施工单位还需为鉴定会准备相关的技术材料和技术报告。

在验收鉴定会结束后，将乙方所交付的文档材料与验收、鉴定会上所使用的材料一起交给甲方的技术或档案部门存档。竣工验收后要进行工程、技术资料等的移交、工程款的结算、竣工决算和其他收尾移交工作。

【拓展训练】

读者根据以上知识，独立完成以下任务：

编写×××大学校园网工程验收报告。

【分析和讨论】

（1）验收的依据和原则是什么？

（2）验收的项目主要包括哪些？

参考文献

[1] 马亮．局域网组网技术与维护管理．上海：电力工业出版社，2009．

[2] 褚建立．中小型网络组建．北京：中国铁道出版社，2010．

[3] 赵启升，后盾，刘海涛．网络综合布线与组网工程．北京：科学出版社，2008．

[4] 陈立伟．局域网组建与配置技术．北京：北京航空航天大学出版社，2008．

[5] 高殿武．计算机网络．北京：机械工业出版社，2010．

[6] 刘化君．网络安全技术．北京：机械工业出版社，2012．

[7] 曹隽．综合布线技术．大连：大连理工大学出版社，2001．

[8] 王宝智．计算机网络工程概论．北京：高等教育出版社，2004．

[9] 李艇．计算机网络管理与安全技术．北京：高等教育出版社，2003．

[10] A.S.Tanenbaum 著．计算机网络．潘爱民译．北京：清华大学出版社，2004．